21世纪城市轨道交通类职业教育教材

电气设备维修

（下册）

单永欣　赵兰华　主编

上海科学技术出版社

图书在版编目(CIP)数据

电气设备维修. 下册 / 单永欣,赵兰华主编. —上海:上海科学技术出版社,2012.8
21 世纪城市轨道交通类职业教育教材
ISBN 978-7-5478-1172-6

Ⅰ. ①电… Ⅱ. ①单… ②赵… Ⅲ. ①电气设备—维修—职业教育—教材 Ⅳ. ①TM64

中国版本图书馆 CIP 数据核字(2012)第 006779 号

上海世纪出版股份有限公司
上 海 科 学 技 术 出 版 社 出版、发行
(上海钦州南路 71 号 邮政编码 200235)
新华书店上海发行所经销
常熟市兴达印刷有限公司印刷
开本 787×1092 1/16 印张 14.5
字数:310 千字
2012 年 8 月第 1 版 2012 年 8 月第 1 次印刷
ISBN 978-7-5478-1172-6/TM·26
定价:35.00 元

内 容 提 要

本书共分为十五个项目，前十一个项目主要介绍模拟电子技术和数字电子技术。模拟电子技术部分通过直流稳压电源、电源变换器、扩音机等设备的拆装认识电子元器件、整流滤波电路、电流放大电路等原理和实际应用，读者通过使用万用表和焊接工具能够自己焊接组装电子电路，测试电子电路的功能。数字电子技术部分通过基本门电路的测试明确其功能，读者通过集成电路的测试可以了解其功能和应用。后四个项目为单片机的内容，以爱迪克单片机实验开发系统为基础，通过单片机基本结构的认识、单片机并行口的控制、单片机串行口的通信以及 AD 和 DA 转换器与单片机的连接等四个项目及相关活动，使读者从应用角度出发掌握单片机的基本结构及接口控制。

本书中的项目活动结合了维修电工等级考试中的应会内容，把生活中的电子产品、等级工考试内容、理论融合在一起，并配有项目活动过程和结果的照片，供学习参考之用。本书可供电气设备相关专业的中职院校作为教材使用。

前　言

2006年，上海市教育委员会按照课程教材改革三年行动计划，成功组织、开发了第一批以“任务引领”为教育理念的新型中等职业教育专业教学标准。新标准以科学发展观为指导，以就业为导向，以能力为本位，以岗位需要和职业标准为依据，以促进学生职业生涯发展为目标，对职业教育课程体系进行重新构建，实现职业教育课程模式和培养模式的根本性转变。

本书依据该批教学标准中的城市轨道交通类相关教学标准编写，编写模式突破了原来以学科为主线的课程体系，以应用为目的，以必需、够用为度，围绕职业能力的形成组织课程内容。教材以项目为中心整合相应的知识、技能，并由任务引领，实现课程改革的宗旨。

本教材分上下两册，上册分十六个项目，内容涵盖电工工艺中的导线连接、小型电气设备工作状态测量、正弦交流电路装接调试以及机床电气设备中的典型低压电器拆装检修、异步电动机控制系统安装及故障处理、典型机床线路调试及故障处理等。重点是基本电路的识图、连接、测量以及排故等。下册分十五个项目，前十一个项目主要介绍模拟电子技术和数字电子技术，模拟电子技术部分通过直流稳压电源、电源变换器、扩音机等设备的拆装认识电子元器件、整流滤波电路、电流放大电路等原理和实际应用。数字电子技术部分通过基本门电路和逻辑电路的测试了解其功能和应用。后四个项目为单片机的内容，包括单片机基本结构的认识、单片机并行口的控制、单片机串行口的通信以及AD和DA转换器与单片机的连接。

由于编者水平有限，书中难免存在的缺点和错误，恳请各位教师和读者给予批评指正。

编者

2012年7月

前言

目　录

项目一　直流稳压电源的剖析

一、知识要求

（1）认识常用电工工具。

（2）了解直流稳压电源的内部结构。

（3）认识常用电工电子元器件。

（4）熟记各种元件的电路符号。

（5）了解电子元器件的发展历程。

二、技能要求

（1）会正确选用电工工具。

（2）会正确使用直流稳压电源。

（3）会识别常用元器件。

三、材料、工具及设备

（1）平口螺钉旋具、十字螺钉旋具、尖嘴钳。

（2）XJ17232 型直流稳压电源。

活动一　拆卸直流稳压电源

许多场合及电子设备的工作电源均采用直流电，甚至是稳定度较高的直流电，这就需要一种将交流电转变为稳定直流电的设备——直流稳压电源。

活动内容

一、使用直流稳压电源

1. 认识 XJ17232 型直流稳压电源的面板结构

XJ17232 型为双路可调输出 30 V、2 A，电表指示的直流稳压电源，其面板结构如图 1-1 所示，面板主要部件功能见表 1-1。

2. 接通电源，按下电源开关，进行双路可调输出电源的使用

（1）独立使用：将 14、15 置于弹出位置。

作为稳压源使用，将 7、11 顺时针调足，6、10 逆时针调足，再调节 6、10 至所需电压，还

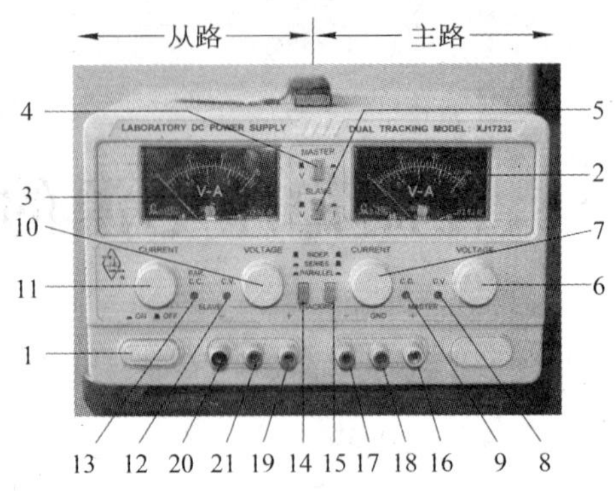

图 1-1 直流稳压电源的面板装置

表 1-1 XJ17232 型直流稳压电源面板各部分功能

序号	名称	功能
1	电源开关	控制电源通断,按入为“开”,弹出为“关”
2、3	主、从路电表	指示主、从路电源输出的电压或电流
4、5	主、从路电表指示选择开关	选择指示主、从路电压或电流
6、10	主、从路电压控制	调节主、从路输出电压大小
7、11	主、从路电流控制	调节主、从路最大输出电流
8、12	主、从路稳压状态指示灯	灯亮表示主、从路电源输出处于稳压状态
9、13	主、从路稳流状态指示灯	灯亮表示主、从路电源输出处于稳流状态
14、15	二路电源控制按钮	二路电源“独立”、“串联”、“并联”控制
16、19	主、从路输出正端接线柱	输出电源的正极
17、20	主、从路输出负端接线柱	输出电源的负极
18、21	机壳接地接线柱	与机壳和大地相连

可调节 7、11 使输出电流限定在一个适当的数值。

作为稳流源使用,6、10 顺时针调足,7、11 逆时针调足,接上负载,按下 4、5,调节 7、11 使电流指示在所需值。

(2) 串联使用:按入 14,二路可调电源被置于串联状态,最大输出电压为二路输出电压之和。调节 6 可同时调节主路、从路电压,而 10 不作用,输出电流仍由 7、11 独立控制。

在串联使用时,必需将 17 和 19 在外部可靠连接。

(3) 并联使用:按入 14、15,二路可调电源被置于并联状态,最大输出电流为二路输出电流之和。输出电压由 6 调节,从路电压完全跟踪主路电压,10 不作用,从路输出电流也由 7 控制,11 不起作用。

在并联使用时,必需将 16 和 19,17 和 20 分别在外部可靠连通。

3. 使用完毕,关闭电源开关,拔下电源插头

二、拆卸直流稳压电源,观察其内部构成

(1) 断电情况下,观察机壳的固定方式。

（2）用螺钉旋具旋下各处固定螺钉，打开机箱盖。

（3）打开机壳后观察直流稳压电源的内部结构及元器件。如图 1-2 所示，找到变压器、整流二极管、滤波电容和稳压线路板等主要组成部分。

（a）

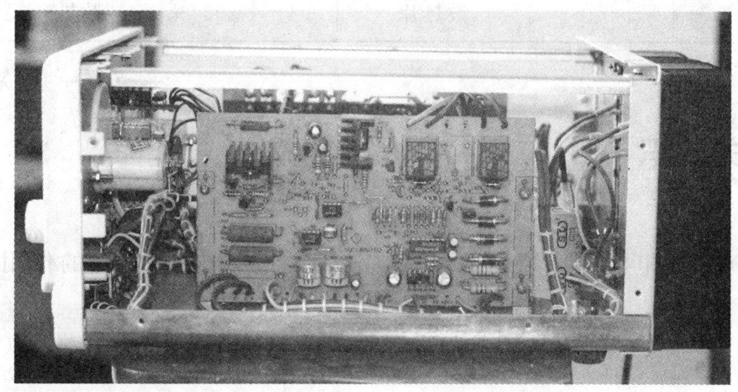

（b）

（c）

图 1-2　晶体管直流稳压电源内部结构

(4) 仔细观察,参照表1-2认识有关元器件。

表1-2 元器件记录表

<table>
<tr><th>序　　号</th><th colspan="3">元件名称</th><th>元件作用</th></tr>
<tr><td>1</td><td colspan="3">电源变压器</td><td>降低交流电压</td></tr>
<tr><td>2</td><td colspan="3">整流二极管</td><td>交流电转变为脉动直流电</td></tr>
<tr><td>3</td><td colspan="3">滤波电容</td><td>改善脉动程度</td></tr>
<tr><td>4</td><td colspan="3">稳压二极管</td><td>稳定直流电压</td></tr>
<tr><td rowspan="7">5</td><td rowspan="7">其他元器件</td><td>1</td><td>电阻</td><td>降压、分压、限流</td></tr>
<tr><td>2</td><td>电位器</td><td>调节电阻值</td></tr>
<tr><td>3</td><td>电容</td><td>隔断直流通交流</td></tr>
<tr><td>4</td><td>电感</td><td>交流降压、限流、滤波</td></tr>
<tr><td>5</td><td>三极管</td><td>电流放大</td></tr>
<tr><td>6</td><td>波段开关</td><td>转接不同元器件</td></tr>
<tr><td>7</td><td>散热片</td><td>散热</td></tr>
</table>

相关知识

通过对直流稳压电源内部结构的观察,来认识各种电子元器件的作用、外形、符号和单位。

一、电阻器

电阻器是电子产品中使用最多的电子元件,有固定电阻器和可调电阻器(又称电位器)两种基本类型。固定电阻器在电路中起限流、分压、耦合和负载等作用;电位器在电路中常用来调节各种电压或信号的大小。电阻器的文字符号为"R",其基本单位为:欧姆(Ω)、千欧(kΩ)、兆欧(MΩ),$1\ M\Omega=10^3\ k\Omega=10^6\ \Omega$。各种电阻器、电位器如图1-3、1-4所示。

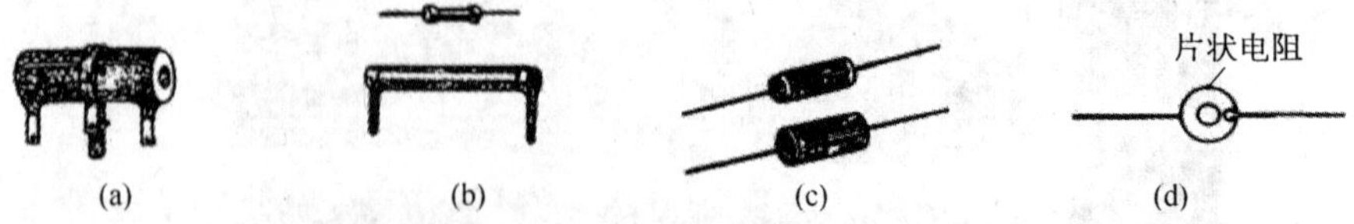

图1-3 各种电阻器

(a) RX线绕电阻;(b) RJ金属膜电阻、RT碳膜电阻;
(c) 有机实芯电阻;(d) 热敏电阻

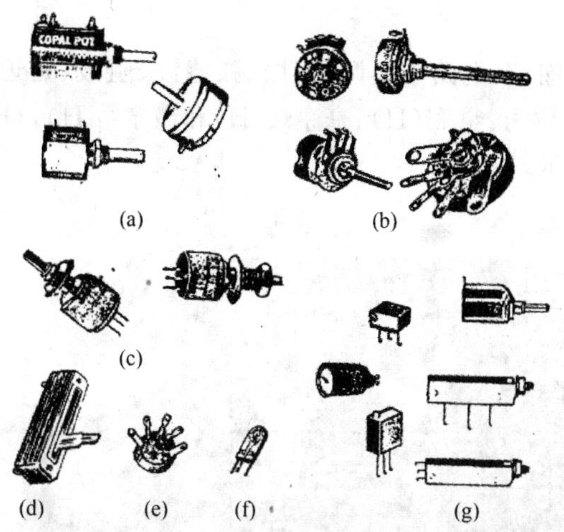

图 1-4　各种电阻器和电位器

(a) 线绕电位器；(b) 合成碳膜电位器；
(c) 有机实芯电位器；(d) 直线式碳膜电位器；
(e) 小型带开关碳膜电位器；(f) 微调电位器；(g) 多圈电位器

二、电容器

电容器是一种储能元件，常用于谐振、耦合、隔直、滤波和交流旁路等电路中。电容器的文字符号为“C”，其基本单位为：法拉(F)、毫法(mF)、微法(μF)、纳法(nF)和皮法(pF)，$1F=10^3\ mF=10^6\ \mu F=10^9\ nF=10^{12}\ pF$。各种电容器如图 1-5 所示。

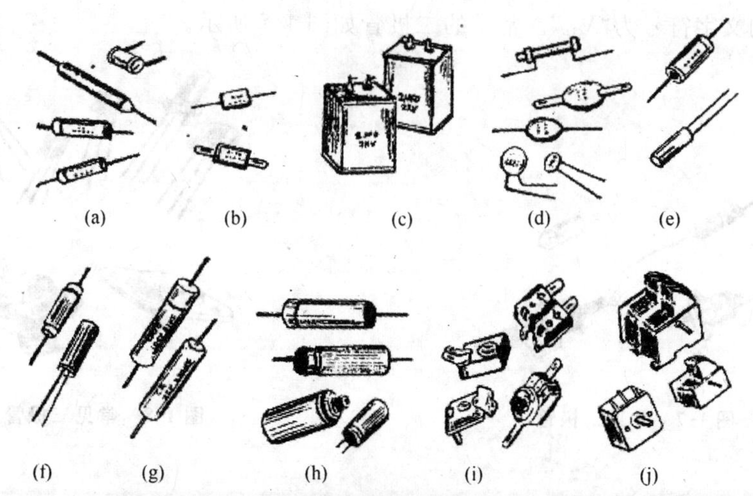

图 1-5　各种电容器

(a) 纸介电容器；(b) 云母电容器；(c) 油浸电容器；
(d) 陶瓷电容器；(e) 有机薄膜电容器；(f) 金属化纸介电容器；
(g) 钽(或铌)电容器；(h) 电解电容器；(i) 微调电容器；(j) 可变电容器

三、电感器

电感器又称电感线圈，在电路中起调谐、振荡、滤波、阻波、延迟和补偿等作用。电感器的文字符号为“L”，其单位为：亨利（H）、毫亨（mH）和微亨（μH），$1\text{H}=10^3\text{mH}=10^6\mu\text{H}$。常见的电感器如图 1-6 所示。

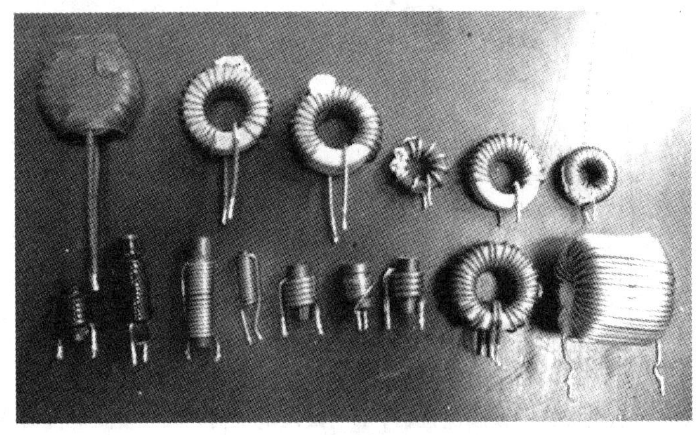

图 1-6　常见电感器

四、二极管

常用的二极管有整流二极管、稳压二极管、开关二极管、光电二极管等；按结构可分为点接触型和面接触型二极管；按材料可分为硅二极管和锗二极管。它的主要性能是单向导电性。二极管的文字符号为“V_D”。常见的二极管如图 1-7 所示。

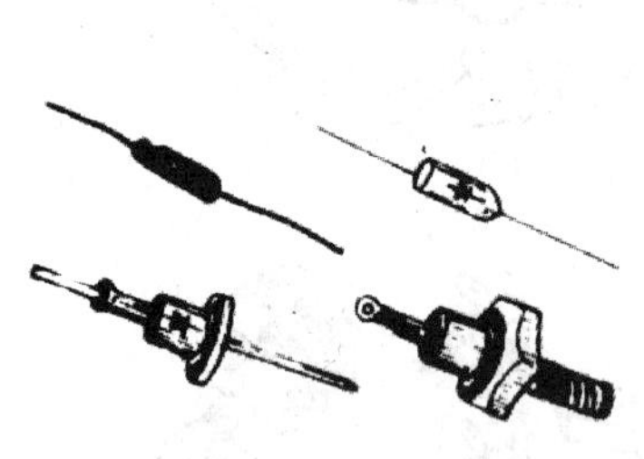

图 1-7　常见二极管

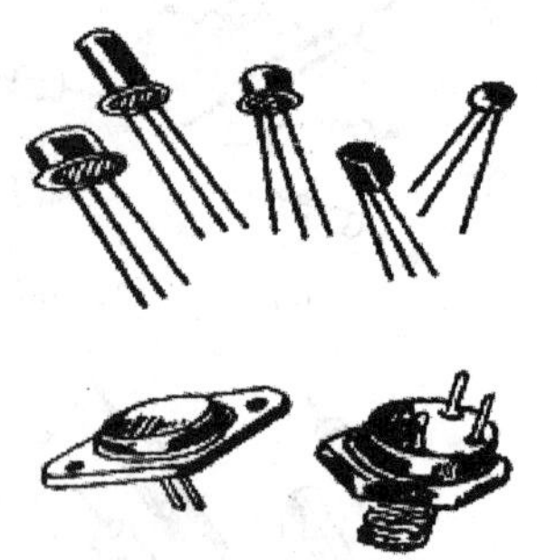

图 1-8　常见三极管

五、三极管

三极管的种类繁多，按材料与工艺分类有锗合金管和硅平面管；按用途分类有电压放大管、功率管和开关管；按频率分类有低频管和高频管；按功率分类有小功率管和大功率管；按结构与导电极性分类有 PNP 型和 NPN 型。它的作用是电流放大和电子开关。常用的三极管如图 1-8 所示。

六、直流稳压电源的组成及各部分的作用

（1）直流稳压电源的组成框图如图 1-9 所示。

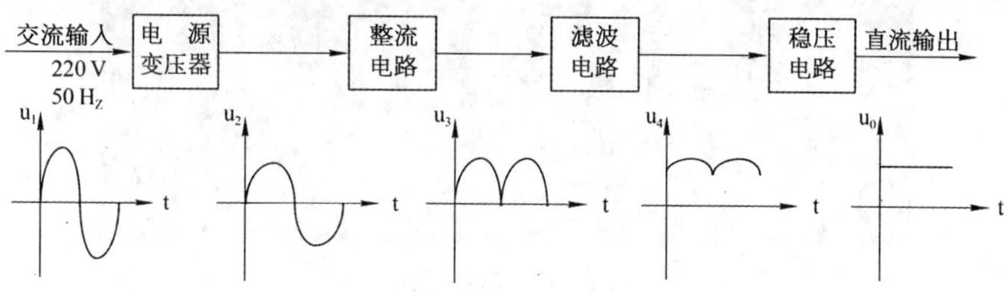

图 1-9　直流稳压电源的组成框图

（2）各部分的作用：电源变压器用来降压，将市网 220 V 的交流电降至电路的所需值；整流电路是交流电变成脉动直流电；滤波电路的作用是改善脉动，减小纹波；稳压电路的作用是使负载直流电压稳定。

活动分析

1. 直流稳压电源，输入交流电还是直流电，输出的是交流电还是直流电？
2. 这台稳压电源输出的直流电压最高是多少，直流电流最大是多少？

活动二　认识电子技术的发展历程

电子技术是 19 世纪末、20 世纪初开始发展起来的新兴技术。到了 20 世纪，电子技术迅速发展，已成为近代科学技术发展的一个重要标志。电子技术主要经历了电子管、半导体器件、小规模集成电路、中大规模集成电路、超大规模集成电路和现在的光电结合器件的发展历程。电子技术的发展历程如图 1-10～图 1-13 所示。

图 1-10　电子管

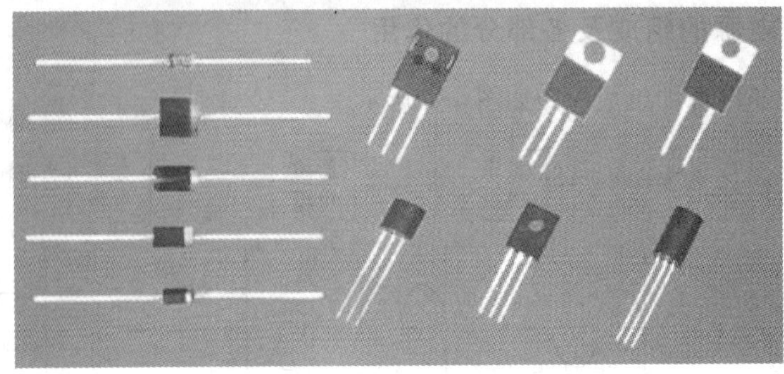

图 1-11　半导体器件

图 1-12　中、小规模集成电路

图 1-13　超大规模集成电路

项目二 万用表的使用

一、知识要求

(1) 掌握指针式万用表的面板结构。

(2) 熟悉常用电子元器件的型号命名和识读方法。

(3) 掌握常用电子元器件的主要特性参数。

二、技能要求

(1) 能正确使用万用表检测电子元器件的参数。

(2) 能正确使用万用表判别电子元器件质量的好坏。

三、材料、工具及设备

(1) MF-47 型普通万用表。

(2) 电阻器、电容器、电感器、二极管、三极管等。

活动一 认识万用表的面板结构及功能

MF-47 型万用表是磁电式多量程万用表。可提供测量直流电流、交直流电压、直流电阻等，具有 26 个基本量程，并有音频电平、电容、电感、晶体管直流放大系数 h_{FE} 等 7 个附加参考量程。

活动内容

一、认识 MF-47 型万用表的面板结构

MF-47 型万用表的面板主要有表头、机械调零旋钮、量程选择开关、欧姆调零旋钮和表笔插孔等组成，如图 2-1 所示。

二、使用方法

1. 测量前的准备

(1) 将万用表水平放置。

(2) 检查万用表指针是否停在表盘左端的零位。如果不在零位，调节表头上的机械调零旋钮，使表针指在零位。

图 2-1　MF－47 型万用表的面板结构

1—机械调零旋钮；2—晶体管测试插孔；3—量程选择开关；4—红表笔插孔；
5—公共端插孔；6—表头；7—欧姆调零旋纽；8—交直流 2 500 V 插孔；9—直流 5 A 插孔

(3) 插好表笔，将黑表笔插在表有"COM"的公共插座内，红表笔一般插在"＋"插座内。

(4) 检查电池。将量程选择开关旋到电阻 $R\times1$ 挡，使红、黑表笔接触，如果进行"欧姆调零"后，万用表指针仍不能调节到刻度线右端的零位，说明电压不足，需要更换电池。

2. 测量电流、电压、电阻

根据所测电流、电压、电阻的大小，将量程开关拨至相应的电流挡、电压挡、电阻挡的合适量程位置，使用红、黑表笔进行测量，测量值由表针指向面板刻度线显示。

3. 测量后的操作

(1) 拔出表笔。

(2) 将量程开关旋至"OFF"挡，若无此挡，应旋至交流电压最大量程挡。

(3) 若长期不用，应将表内电池取出，以防电池电解液渗漏而腐蚀内部电路。

相关知识

一、万用表的分类

万用表按其指示形式分为指针式和数字式两大类。常用的数字式万用表如图 2-2 所示。数字式万用表具有读数直观方便、体积小、测量精度高、测量速度快、输入阻抗高等优点。

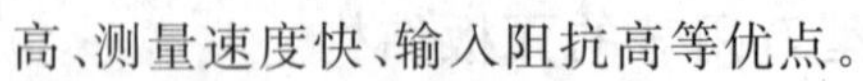

二、MF－47 型万用表使用注意事项

(1) 测量前必须正确选挡，如遇被测量值大小不详时，应先选用大量程，再改换合适量程。

(2) 禁止在通电测量状态下转换量程选择开关。

(3) 电阻刻度中心值处精度最高，宜在中心值±30°范围内选挡、读数。电流、电压刻度在满刻度位置附近精度最高，选挡时指针宜指在满刻度值的 2/3 附近。

图 2-2　DT890G 型数字式万用表

（4）读数时应根据不同量程选对刻度尺。读数时，视线应正对表针。

活动分析

如图 2-3 万用表指针所在位置

（1）如果测量的是电阻，量程在 $R\times100$ 挡，请问电阻的阻值是多少？
（2）如果测量的是直流电压，量程在 50 V 挡，请问电压值是多少？
（3）如果测量的是交流电压，量程在 250 V 挡，请问电压值是多少？
（4）如果测量的是直流电流，量程在 5 mA 挡，请问电压值是多少？

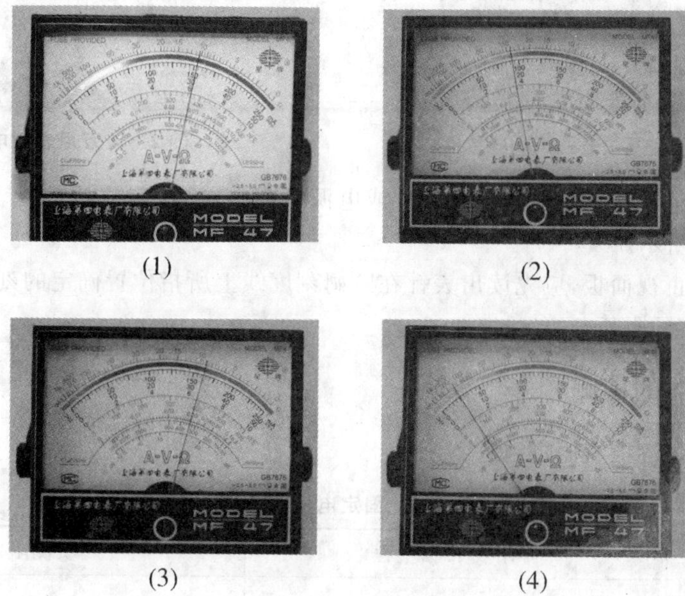

(1)　(2)　(3)　(4)

图 2-3

活动二　用万用表测量电阻器

活动内容

一、将万用表调到欧姆挡

（1）选择量程。将万用表的量程选择开关旋到合适量程上，以便测量时指针可处于刻度线的中间区域。

(2) 欧姆调零。将万用表的红、黑表笔短接后,指针自左向右偏转,调节欧姆调零旋钮,使指针指在欧姆刻度线的零位上。更换测量挡位时,必须重新欧姆调零。如图 2-4 所示。

图 2-4 万用表欧姆调零

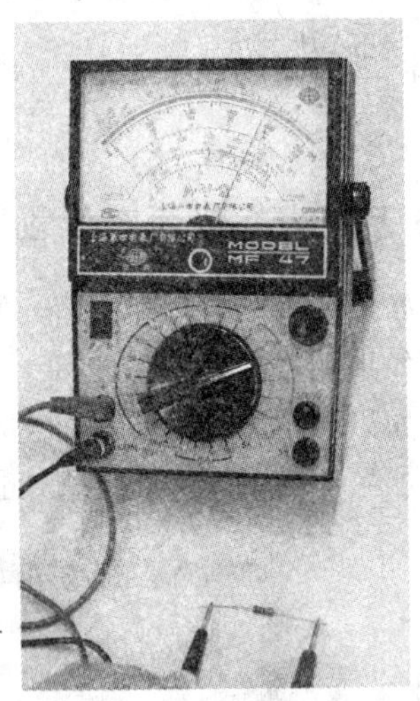

图 2-5 万用表测电阻

(3) 测量。将被测电阻同其他元器件或电源脱离,单手持表笔并将两表笔跨接在电阻两端。如图 2-5 所示。

(4) 读数。正视面板,应先读出表针在欧姆刻度线上所指位置确定的刻度值,再乘以倍率,即为电阻的实际阻值。

二、固定电阻器的检测

按表 2-1 的内容检测固定电阻器。

表 2-1 固定电阻器检测

阻　　值	万用表 Ω 挡量程	实测阻值
120 Ω		
6.8 kΩ		
47 kΩ		

三、电位器的检测

1. 检查电位器的质量

转动旋转轴或滑动把柄,看转轴转动或把柄滑动是否平滑,开关是否灵活,开关通断时,“咔嗒”声是否清脆;听一听电位器内部接触点和电阻体摩擦的声音,如有“沙沙”声,说明质量不好。

2. 万用表测量电位器的标称阻值

调整好万用表的欧姆挡及倍率挡后,用万用表两表笔测量固定端“1”和“3”两端,其读数为电位器的标称阻值,如图 2-6 所示。如万用表的指针不动或阻值相差很多,则表明该电位器已损坏。

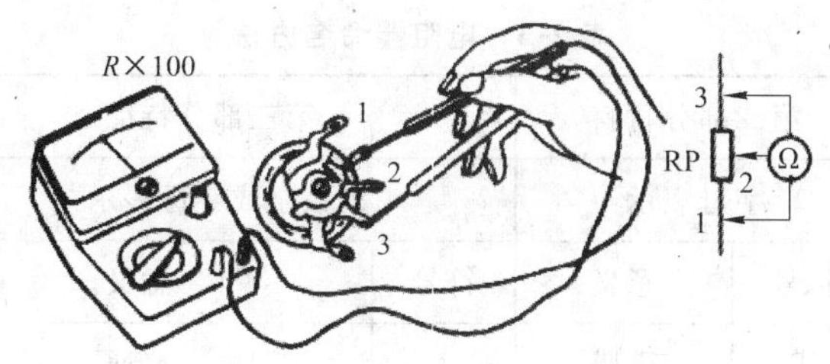

图 2-6　万用表测电位器的标称阻值

3. 检测电位器的活动臂与电阻片的接触是否良好

用万用表的欧姆挡测电位器固定端与中间滑片端“1”和“2”(或“2”和“3”)两端，如图 2-7 所示。

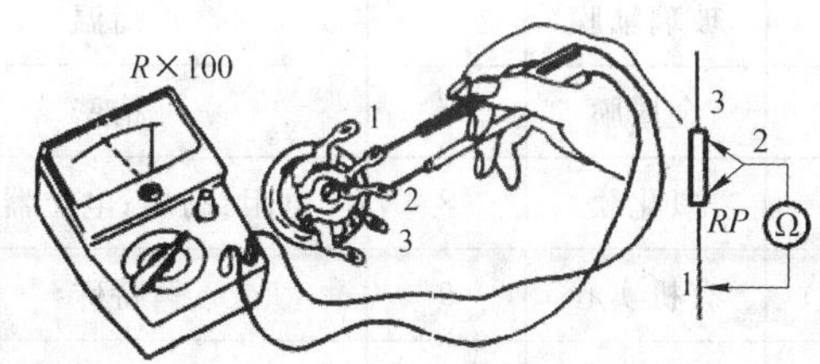

图 2-7　检测电位器的活动臂与电阻片的接触情况

将电位器的转轴按逆时针方向旋至接近“关”的位置，这时电阻值越小越好。再顺时针慢慢旋转轴柄，电阻值应逐渐增大，表头中的指针应平稳移动。当轴柄旋至极端位置“3”时，阻值应接近电位器的标称值，如万用表的指针在电位器的轴柄转动过程中有跳动现象，说明活动触点有接触不良的故障。按表 2-2 的内容检测电位器。

表 2-2　电位器检测

电位器	万用表 Ω 挡量程	实测固定端之间阻值	固定端与中间滑动片变化情况		
			阻值平稳变动	阻值突变	指针跳动
10 kΩ					

相关知识

一、电阻器的型号命名方法

根据 GB 2470/T—1995 规定，我国的电阻器型号命名法如图 2-8 所示。它由四个符号或数码构成，各部分含义见表 2-3。

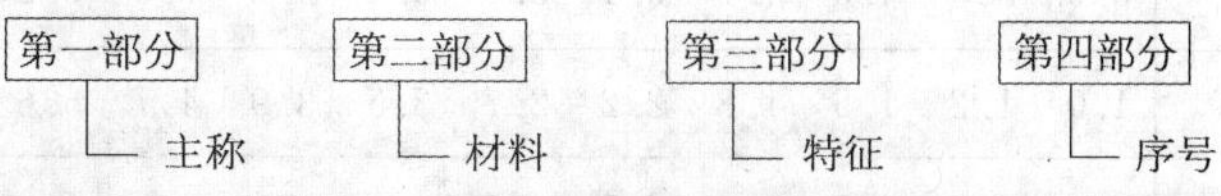

图 2-8　电阻器的型号命名方法

表 2-3　电阻器命名方法

第一部分主称		第二部分材料		第三部分特征		第四部分序号
字母表示		字母表示		数字或字母表示		数字表示
符号	意义	符号	意义	符号	意义	
R	电阻器	T	碳膜	1	普通	
W	电位器	P	硼碳膜	2	普通	
		U	硅碳膜	3	超高频	
		H	合成膜	4	高阻	
		I	玻璃釉膜	5	高温	
		J	金属膜	7	精密	
		Y	氧化膜	8	电阻:高压;电位器:特殊	
		S	有机实心	9	特殊	
		N	无机实心	G	高功率	
		X	线绕	T	可调	
		C	沉积膜	X	小型	
		G	光敏	L	测量用	
				W	微调	
				D	多圈	

二、电阻器主要参数

1. 电阻器的标称值和允许误差

电阻器的标称值是指电阻器表面所标的电阻值。电阻器的实际阻值对于标称值的最大允许偏差范围称为允许误差。不同误差等级的电阻器有不同规格的标称值。普通固定电阻器的标称值系列如表 2-4 所示。使用时一般可采用误差为 10%甚至 20%的碳膜电阻。

表 2-4　普通固定电阻器标称值系列

系　列	允许误差(%)	电阻器标称值
E24	±5	1.0　1.1　1.2　1.3　1.5　1.6　1.8　2.0　2.2　2.4　2.7　3.0　3.3 3.6　3.9　4.3　4.7　5.1　5.6　6.2　6.8　7.5　8.2　9.1
E12	±10	1.0　1.2　1.5　1.8　2.2　2.7　3.3　3.9　4.7　5.6　6.8　8.2
E6	±20	1.0　1.5　2.2　3.3　4.7　6.8

2. 电阻器的额定功率

电阻器的额定功率是指在正常条件下，电阻器长期连续工作并满足规定的性能要求时，所允许消耗的最大功率。为保证安全使用，一般选其额定功率大于实际消耗功率的两倍。额定功率分 19 个等级，常用的有 0.05 W，0.125 W，0.25 W，0.5 W，1 W，2 W，3 W，5 W，7 W，10 W 等。在电路图中，用图 2-9 所示的符号来表示。

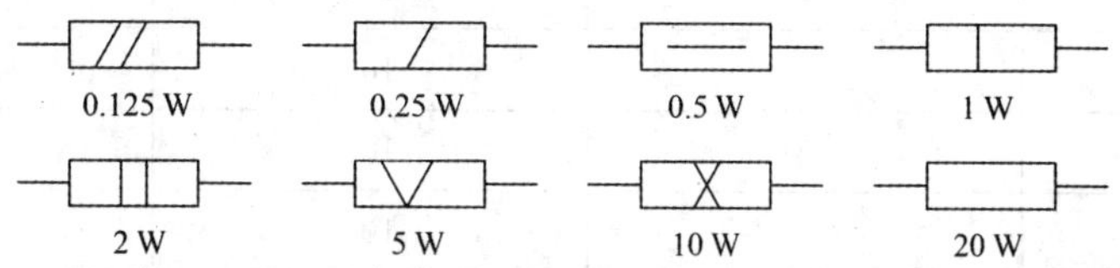

图 2-9 电阻器功率的表示

三、电阻器的标识方法

1. 直接标志

在电阻器表面上直接用数字及单位标出电阻器的标称阻值和允许误差，如图 2-10 所示。

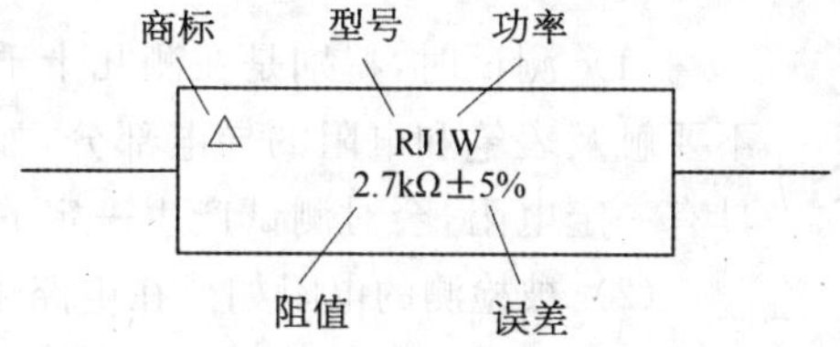

图 2-10 直标法的识读

2. 色环标志

色环标志是用不同颜色的带或点在电阻器表面标出标称阻值和允许偏差。如图 2-11、表 2-5 所示。

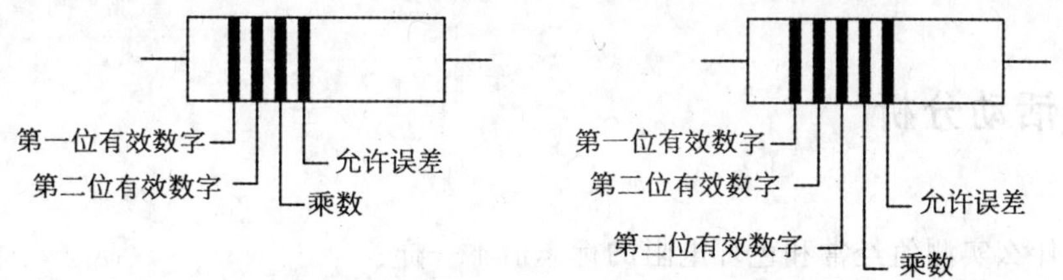

图 2-11 标称阻值和允许偏差的色环标志

表 2-5 电阻器色标符号规定

颜　色	有效数字	倍乘数	允许偏差(%)
金	—	10^{-1}	±5
银	—	10^{-2}	±10
黑	0	10^{0}	
棕	1	10^{1}	±1

（续表）

颜　色	有效数字	倍乘数	允许偏差（%）
红	2	10^2	±2
橙	3	10^3	
黄	4	10^4	
绿	5	10^5	±0.5
蓝	6	10^6	±0.25
紫	7	10^7	±0.1
灰	8	10^8	
白	9	10^9	+50，−20
无色	—	—	±20

四、测量操作注意事项

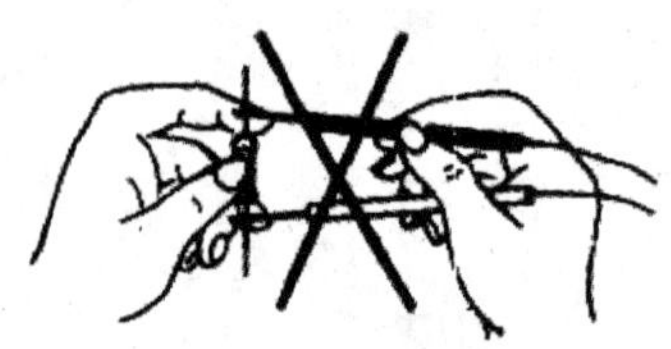

图 2-12　电阻的错误测法

（1）测试时，特别是在测几十千欧以上阻值的电阻时，手不要触及表笔和电阻的导电部分，如图 2-12 所示。因为人体具有一定电阻，会对测试产生一定的影响，使读数偏小。

（2）被检测的电阻如果在电路中不拆下来直接检测，最好正反向测量两次，然后选择记录最高数值的阻值对照实际电阻上的标称值，这种方法只能叫初测，要想准确测量必须从电路中拆焊下来，至少要拆焊开一个头，以免电路中的其他元件对测试产生影响，造成测量误差。

（3）色环电阻的阻值虽然能以色环标志来确定，但在使用时最好还是用万用表测试一下实际阻值。

活动分析

1. 为什么实测值经常和色环电阻的标志值不一样？
2. 测量电阻器时，表针指示∞，试判断电阻器的好坏（万用表确认是好的）。

活动三　用万用表检测电容器

活动内容

电容器的常见故障主要表现为失效、短路、断路、漏电等，可用万用表调至欧姆挡进行检测。

一、万用表欧姆挡量程的设定

电容器容量	万用表欧姆挡量程
<1 μF	R×10 k
1～47 μF	R×1 k
>47 μF	R×100

二、电容器质量的检测

(1) 漏电电阻的检测。将万用表的红、黑表笔分别接触电容器的两引线，此时表针很快向顺时针方向摆动（R 为零的方向摆动），然后逐渐退回到“∞”附近（一般在几百到几千兆欧），这时表针所指的就是该电容的漏电阻值。然后断开表笔，并将红、黑表笔对调，重复测量电容器，如表针仍按上述的方法摆动，说明电容器的漏电电阻越大，则电容器的绝缘性越好。若漏电电阻较小（几兆欧甚至更小），表明电容器漏电严重，不能使用。

(2) 断路及短路的检测。万用表两表笔接触电容器的两引线，如表针不动，将表笔对调后再测量，表针仍不动，表明电容器断路。若表针指示阻值很小或为零，而表针不再退回，则表明电容器已击穿短路。

(3) 将检测结果填入表 2-6 中。

表 2-6　电容检测

	万用表挡位	充电指针偏转角度	实测漏电电阻
0.47 μF			
220 μF			
检测中出现的问题			

(4) 10 pF 以下的小电容器，只能用万用表定性地检查其是否漏电、内部短路或击穿等。用万用表 R×10 k 挡，将两表笔分别接触电容器的两引线，阻值应为无穷大。若阻值为零，说明电容漏电或内部击穿。

三、电解电容器极性的判别

1. 外观判别

未使用过的电解电容器长引线为正极，短引线为负极；电容器外壳标注负号对应的引线为负极。

2. 万用表测量漏电电阻判别

电解电容器正向漏电电阻大于反向的漏电电阻。

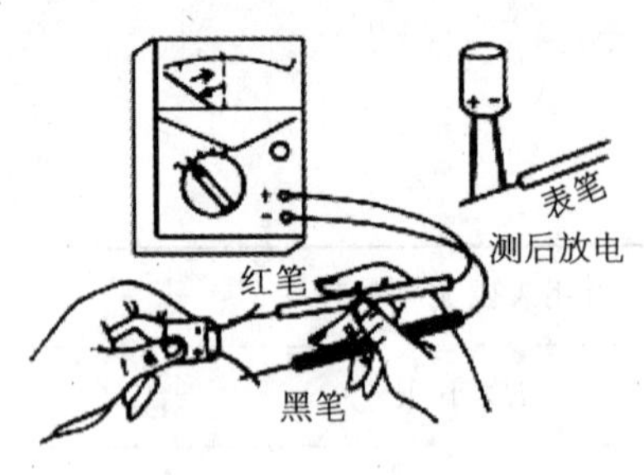

图 2-13 万用表测电解电容

万用表红表笔接电解电容的负极，黑表笔接电解电容的正极。在刚接通的瞬间，万用表的指针会向右（电阻小的方向）摆动一个较大的角度。若指针摆动到最大角度后，接着又逐渐向左摆，然后停止在一个固定位置，则说明该电解电容有明显的充放电过程，所测得的阻值即为该电解电容的正向漏电电阻，该阻值在正常情况下应比较大，此值越大，说明漏电流越小，电容器性能越好。如图 2-13 所示。

然后，将红、黑表笔对调，万用表指针将重复上述摆动现象。但此时所测阻值为电解电容器的反相漏电电阻，此值略小于正向漏电电阻。即反相漏电电流比正向漏电电流要大。实际使用经验表明，电解电容器的漏电电阻一般应在几百千欧以上，否则将不能正常工作。

相关知识

一、电容器的主要参数

1. 标称容量与允许偏差

电容器的标称电容量系列同电阻器采用的系列相同，即 E6、E12、E24 系列。电容器的容量偏差分别用 D(±5%)、F(±10%)、G(±2%)、K(±10%)、M(±20%)和 N(±30%)表示。

2. 额定直流工作电压(耐压)

电容器的额定直流工作电压是指电容器在指定的温度范围内长期可靠地工作所能承受的最大直流电压。电容器常用的额定直流工作电压有 6.3 V、10 V、16 V、25 V、63 V、100 V、160 V、250 V、400 V、630 V、1 000 V 等。

二、电容器参数标志法

1. 直标法

直接把电容器的容量、允许误差和工作电压标在电容器上。如 470 μF。

2. 文字符号法

用数字、文字符号有规律的组合来表示容量。如 6p8 表示 6.8 pF，4μ7 表示 4.7 μF，1n 表示 pF，104 表示 10×10^4 pF(即 0.1 μF)。小于 10 pF 的电容，其允许偏差用字母代替，见表 2-7。

表 2-7 电容器上字母符号的含义

标志符号	B	C	D	F
允许误差(%)	±0.1	±0.25	±0.5	±1

3. 色标法

和电阻的表示方法相同，单位一般为 pF。有时小型电解电容器的耐压也有用色标法的，位置靠近正极引出线的根部，其色标与耐压对照表见表 2-8。

表 2-8　电解电容器色标与耐压值对照表

颜色	黑	棕	红	橙	黄	绿	蓝	紫	灰
耐压(V)	4	6.3	10	16	25	32	40	50	63

活动分析

1. 用万用表 R×10 挡测量容量为 0.1 μF 电容器时，表笔正反交换两次，表针均处于∞。判断该电容器的好坏。

2. 用万用表来测量一个 100 μF 的电解电容时，欧姆挡应置于什么量程？试判断其好坏。

活动四　用万用表检测电感器

活动内容

电感器的常见故障中，如线圈和铁心松脱或铁心断裂，一般对电感器的外观、结构仔细检查即可判断出来。通过外观检查后，可用万用表作进一步检测。

一、万用表调至欧姆挡，选用 *R*×1 挡

二、电感器质量的检测

将万用表的红、黑表笔分别接触电感器的两引线。电感器的直流电阻值一般很小。匝数多、线径细的线圈能达几十欧。对于有抽头的线圈，各引脚之间的阻值均很小，仅有几欧左右。测量阻值应较小，若测量阻值为无穷大，表明电感器断路；若测量阻值为零，则表明电感器线圈短路。将检测结果填入表 2-9 中。

表 2-9　电感器检测

电感线圈	直流电阻值	质量判断

三、变压器的简易测试

1. 绝缘性能测试

用万用表电阻档 $R\times10$ k 分别测量铁心与一次绕组、一次绕组与二次绕组、铁心与二次绕组之间的电阻值，应均为无穷大。否则说明变压器绝缘性能不良。

2. 测量绕组通断

用万用表 $R\times1$ 档，分别测量变压器一次、二次各个绕组间的电阻值，一般一次绕组阻值应为几十欧至几百欧，变压器功率越小电阻值越大；二次绕组电阻值一般为几欧至几百欧，如某一组的电阻值为无穷大，则该组有断路故障。

注意：这种测量方法只是一种比较粗略的估测，有些绕组匝间绝缘轻微短路的变压器是检测不准的。

相关知识

电感器的主要参数

1. 电感量与允许偏差

电感量是电感线圈的一个重要参数，它的大小与线圈的匝数、绕制方式及磁芯材料等因素有关，与电流大小无关。允许偏差通常有 3 个等级，Ⅰ级(±5%)，Ⅱ级(±10%)和Ⅲ级(±20%)。

2. 品质因数 Q

电感器的品质因数定义为其储能与耗能之比，又称 Q 值。Q 值越大，电感线圈的质量越高。

3. 固有电容

线圈的匝与匝间、线圈与屏蔽罩间、线圈与底板间存在的电容被称为固有电容。固有电容的存在使线圈的 Q 值减小，稳定性变差，因而线圈的分布电容越小越好。

4. 额定电流

额定电流是指规定的满载电流值。

活动分析

如何使用万用表区分电源变压器的一次绕组与二次绕组？

活动五 用万用表检测二极管

活动内容

二极管具有正向导通、反向截止的单向导电性，可用万用表测量二极管的正、反向电阻，从而判断二极管的极性和性能。

一、万用表调至欧姆挡，选用 *R*×100 或 *R*×1 k 挡

二、二极管检测

将万用表的红、黑表笔分别接触二极管的两极，接着交换电极再测一次，测得二极管的正、反向电阻，如图 2-14 所示。

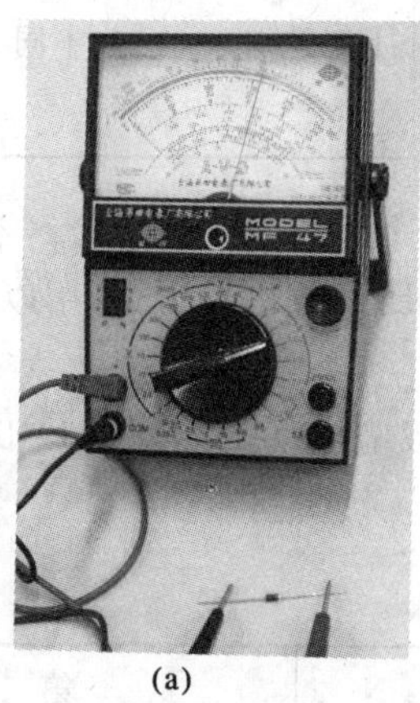

(a)

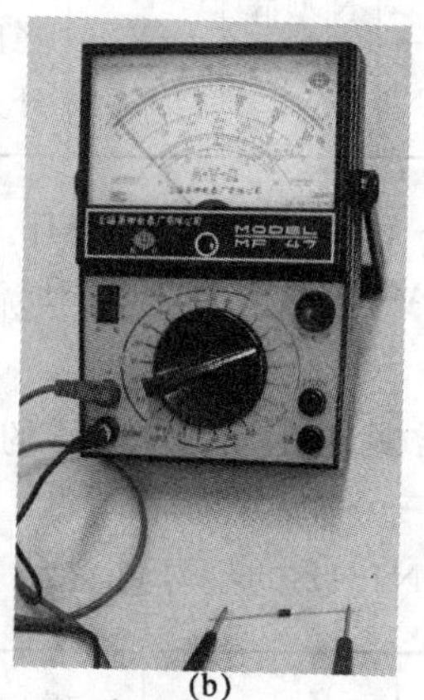

(b)

图 2-14 万用表测二极管

(a) 测正向电阻；(b) 测反向电阻

1. 质量判断

测得的正向电阻阻值小，一般在几千欧以下，反向电阻趋于无穷大，一般在几百千欧以上。若正、反向电阻均趋于无穷大，说明二极管内部已开路；若正、反向电阻均很小或接近于零，说明二极管内部已击穿。

2. 极性判断

以测量阻值小的一次为准，黑表笔接的是二极管的正极，红表笔接的是二极管的负极。

3. 硅二极管和锗二极管的区别

可从管壳上的表示型号的标志加以判别，也可利用硅管、锗管正反向电阻值不同来判别。正向电阻：硅管为几千欧，锗管为几百欧；反向电阻：硅管接近无穷大，锗管为几百千欧。

相关知识

一、二极管的型号命名方法

我国对二极管的型号命名规定由五部分组成，各部分的表示符号和意义见表 2-10。

表 2-10 二极管的命名

第一部分（数字）		第二部分（字母）		第三部分（字母）		第四部分（数字）	第五部分（字母）
电极数目		材料和特性		二极管类型		同类管子的序号	规格号
符号	意义	符号	意义	符号	意义	意义	意义
2	二极管	A B C D	N型锗 P型锗 N型硅 P型硅	P Z U W K	普通管 整流管 光电管 稳压管 开关管	表示同类型管中某些性能参数上有差别	序号相同、规格号不同的二极管只是个别参数有所不同

例 2-5-1：2CW1——表示 N 型硅稳压二极管。

例 2-5-2：2CZ52A——表示 N 型硅整流二极管，规格号为 A，用以表示二极管的耐压规格为 25 V。

目前市场上更常见的是国外型号的二极管，如美国的 1N4812、1N4001，日本的 1S1885 等。

例 2-5-3：说明 1N4812 的型号意义。

第一部分：1	第二部分：N	第三部分：4812
PN 结数目（二极管为 1 个 PN 结）	EIA 注册标志	美国电子工业协会（EIA）登记顺序号

例 2-5-4：说明 1S1885 的型号意义。

第一部分：1	第二部分：S	第三部分：1885
1 个 PN 结的二极管	日本电子工业协会注册产品	在日本电子工业协会注册登记的序号

二、二极管的结构

二极管就是把在一个 PN 结两侧各接上电路引线（从 P 区引出的称为阳极，从 N 区引出的称为阴极），并以管壳封装加固。如图 2-15 所示。PN 结是 P 型半导体和 N 型半导体通过一定工艺形成的特殊薄层，它具有单向导电性。

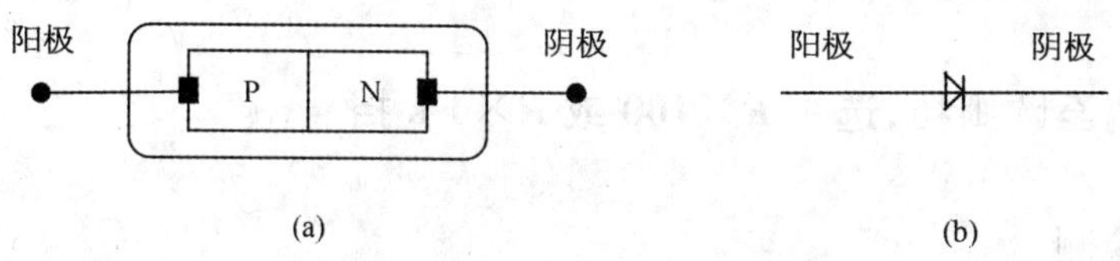

图 2-15　二极管的结构示意图与符号

(a) 示意图；(b) 符号

三、常用二极管的符号及主要用途

主要用途见表 2-11。

表 2-11　部分常用二极管符号与用途

名　　称	符　　号	主要用途
整流二极管		构成整流电路
稳压二极管		构成直流稳压电路
发光二极管		用于电源指示和信号电平指示灯电路等
开关二极管		广泛用于逻辑运算、控制电路等
光电二极管		用于光接收(如遥控器)、光电耦合等方面

活动分析

1. 如何用万用表来简单测试二极管的引出端，若万用表的指针均未摆动是何原因？(万用表正常)

2. 如何用万用表来检测发光二极管的好坏？

活动六　用万用表检测三极管

活动内容

NPN 型三极管基极到发射极和基极到集电极均为 PN 结的正向，而 PNP 型三极管基极到发射极和基极到集电极均为 PN 结的反向。从而可利用万用表判断三极管的管脚和类型。

一、万用表调至欧姆挡,选用 $R\times100$ 或 $R\times1$ k 挡

二、三极管检测

1. 管脚和类型的判别

(1) 判断基极和三极管的类型。

图 2-16 万用表测三极管

将万用表的红、黑表笔分别测三极管任两引出端间的正、反向电阻,如图 2-16 所示。

用黑表笔接触某一管脚,红表笔分别接触另两个管脚,如表头读数都很小,则与黑表笔接触的那一管脚是基极,同时可知三极管为 NPN 型。若用红表笔接触某一管脚,黑表笔分别接触另两个管脚,表头读数都很小,则与红表笔接触的那一管脚是基极,三极管为 PNP 型。

(2) 判断发射极和集电极。

用拇指和食指将三极管的三个引出端一起捏住,测量除基极以外的另两个引出端的正、反向电阻,测得电阻较小时,集电极接触的表笔颜色与判别基极时的颜色相同,即:若测得的基极的表笔为黑色,则读数小时,黑表笔接触的是集电极,另一端为发射极;若测得的基极的表笔为红色,则读数小时,红表笔接触的是集电极,另一端为发射极。

2. 质量判断

测得的一个引出端对其他两个引出端的电阻阻值均较小。若三极管某两个引出端间的正、反向电阻均趋于零,则三极管内部短路;若找不到一个引出端对其他两个引出端的电阻值均较小,则三极管内部断路。

3. 三极管电流放大系数 β 值的估测

先转动开关至晶体管调节 ADJ 位置上,将红黑表笔短接,调节欧姆调零旋钮,使指针对准 300 h_{FE} 刻度线上,然后转动开关到 h_{FE} 位置,将要测的晶体管脚分别插入晶体管测试座的 ebc 管座内,指针偏转所示数值约为晶体管的直流放大倍数值。N 型晶体管应插入 N 型管孔内,P 型晶体管应插入 P 型管孔内。

若依此法来判别发射极和集电极也很容易,只需将 E、C 对调一下,看表针偏转较大的那一次插脚正确,从万用表插孔旁标记即可判别出发射极和集电极。

相关知识

一、三极管的型号命名方法

目前市场上的三极管,除了国产管以外,还有大量来自日本、韩国、美国和欧洲等国的产品。在众多的三极管产品中,各国都有自己命名型号的方法,见表 2-12。

表 2-12 各国三极管型号中字母和数字的含义

	一	二	三	四	五	说明
中国	3（三个极）	A：PNP 型锗 B：NPN 型锗 C：PNP 型硅 D：NPN 型硅	X：低频小功率管 G：高频小功率管 D：低频大功率管 A：高频大功率管 K：开关管 U：光电管 T：闸流管 J：结型场效应管 O：MOS 场效应管	序号	规格（可省）	例：3DX 表示 NPN 型硅材料低频小功率管
日本	2（2 个 PN 结）	S(日本电子工业协会）	A：PNP 高频 B：PNP 低频 C：NPN 高频 D：NPN 低频	两位以上数字表示登记号	用 A、B、C…… 字母表示 β 的大小	例：2SA732 简化标志为 A732，表示该管为 PNP 型高频管
美国	2（2 个 PN 结）	N(美国电子工业协会）	多位数字表示登记序号			美国产品符号仅表示产地，不表示规格和用途
欧洲	A：锗 B：硅	C：低频小功率 D：低频大功率 F：高频小功率 L：高频大功率 S：小功率开关管 U：大功率开关管	三位数字表示登记序号	用 A、B、C…… 字母表示 β 的大小		例：BF100-A 表示高频小功率管 100 的改进型

韩国三星电子公司(SAMSUNG)的产品，在市面上也比较常见。它是以四位数字来表示三极管的型号的，例如，9013、9018 等，其主要型号的性能见表 2-13。

表 2-13 韩国 9000 系列三极管性能简介

名称	9011	9012	9013	9014	9015	9016	9018
材料	硅	硅	硅	硅	硅	硅	硅
极性	NPN	PNP	NPN	NPN	PNP	NPN	NPN
功率	小	小	小、中	小	小、中	小	小
频率	高	高	高	高	高	甚高	甚高
h_{FE}	50～100	50～100	100～150	50～100	100～300	100～150	100～150

二、三极管的结构

NPN 型三极管和 PNP 型三极管的结构和符号如图 2-17 所示，它内部含有两个 PN 结。

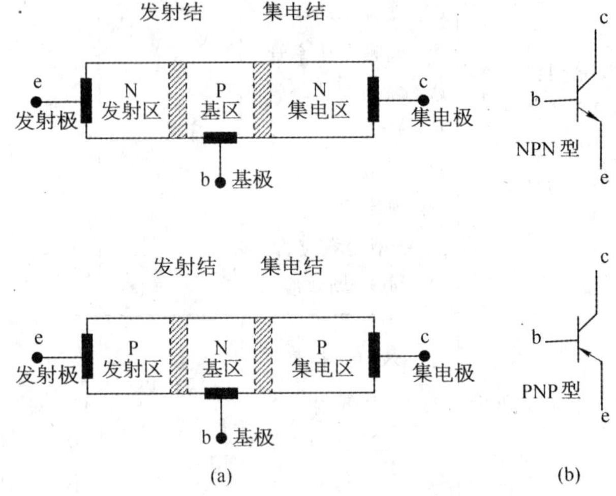

图 2-17　三极管的结构示意图与符号

（a）示意图；（b）符号

活动分析

如何用万用表来简单测试三极管的引出端，若有一极对另外两极测得的电阻均为 0，是何原因？

项目三　焊 接 基 础

一、知识要求

(1) 了解印制电路板的结构、功能。
(2) 熟悉手工焊接的基本方法。
(3) 熟悉拆焊方法。

二、技能要求

(1) 会正确使用电烙铁进行焊点焊接。
(2) 会正确使用吸锡烙铁拆焊。

三、材料、工具及设备

(1) 铆钉板、通用单面印制板、焊锡丝、松香。
(2) 电烙铁、吸锡烙铁、镊子钳、平口钳、剪刀、砂皮等。
(3) 单股导线、电阻、电容、二极管、三极管若干。

活动一　印制电路板的认识

印制电路板可以说是任何电子产品的基础,出现在每一种电子设备中。它是由绝缘基板及作为连接导线和焊盘的铜箔组成。利用印制电路板可以实现电路中各个元器件的电气连接,经过装配,使元器件和电路板称为一个整体。

随着电子技术的发展,印制电路板由最早的单面板发展到现在的双面板、多层板和柔性板,导线的分布密度越来越大,电路板设计也由人工设计发展到计算机辅助设计,如图 3-1 所示。

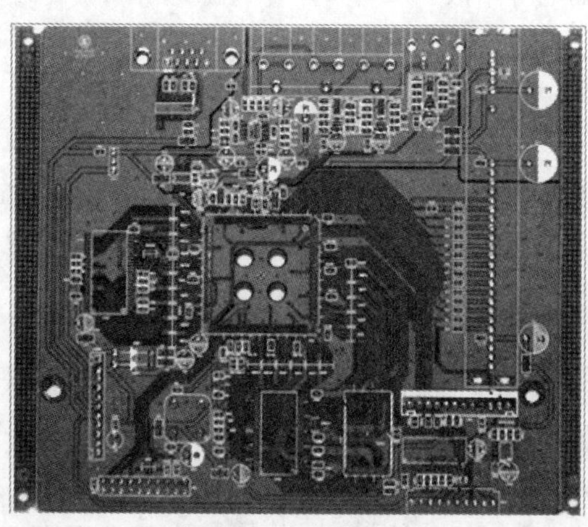

图 3-1　印制电路板

活动二　焊接工具的使用

焊接是电子产品整机装配中连接各电子元器件及导线的主要手段。采用锡铅焊料进行焊接的锡铅焊是适用范围最广的一种焊接方法。

活动内容

一、掌握电烙铁的握法

电烙铁是手工焊接的基本工具。常见的电烙铁的握法有反握法、正握法和握笔法三种，如图 3-2 所示。反握法的动作稳定，长时间操作不易疲劳，适用于大功率烙铁的操作；正握法适用于中功率烙铁或带弯头电烙铁的操作；一般在操作台上焊接印制板等焊件时，多采用握笔法。

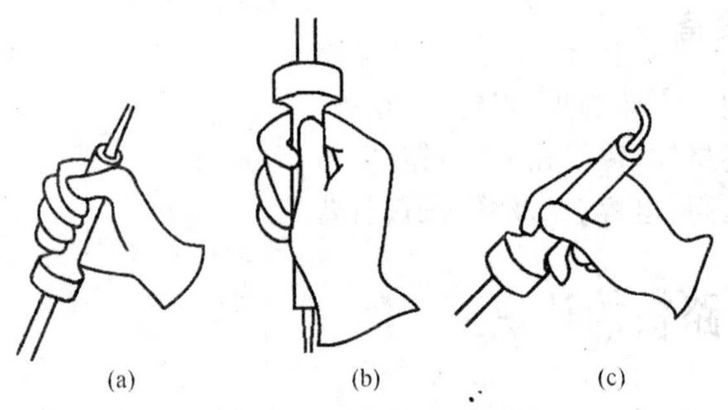

图 3-2　握电烙铁的手法示意

（a）反握法；（b）正握法；（c）握笔法

电烙铁使用以后，一定要稳妥地插放在烙铁架上，并注意导线等其他杂物不要碰到烙铁头，以免烫坏导线，造成漏电等事故。

二、认识焊料与助焊剂

1. 焊接材料

凡是用来熔合两种或两种以上的金属面，使之成为一个整体的金属或合金都称为焊料。这里所说的焊料只针对锡焊所用焊料。常用锡焊材料有管状焊锡丝、抗氧化焊锡、含银的焊锡、焊膏。

2. 助焊剂的选用

在焊接过程中，由于金属在加热的情况下会产生一薄层氧化膜，这将阻碍焊锡的浸润，影响焊接点合金的形成，容易出现虚焊、假焊现象。使用助焊剂可改善焊接性能。

助焊剂有松香、松香溶液、焊膏焊油等，可根据不同的焊接对象合理选用。焊膏焊油等具有一定的腐蚀性，不可用于焊接电子元器件和电路板，焊接完毕应将焊接处残留的焊膏焊

油等擦拭干净。元器件引脚镀锡时应选用松香作助焊剂。印制电路板上已涂有松香溶液的，元器件焊入时不必再用助焊剂。

3. 焊料的拿法

焊锡丝一般有两种拿法，如图 3-3 所示。由于焊锡丝中含有一定比例的铅，而铅是对人体有害的一种重金属，因此操作时应该戴手套或在操作后洗手，避免食入铅尘。

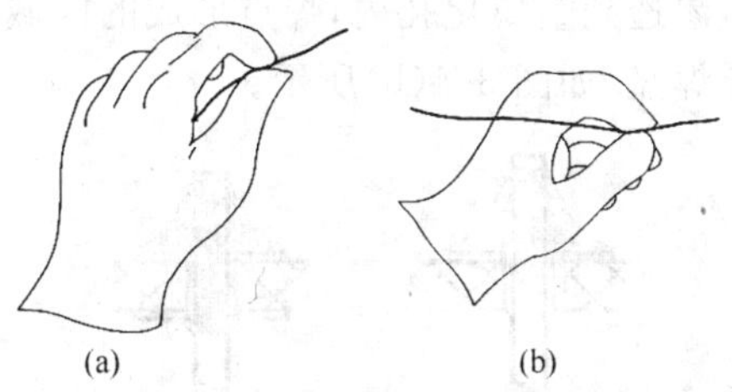

图 3-3　焊锡丝的拿法

(a) 连续焊接时；(b) 断续焊接时

三、熟悉手工焊接的基本步骤

通常采用下述焊接法进行手工焊接，具体操作步骤如表 3-1 所示。

表 3-1　焊接步骤

操作步骤	操作示意图	说　明
准备	焊锡丝 电烙铁 焊盘 印制板 元器件引脚	准备好被焊元器件，烙铁加温到工作温度并吃好锡，一手握好烙铁，一手抓好焊锡丝
加热		将烙铁头放于被焊部位，同时接触焊盘和元器件引脚，时间 1～2 s
加焊锡		被焊部位加热到一定温度时，焊锡丝从烙铁对面接触元器件引脚及焊盘，时间 1～2 s
移开焊锡		当焊锡丝熔化并浸润焊盘和元器件引脚后，立即向左上 45°方向移开焊丝
移开电烙铁		焊锡浸润焊盘和焊件的施焊部位以后，向右上 45°方向移开烙铁，结束焊接。从第三步开始到第五步结束，时间也是 1～2 s

锡焊的注意事项：

（1）要做好焊件、焊点表面清洁搪锡工作。

（2）焊接时间和焊锡量要适中。

（3）在单面和双面（多层）印制电路板上，焊点的形成是有区别的，如图3-4(a)所示。在单面板上，焊点仅形成在焊接面的焊盘上方；但在双面板或多层板上，熔融的焊料不仅浸润焊盘上方，还由于毛细作用，渗透到金属化孔内，焊点形成的区域包括焊接面的焊盘上方、金属化孔内和元件面上的部分焊盘，如图3-4(b)所示。

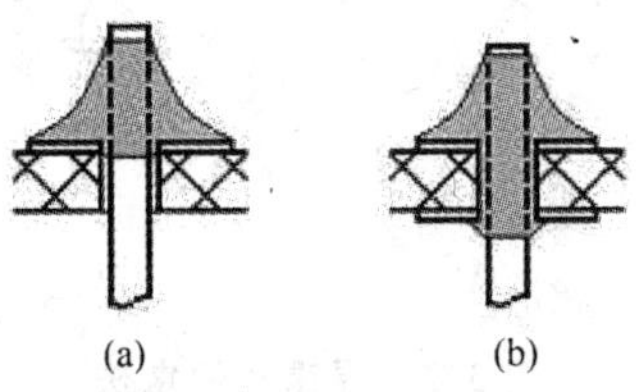

图3-4　焊点的形成

（a）单面板；（b）双面板

（4）焊点应有一定的机械强度和良好的导电性，焊点应自然冷却，在焊锡凝固前不能移动被焊件。不应出现不良焊点，如虚焊、漏焊、夹渣、桥连、气孔、毛刺、砂眼、溅锡等。典型焊点如图3-5所示。

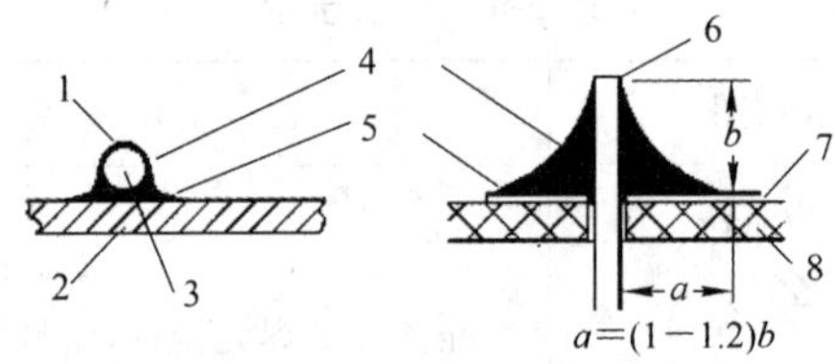

图3-5　典型焊点的外观

1—薄而均匀可见导线轮廓；2—接线端子；3—导线；
4—半弓形凹下；5—平滑过渡；6—元件引线；7—铜箔；8—基板

四、焊点焊接练习

（1）清洁修整铆钉板。

（2）剥去导线绝缘层，将单股铜丝剪成若干段，并加工成钉书钉形状。

（3）将钉书钉形状的铜丝依次从正面插入铆钉孔中，并在正面进行焊接，共焊接100个点，如图3-6所示。

图3-6　焊点焊接练习

注意:铜丝安装正确、布局合理、连线正确,焊接质量合格、清洁美观。

相关知识

一、电烙铁的种类

常用的电烙铁有内热式与外热式两类。内热式的加热元件在铜头内部,它的热效率比较高;而外热式的电热丝在铜头外边,烙铁的功率与所焊接的金属面积有关。烙铁头有尖头、平头、斜头和弯头等。

图 3-7 所示,为 25 W 的内热型电烙铁。

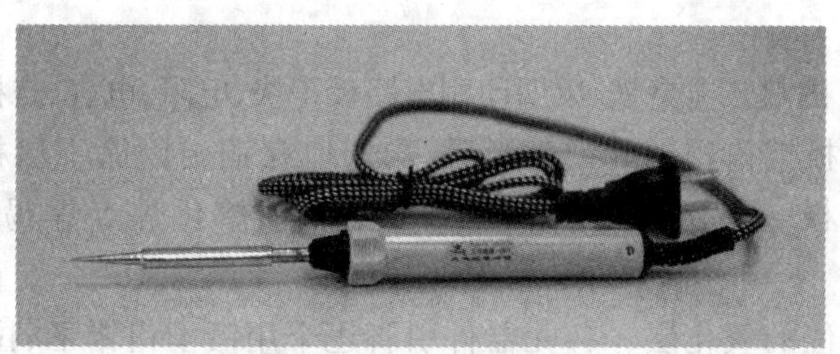

图 3-7 内热型电烙铁

二、电烙铁的选用

焊接印制电路板的焊盘和一般产品中的较精密元器件及受热易损元器件宜选用 20 W 内热式电烙铁。当焊接能力达到一定熟练程度时,为提高焊接效率,也可选用 35 W 内热式电烙铁。

三、电烙铁的使用与保养

(1) 使用前,先用万用表测量一下电烙铁插头两端是否短路或开路,正常时 20 W 内热式电烙铁阻值(烙铁心的电阻值)约为 2.4 kΩ。再测量插头与外壳是否漏电或短路,正常时阻值应为无穷大。

(2) 新烙铁刃口表面镀有一层铬,不易沾锡。使用前应先用锉刀或砂纸将镀铬层去掉,通电加热后涂上少许焊剂(上焊锡)再使用。通常表面被氧化或无锡的烙铁头,也需要进行搪锡,即在烙铁头的使用部位上一层薄锡,使其便于焊接。

(3) 在使用间歇中,电烙铁应搁在金属烙铁架上;较长时间不使用电烙铁时,应切断电源。

活动分析

1. 焊接电子电路时,适用多大功率电烙铁较合适,为什么?

2. 如何检查电烙铁的好坏？

3. 焊接中用的焊接材料和助焊材料是什么？

4. 焊接过程中，电烙铁加热正常，但烙铁头上黏不住锡，为什么，应如何处理？

活动三　元器件焊接练习

活动内容

一、焊前处理

（1）准备好 25 W 内热式电烙铁、废旧印刷电路板 1 块、电阻、电容、二极管、三极管若干个。

（2）将印刷电路板铜箔用细砂纸打光后，均匀地在铜箔面涂一层松香酒精溶液。若是已焊接过的印刷电路板，应将各焊孔扎通（可用电烙铁熔化焊点焊锡后，趁热用针将焊孔扎通）。

（3）清除焊接部位的氧化层。各元器件引脚逐个用镊子钳钳平、拉直，用小刀刮去金属引线表面的氧化层，使引脚露出金属光泽。如图 3-8 所示。

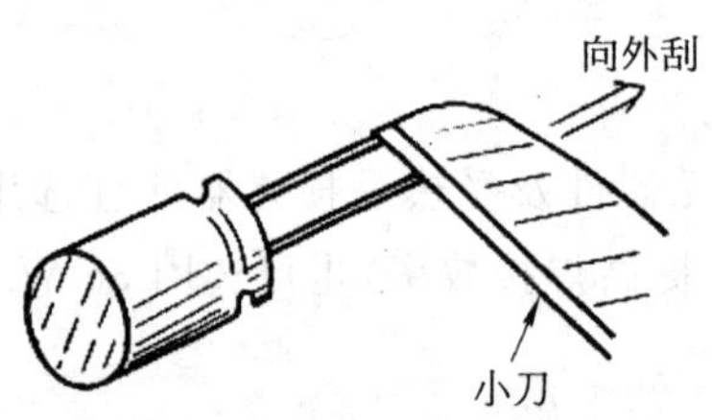

图 3-8　元器件引脚剥光

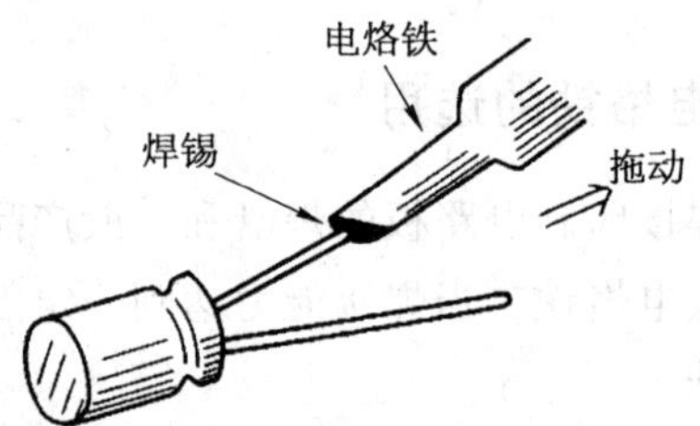

图 3-9　元器件引脚镀锡

（4）元件镀锡。在刮净的元件引脚上镀锡。可将引脚蘸一下松香酒精溶液后，将带锡的热烙铁头压在元件引脚上，并转动元件。即可使引脚均匀地镀上一层很薄的锡层。如图 3-9 所示。

二、元件引脚成型

1. 引脚整形，拉直

所有元件在成型前，用镊子钳先将元件的引脚钳平、拉直使成型后元件整体挺直。如图 3-10 所示。

图 3-10　元器件引脚整形拉直

2. 电阻、二极管引脚成型

电阻或二极管在印制电路板中，一般有卧式安装和立式安装两种。

(1) 卧式成型。卧式安装的元件，两引脚间距离由安装位置的实际尺寸决定，折弯基本成 90°，折弯点一般距元件本体大于 2 mm，玻璃封装的二极管应大于 3mm 处折弯，如图 3-11 所示。

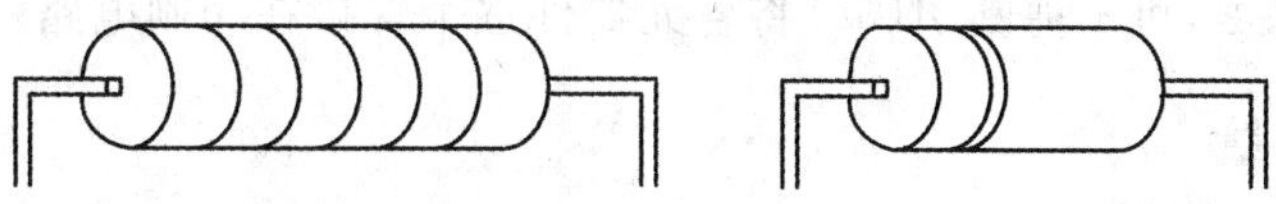

图 3-11 卧式成型示意图

(2) 立式成型。直立式元件成型时，只需将元件的一个引出端折弯成型，另一端保持平直。若二极管，一般将负极一端折弯曲，安装时使二极管负极标记在上便于检查。如图 3-12 所示。

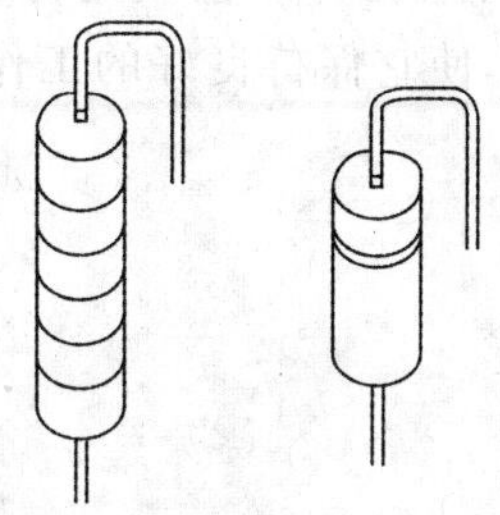

图 3-12 立式成型示意图

3. 电容器成型

如图 3-13 所示。

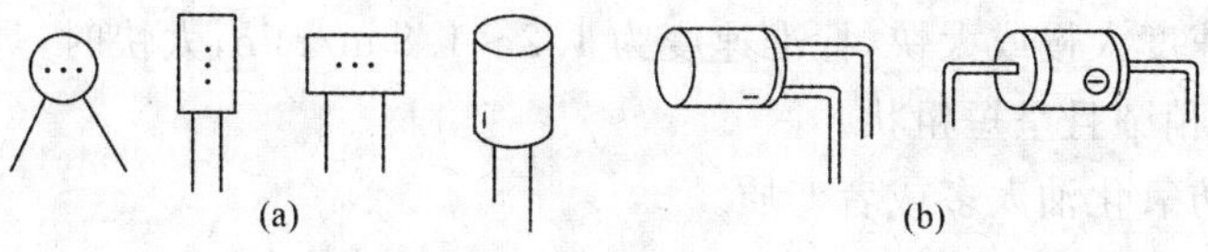

图 3-13 电容器成型示意图

(a) 立式；(b) 卧式

4. 三极管成型

如图 3-14 所示。

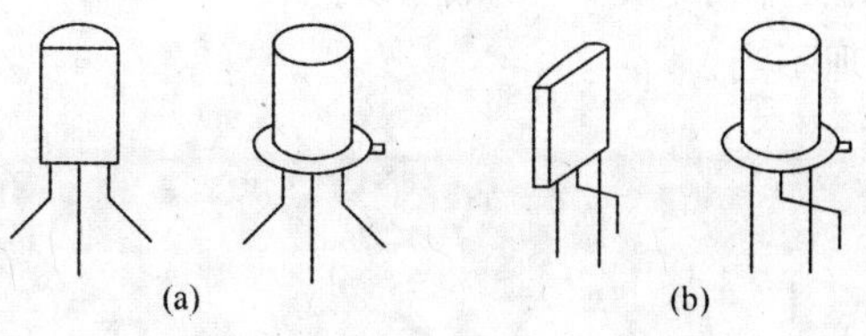

图 3-14 三极管成型示意图

(a) 直排式；(b) 跨接式

三、焊接

(1) 将元器件插入印刷电路板小孔。从正面插入(不带铜箔面)。元器件引脚留 3～5 mm。

(2) 在电路板反面(有铜箔一面),将元器件引脚焊在铜箔上,控制好焊接时间为 2～3 s。若准备重复练习,可不剪断引脚。将各元器件逐个焊接在印刷电路板上。

四、检查焊接质量

(1) 各焊点是否牢固,有无虚焊、假焊。是否光滑无毛刺。

(2) 将不合格焊点重新焊接。

五、焊接完毕,整理工具

电烙铁使用时间较长时,烙铁头上会有黑色氧化物和残留的焊锡渣,将影响后面的焊接。应该用松香不断地清洁烙铁头,使它保持良好的工作状态。使用完电烙铁后拔下其电源插头,待其冷却后,收回工具箱。

相关知识

常见锡点问题与处理方法

(1) 焊剂与底板面接触不良;底板与焊料的角度不当。

(2) 助焊剂比重太高或者太低。

(3) 传送带速度太慢或太快,标准速度为 1.2～1.8 m/min,太快时,焊点呈细尖状且有光泽;太慢时焊点稍圆且呈短粗状。

(4) 锡炉内防氧化油太多或者变质。

(5) 预热温度太高或者太低;进行焊锡前,标准温度为 75～100 ℃。(按实际情况调节)

(6) 预热温度太高或者太低;标准温度为 245～255 ℃,太低时焊点呈细尖状且有光泽;太高时焊点呈稍圆且短粗状。

(7) 锡炉波峰不稳定。

(8) 锡炉内焊料有杂质。

(9) 组件插脚方向以及排列不良。

(10) 原底板引线处理不当。

活动分析

1. 简述焊接的基本步骤。

2. 焊接元件和电路板时,器材较多。为了便于操炸,避免发生事故,要把工具和元件放置在桌上的固定位置)你打算怎样放置电烙铁、工具和元器件？试一试,操作时是否比较方便？养成器材放置有序的良好习惯。

3．根据自己的电路焊接情况,指出存在的焊接缺陷,分析原因并提出改进方法。

活动四　拆焊工具的使用

拆焊是指将焊接的元器件拆下来,在调试和维修电子产品时经常会用到。实验室常用的拆焊方法有烙铁拆焊和吸锡器拆焊两种方法。

活动内容

一、烙铁拆焊

对于直插式的电阻器、电容器、二极管、三极管等引脚少的元器件,拆焊方法比较简单。把印制板竖起来夹住,一边用烙铁加热待拆元件的焊点,一边用镊子或尖嘴钳夹住元器件引线轻轻拉出,注意元器件引脚不能折断。

对于直插式集成电路的引脚较多时,拆焊时可借助如空心针管或吸焊器等其他工具。如图 3-15 所示。

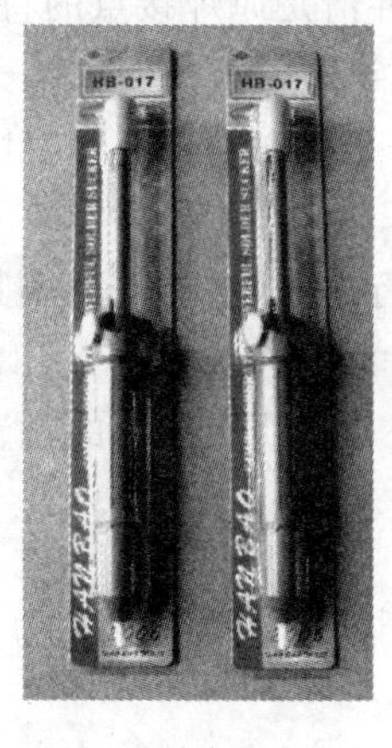

(a)

(b)

图 3-15

(a) 吸锡器；(b) 吸锡器的使用

二、吸锡烙铁拆焊

吸锡烙铁是专门用于拆焊的工具,装有一种小型手动空气泵。如图 3-16 所示。

(1) 将吸锡烙铁通电加热。

(2) 压下吸锡烙铁手柄顶端的压杆,再将烙铁吸嘴套入需拆焊的元件引脚。

(3) 待焊盘上的焊锡熔融后,按下吸锡按钮,压杆在弹簧的作用下迅速复原,完成吸锡

动作。

（4）焊盘上的锡充分吸掉、元器件引脚与焊盘铜箔完全脱离后，起拔元器件。起拔元器件时，不能朝铜箔方向推压元器件，以免焊盘或印制导线条铜箔起翘。

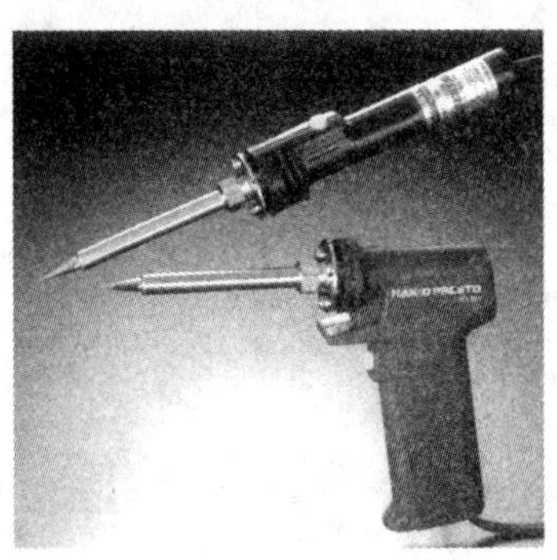

图 3-16　吸锡烙铁

相关知识

一、拆焊原则

拆焊的步骤一般与焊接的步骤相反。拆焊前，一定要弄清楚原焊接点的特点，不要轻易动手。

1. 不损坏拆除的元器件、导线、原焊接部位的结构件。

2. 拆焊时不可损坏印制电路板上的焊盘与印制导线。

3. 对已判断为损坏的元器件，可先行将引线剪断，再行拆除，这样可减小其他损伤的可能性。

4. 在拆焊过程中，应该尽量避免拆除其他元器件或变动其他元器件的位置。若确实需要，则要做好复原工作。

二、拆焊要点

1. 严格控制加热的温度和时间。

2. 拆焊的加热时间和温度较焊接时间要长、要高，所以要严格控制温度和加热时间，以免将元器件烫坏或使焊盘翘起、断裂。宜采用间隔加热法来进行拆焊。

3. 拆焊时不要用力过猛。

4. 在高温状态下，元器件封装的强度都会下降，尤其是对塑封器件、陶瓷器件、玻璃端子等，过分的用力拉、摇、扭都会损坏元器件和焊盘。

5. 吸去拆焊点上的焊料。

6. 拆焊前，用吸锡工具吸去焊料，有时可以直接将元器件拔下。即使还有少量锡连接，也可以减少拆焊的时间，减小元器件及印制电路板损坏的可能性。如果在没有吸锡工具的情况下，则可以将印制电路板或能够移动的部件倒过来，用电烙铁加热拆焊点，利用重力原理，让焊锡自动流向烙铁头，也能达到部分去锡的目的。

活动分析

拆焊时需注意哪些问题？

项目四　电源变换器的剖析

一、知识要求

（1）认识晶体管图示仪和示波器面板结构。

（2）明确二极管的特性与应用。

（3）掌握基本整流方式与滤波原理。

二、技能要求

（1）了解电源变换器的的拆装方法。

（2）查阅晶体管手册，会正确选用整流二极管。

（3）会使用晶体管图示仪测试二极管伏安特性。

（4）会使用示波器测量整流、滤波波形。

（5）能设计并画出整流滤波电路。

三、材料、工具及设备

（1）平口螺钉旋具、十字螺钉旋具、尖嘴钳。

（2）常见的电源变换器。

（3）1N4007 二极管、灯泡、开关、直流稳压电源、电阻、电容等。

（4）XJ4810 型半导体特性晶体管图示仪。

（5）XJ4328 型双踪示波器。

活动一　拆卸电源变换器

活动内容

一、准备工作

取出一个常用的手机直插式电源变换器，如图 4-1 所示。准备好螺钉旋具、尖嘴钳等常用工具。

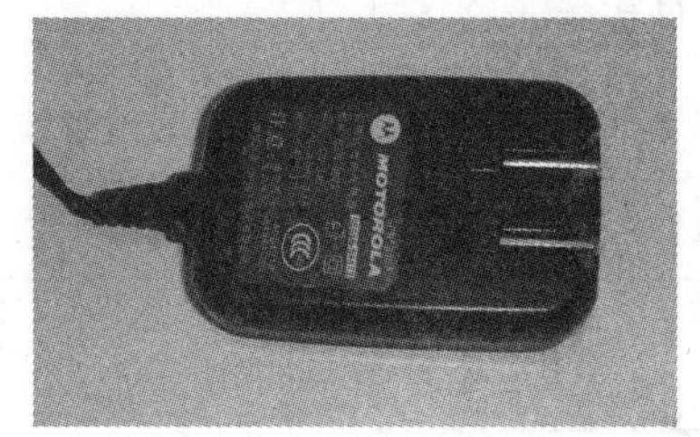

图 4-1　直插式电源变换器

二、拆装过程

用螺钉旋具、尖嘴钳拆开电源变换器外壳。如图 4-2 所示。

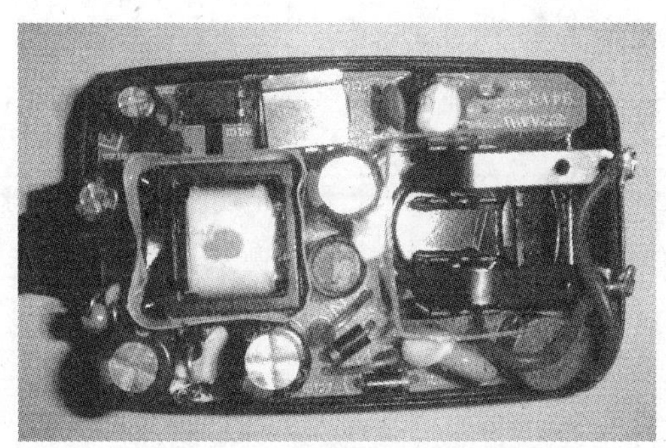

图 4-2　电源变换器内部线路板

三、观察电源变换器内部结构，揭示其工作原理

取出电路板，置于适当位置观察，如图 4-3 所示，找到变压器、二极管、电容等主要元器件。

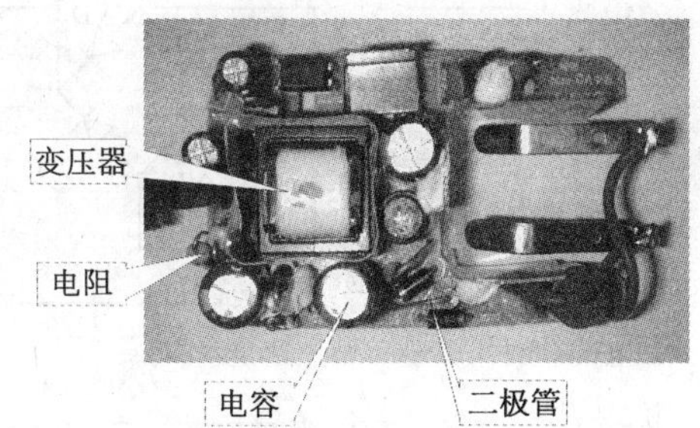

图 4-3　电源变换器电路板及元器件

手机电源变换器实质就是由一个稳定电源加上必要的恒流、限压、限时等控制电路构成。其中稳压电源是主要部分，它提供稳定工作电压和足够的电流。电源变换器上所标注的参数：输入：100 V～240 V，输出：5.9 V/3.75 mA。图中四个二极管所构成的桥式整流电路就实现了交流电变换成直流电。

相关知识

一、常见的单相整流电路

整流电路是直流稳压电路的重要组成部分。常见的整流电路的结构、工作原理、输

入/输出波形、电压/电流估算见表 4-1。

表 4-1　常见整流电路的比较与识读

名称	常见电路结构及输入/输出电压波形	工作原理	电压/电流估算
单相半波整流电路	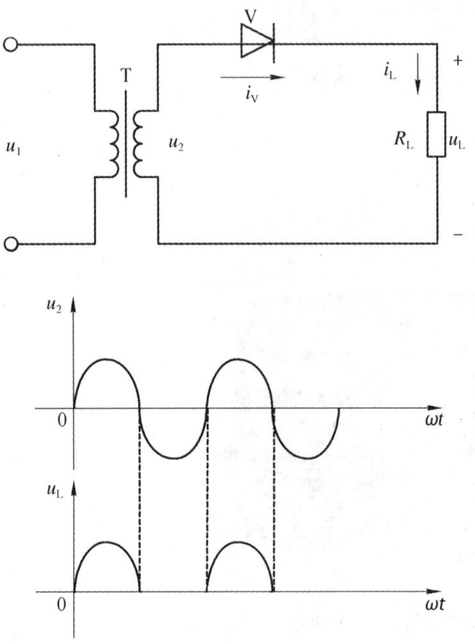	当交流电压 u_2 的正半周，二极管 V 导通，负载两端电压近似等于 u_2 正半周电压；u_2 负半周，V 截止，负载两端电压近似为 0。以后重复上述过程，即得到脉动的直流电。	负载： $U_L \approx 0.45U_2$ $I_L = \frac{U_L}{R_L}$ 二极管： $I_V = I_L$ $U_{RM} = \sqrt{2}U_2$
单相桥式整流电路	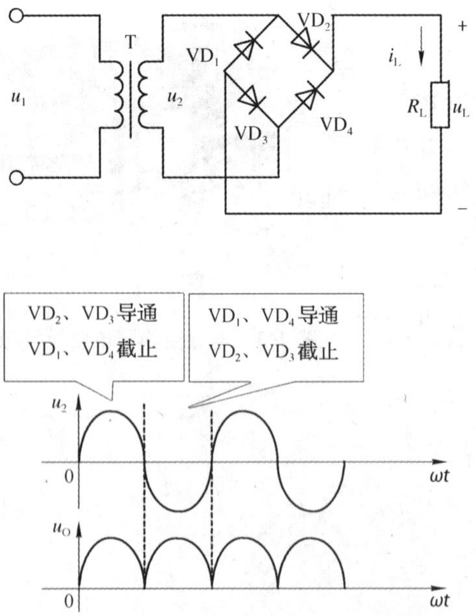 VD_2、VD_3导通 VD_1、VD_4截止 VD_1、VD_4导通 VD_2、VD_3截止	当 u_2 正半周时，VD_1、VD_3 导通而 VD_2、VD_4 截止，电路中构成 u_2、VD_1、R_L、VD_3 通电回路；当 u_2 负半周时，VD_2、VD_4 导通而 VD_1、VD_3 截止，电路中构成 u_2、VD_2、R_L、VD_4 通电回路。负载电阻 R_L 上始终得到一个全波整流的电压。	负载： $U_L \approx 0.9U_2$ $I_L = \frac{U_L}{R_L}$ 二极管： $I_V = \frac{1}{2}I_L$ $U_{RM} = \sqrt{2}U_2$

二、常见的滤波电路

整流电路输出的是脉动直流电压，一般在整流后还需要滤波电路将脉动直流电压变换为平滑的直流电压。常见的滤波电路如图 4-4 所示。

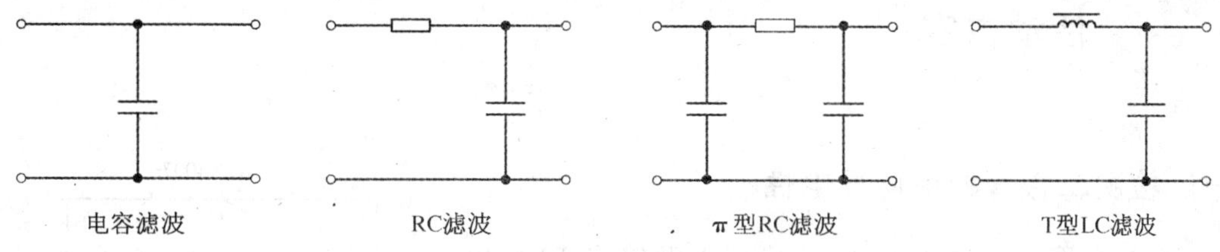

图 4-4　几种常见的滤波电路

下面以单相半波整流电容滤波电路为例，说明其工作原理，如图 4-5 所示。

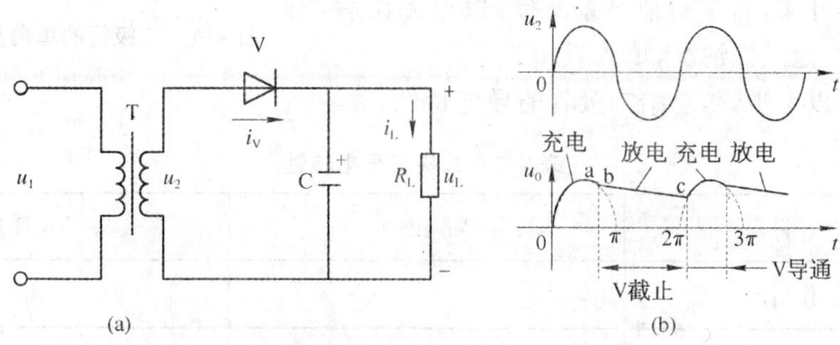

图 4-5　单相半波整流电容滤波电路及电压波形

（a）电路图；（b）波形图

1. 滤波原理

当 u_2 的正半周从零开始增大时，二极管 V 导通，电容 C 充电，u_C 上升很快，迅速接近峰值电压 U_{2m}。当 u_2 由峰值开始下降时，由于 $U_C \approx U_{2m}$ 高于 U_2，使 V 反偏截止。由此，C 中的电场能向负载 R_L 释放，使 u_C 逐渐下降。当 u_C 降到 $U_C = U_2$ 时，V 重新导通，电源又通过 V 对 R_L 和 C 提供电流。在 U_C 重新上升到接近 U_{2m} 时，V 再次截止。电路就这样周而复始。

2. 估算值

负载电压：$U_L \approx (1\sim1.1)U_2$

滤波电容：$R_LC \geqslant (3\sim5)T$

活动分析

1. 试着拆卸一个随身听电源适配器，观察其内部稳压电源部分、记录二极管的型号和外形。

2. 为什么用随身听电源适配器供电时，随声听有噪声，而用电池就没有？

活动二　检测二极管伏安特性

活动内容

一、检测二极管的单向导电性

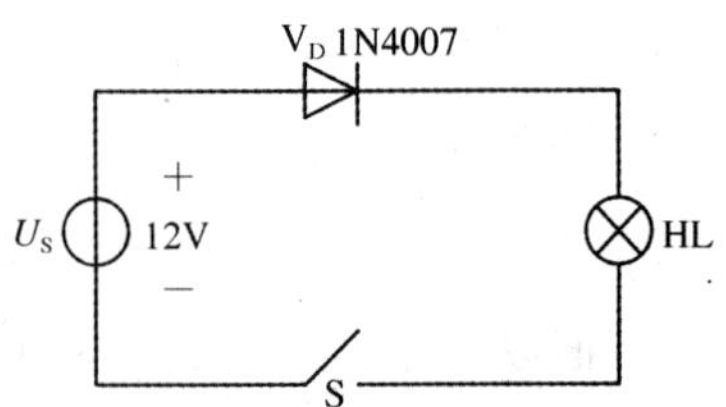

图 4-6　二极管的单向导电性试验图

(1) 按图 4-6 连接电路，调稳压电源输出 12 V 电压，检查无误后，闭合开关 S，观察灯泡工作情况，填入表 4-2。

(2) 打开开关，将二极管 V_D 反接，检查无误后，闭合开关，观察灯泡工作情况，填入表 4-2。

(3) 根据以上步骤，总结二极管的导电特性。

表 4-2　二极管导电特性

项　　目	V_D 正接	V_D 反接
灯泡工作情况		
二极管的特性		

二、用晶体管图示仪测试二极管的伏安特性

1. 认识晶体管图示仪的面板结构

XJ4810 型半导体特性晶体管图示仪由显示控制单元、X、Y 放大器单元、阶梯信号单元、集电极电源单元和测试台等五部分组成。面板结构如图 4-7 所示。面板主要部件功能见表 4-3。

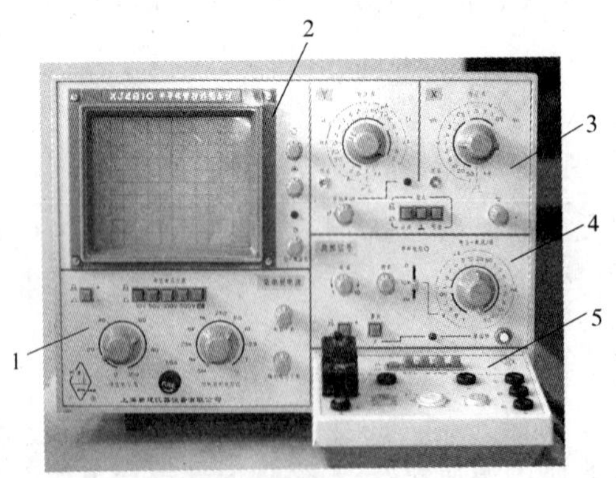

图 4-7　晶体管图示仪面板结构

1—集电极电源单元；2—显示控制单元；3—X、Y 放大器单元；4—阶梯信号单元；5—测试台

表 4-3 主要部件功能

<table>
<tr><th></th><th colspan="2">面板部件</th><th>功能</th></tr>
<tr><td rowspan="5">集电极电源单元</td><td colspan="2">“集电极电源极性”按钮</td><td>测量 NPN 管时置“+”，测量 PNP 管时置“−”</td></tr>
<tr><td colspan="2">“功耗限制电阻”旋钮</td><td>串联在被测管的集电极电路上，限制功耗，可作为被测三极管集电极的负载电阻</td></tr>
<tr><td colspan="2">“峰值电压范围”开关</td><td>用来选择集电极扫描信号电压的大小，共分为 4 挡，换挡时，须将“峰值电压”旋钮调到 0 值后再按需要的电压逐渐增加，以避免被测三极管被击穿</td></tr>
<tr><td colspan="2">“电容平衡”开关</td><td>测试前应调节电容平衡，可减小电容性电流造成的测量误差</td></tr>
<tr><td colspan="2">“辅助电容平衡”开关</td><td>针对集电极变压器二次绕组对地电容的不对称，而再次进行电容平衡调节</td></tr>
<tr><td rowspan="6">X、Y 放大器单元</td><td colspan="2">Y 轴选择(电流/度)开关</td><td>可以进行集电极电流、基极电压、基极电流和外接 4 种功能的变化</td></tr>
<tr><td colspan="2">垂直位移及电流/div 倍率开关</td><td>调节迹线在垂直方向的位移。旋钮拉出放大器增益扩大 10 倍，电流/div 各挡 I_C 标值×0.1，同时“电流/div×0.1 倍率”指示灯亮</td></tr>
<tr><td rowspan="3">显示开关</td><td>转　换</td><td>使图像在Ⅰ、Ⅱ象限内相互转换，便于 NPN 管和 PNP 管的转换</td></tr>
<tr><td>接　地</td><td>放大器接入接地，表示输入为零的基准点</td></tr>
<tr><td>校　准</td><td>按下后，光点在 X、Y 轴方向移动的距离刚好为 10 度，以达到 10 度校正的目的</td></tr>
<tr><td colspan="2">X 轴选择(电压/度)开关</td><td>可进行集电极电压、基极电流、基极电压和外接 4 种功能的转换，共 17 挡</td></tr>
<tr><td rowspan="6">阶梯信号单元</td><td colspan="2">级/簇调节旋钮</td><td>用来调节接地信号的级数，在 0～10 级范围连续可调</td></tr>
<tr><td colspan="2">阶梯调零旋钮</td><td>测试前，应首先将阶梯信号的起始电位调到零电位，当从荧光屏上已观察到基极阶梯信号后，按下零电平键，观察光点停留在荧光屏上的位置，复位后调节零旋钮，使阶梯信号的起始级光点仍在该处，这样阶梯信号的零电位即被校正，以保证测试结果的准确性</td></tr>
<tr><td colspan="2">阶梯信号选择开关</td><td>可以调节每级电流大小，一般选用基极电流/级，测试场效晶体管时选用基极源电压/级</td></tr>
<tr><td colspan="2">串联电阻开关</td><td>当阶梯信号选择开关置于电压/级的位置时，串联电阻将串联在被测管的输入电路中</td></tr>
<tr><td colspan="2">重复-关按钮</td><td>弹出时，阶梯信号重复出现，进行正常测试。按下为关，阶梯信号处于待触发状态</td></tr>
<tr><td colspan="2">单簇按钮</td><td>预先调整好的电压(电流)/级，出现一次阶梯信号后回到等待触发位置，可利用它来观察被测管的各种极限瞬间特性</td></tr>
</table>

（续表）

面板部件			功　能
测试台	测试选择开关	左（右）	测试插入左边（右边）插座晶体管特性
		二簇	能自动地交替显示左右插座的两个晶体管特性
		零电压	用来校准阶梯信号零电压时光点在荧屏上位置为左下角
		零电流	使被测三极管基极处于开路状态，用以测量 I_{CEO}

2. 测试二极管 1N4007 的正向伏安特性

（1）开机和显示光点，并根据被测二极管的类型及所需测量的特性曲线调整坐标原点的位置，将光点移到荧屏坐标的左下角。如图 4-8 所示。

图 4-8　调整光点坐标

（2）将被测二极管 1N4007 插入测试台。

如图 4-9 所示，将二极管插入测试台的左边或右边插座，二极管的阳极插入 C 孔，阴极插入 E 孔，测试方式选择开关按下“左”键（或右键）。

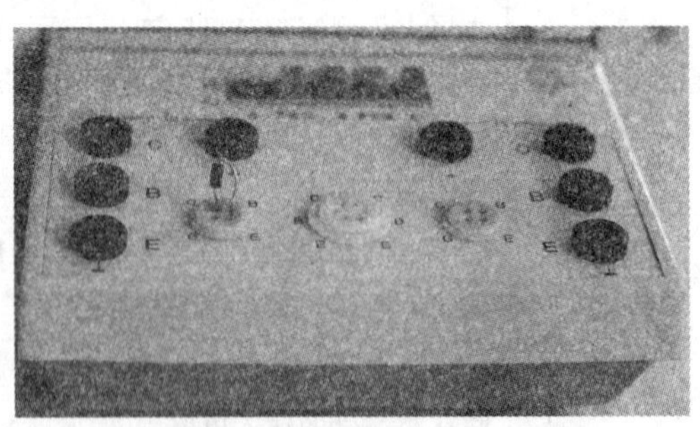

图 4-9　二极管插入测试台

（3）查阅电子手册，可知二极管 1N4007 的最大正向平均电流 $I_F=1$ A，最大正向电压 1.1 V，按此设置相关旋钮的挡位。

集电极电源单元和 X、Y 放大器单元中：

调节参数	挡　　位	旋钮名称
峰值电压范围	0～10 V	峰值电压旋钮
峰值电压控制旋钮％	暂置零位	峰值电压％
集电极电源极性	＋	集电极电源极性按钮
功耗电阻	1 K	功耗电阻旋钮
X 轴集电极电压	0.1 V/度	X 轴选择(电压/度)开关
Y 轴集电极电流	1 mA/度	Y 轴选择(电流/度)开关

基极阶梯信号:阶梯作用关。

(4) 调节峰值电压旋钮,使加在二极管上的最大峰值电压由零逐渐增大,在荧屏上显示出如图 4-10 所示的二极管正向伏安特性。

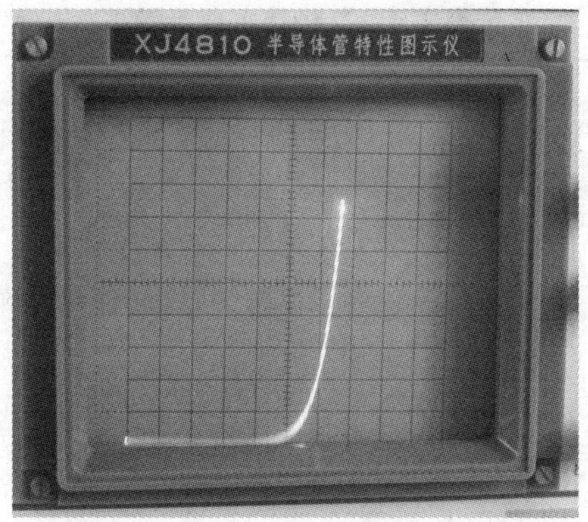

图 4-10　二极管的正向伏安特性

相关知识

一、二极管的伏安特性

二极管具有单向导电性,图 4-11 所示为硅二极管的伏安特性曲线。

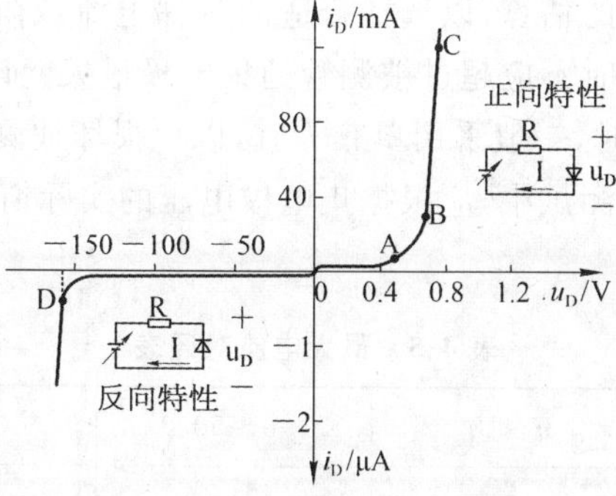

图 4-11　硅二极管的伏安特性

1. 正向导通

二极管两端加正向电压产生正向电流。当正向电压较小时，正向电流也很小，二极管几乎处于截止状态；当正向电压超过一定的数值U_{ON}后，电流随电压迅速增加，二极管导通。U_{ON}称为导通电压。硅二极管U_{ON}为0.6～0.7 V，锗二极管U_{ON}为0.2～0.3 V。

2. 反向截止

二极管两端加反向电压时，二极管截止（反向电流I_R很小，一般忽略不计），此时，二极管近似视为绝缘体不导电。但当反向电压增大到某一数值U_{BR}时，反向电流突然猛增，这种现象称为二极管反向击穿，二极管将永久性损坏，使用时应注意。

二、二极管的主要参数

二极管的主要参数是正确使用和合理选择二极管的依据，详见表4-4。

表4-4　二极管主要参数

参　　数	符　　号	说　　明
最大整流电流	I_{FM}	二极管长期工作时所允许通过的最大正向平均电流。通常为几至几百毫安
最高反向工作电压	U_{RM}	在规定温度下，二极管所允许的最大反向电压。一般取击穿电压U_{BR}的一半
最大反向电流	I_{RM}	常温下二极管未击穿时的最大反向电流值。I_{RM}越小，管子的单向导电性能越好，一般为几十纳安至一微安
最高工作频率	f_M	二极管能起单向导电作用时的最高工作频率。当工作频率f大于f_M时，管子将逐渐失去单向导电性

三、测试前，晶体管图示仪使用注意事项

(1) 对被测管的主要直流参数有一个大概的了解和估计。

(2) 选择好扫描和阶梯信号的极性，以适应不同管型和测试项目的需要。

(3) 根据所测参数或被测管允许的集电极电压，选择适合的扫描电压范围。

(4) 对被测管进行必要的估算，以选择合适的阶梯电流或阶梯电压，一般宜先小一点，再根据需要逐步加大。测试时不应超过被测管的集电极最大允许功耗。

(5) 在进行I_{CM}的测试时，一般采用单簇为宜，以免损坏被测管。

(6) 在进行I_C或I_{CM}的测试中，应根据集电极电压的实际情况选择，不应超过本仪器规定的最大电流，见表4-5。

表4-5　最大电流对照表

电压范围(V)	0～10	0～50	0～100	0～500
允许最大电流(A)	5	1	0.5	0.1

（7）进行高压测试时，应特别注意安全，电压应从零逐步调节到需要值。观察完毕，应及时将峰值电压调到零。

四、晶体管图示仪测试步骤

（1）按下电源开关，指示灯亮，预热 15 min，即可进行测试。

（2）调节辉度、聚焦及辅助聚焦，使光点清晰。

（3）将峰值电压旋钮调至零，峰值电压范围、极性、功耗电阻等开关置于测试所需位置。

（4）对 X、Y 轴放大器进行 10 度校准。

（5）调节阶梯调零。当测试中要用到阶梯信号时，必须先进行阶梯调零，其过程如下：将阶梯信号及集电极电源均置于“＋”极性，“电压/度”置于“1 V/度”，“电流/度”置于“阶梯源”，“电压-电流/级”置于“0.05 V/级”，“重复-开关”置于重复，“级/簇”置于适中位置，“峰值电压范围”置于 10 V 挡，调节“峰值电压％”旋钮使屏幕上的扫描线满度，然后按下“⊥”按键，观察此时亮点在屏幕上的位置，再将按键复位，调节调零旋钮使阶梯波起始级处于亮点位置。这样，阶梯信号的零电平即被校准。

（6）选择需要的基极阶梯信号，将极性、串联电阻置于合适挡位，调节级/簇旋钮，使阶梯信号为 10 级/簇，阶梯信号置重复位置。

（7）插上被测晶体管，缓慢地增大峰值电压，荧光屏上即有曲线显示。

活动分析

1. 测试二极管 2CZ52A 正向特性时，若 Y 轴选择开关置于 20 mA/度，X 轴选择开关置于 0.1 V/度，则其 $I_F = 100$ mA 时，在 Y 轴上格数为几格？开启电压在 X 轴上格数约为几格？

2. 若将光点移到屏幕中央，还能显示正向特性吗？若光点移到坐标刻度的右上角呢？

活动三 使用示波器测量整流、滤波波形

活动内容

一、认识示波器的面板结构

示波器是一种用途很广的电子测量仪器，它能够直观显示各种信号的波形，测量信号幅度、频率，比较相位等。XJ4328 型示波器的面板布置如图 4-12 所示。各部分功能见表 4-6。

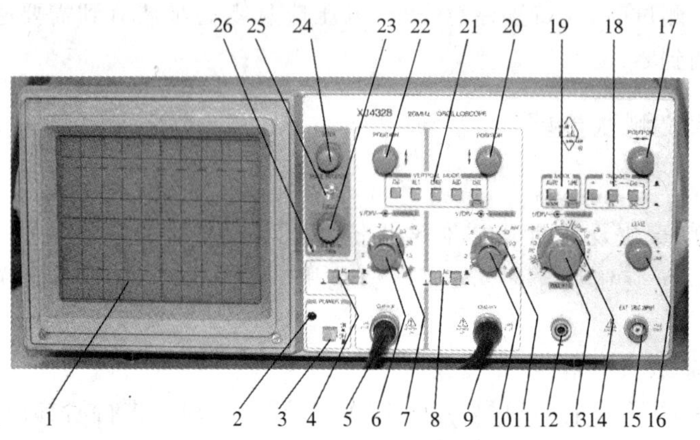

图 4-12 XJ4328 双踪示波器面板

表 4-6 XJ4328 双踪示波器面板各部分功能

序　号	名　称	功　能
1	显示屏	用以显示波形
2	电源指示灯	电源接通时，指示灯发红光
3	电源开关	用于整机电源的通、断
4,8	输入耦合开关	DC、AC、⊥
5,9	输入插座	CH1、CH2 输入插座
6,10	微调旋钮	微调调节显示波形的幅度，顺时针方向旋足
7,11	电压垂直偏转因数开关	改变输入偏转因数 5 mV/div～5 V/div
12	示波器接地端	作为仪器的测量接地装置
13	水平微调旋钮	用以连续改变扫描速度的细调装置
14	扫描时间因数开关	0.5 μS/div～0.2 S/div
15	外触发输入插座	当扫描开关置于扫描挡级时，作为外触发输入端
16	电平旋钮	调节触发点在信号上的位置，电平电位器逆时针方向旋至锁定位置，触发点将自动处于被测波形的中心电平附近
17	水平位移	控制光迹在荧光屏水平方向的位置
18	触发方式选择开关	+——测量正脉冲前沿及负脉冲后沿宜用“+”。 -——测量负脉冲前沿及正脉冲后沿宜用“-”。 内——内为内触发，触发讯号来自 CH1 或 CH2 放大器。 外——外为外触发，触发讯号来自外触发输入
19	水平方式选择开关	选择扫描工作方式 “自动”——扫描处于自激状态。 “触发”——电路处于触发状态。 “X - Y”——配合垂直方式开关，Y_2 处于 X - Y 状态

（续表）

序　　号	名　　称	功　　能
20,22	垂直位移	控制 CH1、CH2 光迹在荧光屏垂直方向的位置
21	垂直方式开关	控制电子开关工作状态 CH1——单独显示 CH1 输入信号 CH2——单独显示 CH2 输入信号 ALT——CH1,CH2 二个信号交替显示,一般在信号频率较高时使用,因交替重复频率高,借助示波管的余辉在屏幕上能同时显示信号。 CHOP——CH1,CH2 二个信号用打点的方法同时显示,一般在较低频率时使用,可避免二个信号不能同时显示的不足。 ADD——使 CH1 信号与 CH2 信号相加
23	聚焦	可使电子束聚焦成小圆点或细线,以得到清晰的波形
24	辉度	控制荧光屏光迹的明暗程度
25	光迹旋转	使基线和水平坐标线平行
26	探极校准信号输出	输出 0.2 V_{P-P} 方波,频率 1 kHz

二、示波器显示整流、滤波双踪信号

（1）连接线路。按照电路图 4-13 配齐所需的元器件,用万用表检测元器件的好坏,并按图连接线路。

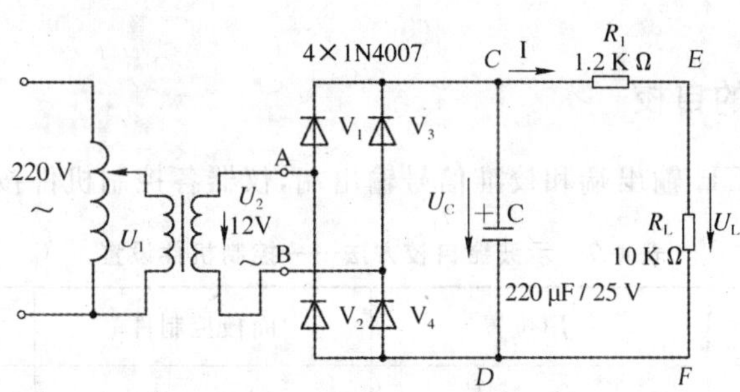

图 4-13　单相半波整流滤波电路

（2）将示波器接通电源,垂直方式开关置于“CHOP”位置,Y 通道输入耦合方式开关置于“AC”位置,并通过调节使两条时基线的亮度、聚焦及位置合适后待用。

（3）A、B 两端接上 12V 交流电压,无异常情况下通电调试。

（4）使用双踪示波器观测输入、输出电压波形。示波器输入通道探头 CH1 接图 4-13 所示电路中 C、D 两端,输入通道探头 CH2 接 E、F 两端,此时示波器荧光屏上显示整流、滤波波形,波形记录于图 4-14 中。同时可使用示波器读出输入电压的最大值 $U_{2M}=$ ______ V,$T=$ ________ s。

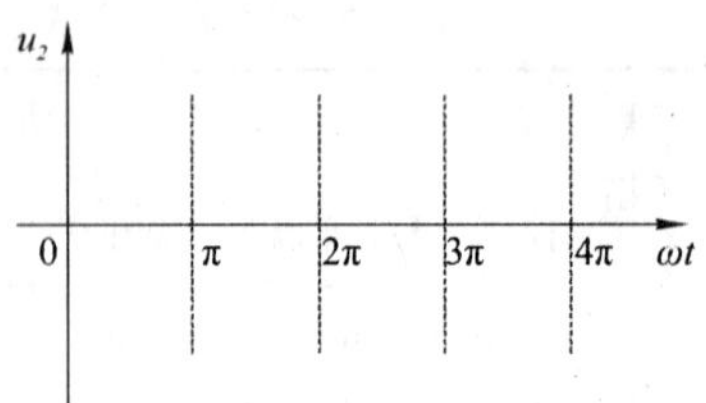

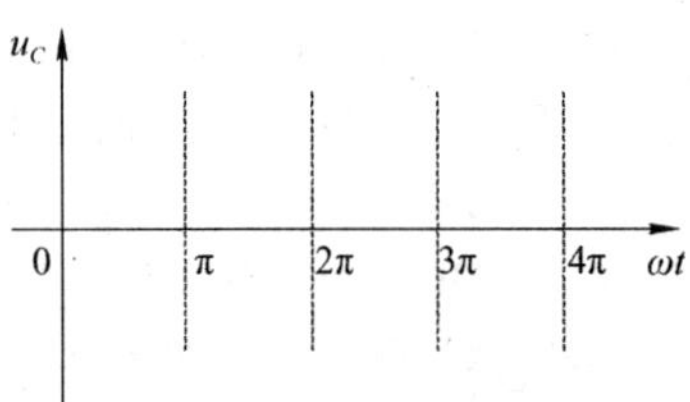

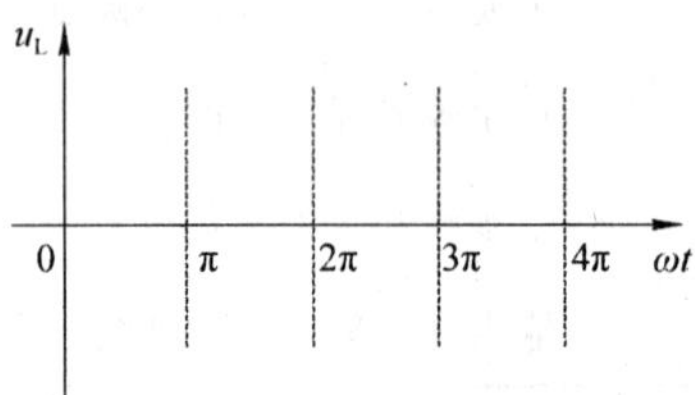

图 4-14　单相桥式整流、电容滤波电路波形图

相关知识

一、示波器使用前的自校

把探极分别接到 CH 输出端和校准信号输出端，仪器各控制机件按表 4-7 所示设置。

表 4-7　示波器自校方法——控制机件设置

面板控制件	作用位置	面板控制件	作用位置
垂直方式	CH1		
AC、⊥、DC	AC 或 DC	扫描方式	自动
V/div	0.1 mV/div	触发源	CH1
X、Y 微调	校准	极性	+
X、Y 位移	居中	t/div	0.5 mS/div

接通电源后，仪器应显示如图 4-15 所示的方波波形。

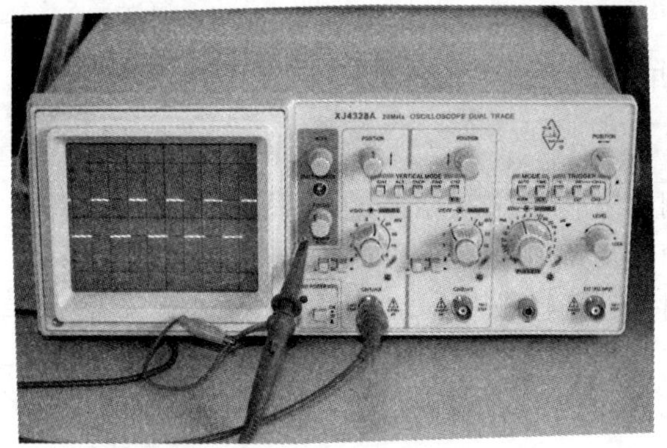

图 4-15　示波器自校准信号显示图

二、示波器测量交流电压的方法

具体方法如表 4-8 所示。

表 4-8　示波器测量交流电压

测量交流电压	
测量交流电压值	测量周期和频率
① 在调出扫描基线后，将“Y 轴被测信号输入耦合方式开关”置于“AC”位置； ② 将被测输入信号送入，根据被测信号的幅度与频率的大小选择合适的 V/div 和 t/div 的挡位，保证微调旋钮顺时针方向旋足，让波形的振幅与数量在屏幕上适中； ③ 通过调节电平旋钮使波形稳定； ④ 根据荧光屏坐标刻度读出整个波形所占 Y 轴方向的 H(几个 div)； ⑤ 根据 U_{P-P} = V/div × H 算出交流电压的峰-峰值	① 选择合适的 t/div，使波形适中且易读； ② 根据荧光屏坐标刻度读出整个波形所占 X 轴方向的距离 D(几个 div)； ③ 读取扫描时间因数开关对应的 t/div 标称值； ④ 根据 T = t/div × D 算出周期
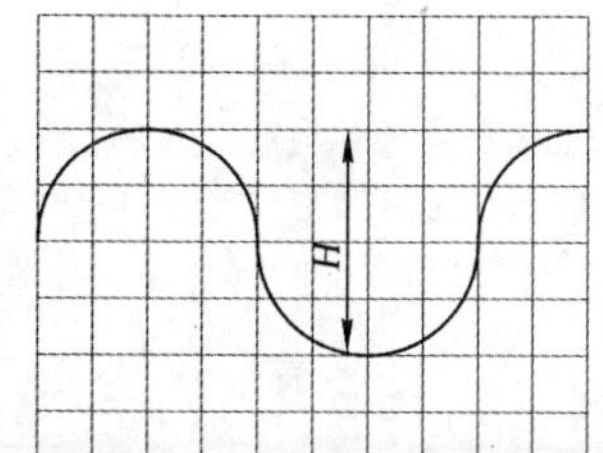 V/div 挡标称值为 0.5 V/div，H 为 4 div，则 U_{P-P} = 0.5 V/div × 4 div = 2 V	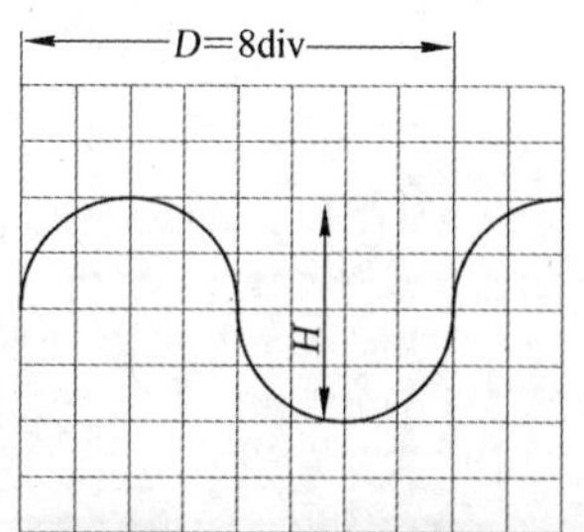 选用扫描速率为 0.2 mS/div，D 为 8 div，则 T = 0.2 mS/div × 8 div = 1.6 mS $f = 1/T$ = 625 Hz

注：如果使用 10：1 的衰减探极，计算的电压值应增加 10 倍。

活动分析

1. 使用示波器测量波形时，若显示波形不稳定，该怎样调节？

2. 在读波形的幅度及频率时，应注意些什么？

3. 在双踪显示时，荧光屏只显示一个波形和一条水平光迹，这是为什么（电路输入信号正常）？

4. 输入两个同幅值、同频率的正弦信号，但荧屏上显示两个波形的幅值都不一样，这是为什么？

5. 若输入方波信号，其电压幅值为 10 V，频率为 5 kHz，要求在荧光屏上所显示波形在 Y 轴方向是 5 格及约 5 个周期的波形，示波器垂直偏转因数开关 V/div、扫描时间因数开关 t/div 的挡级如图 4-16 所示，试问显示上述要求波形时示波器的 V/div、t/div 的挡级如何设置？

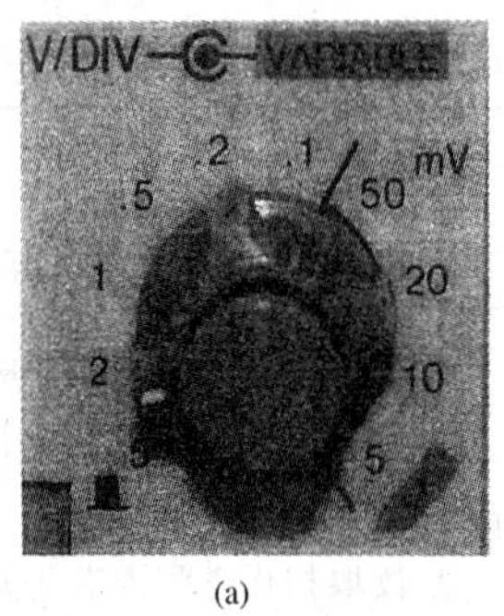

(a)

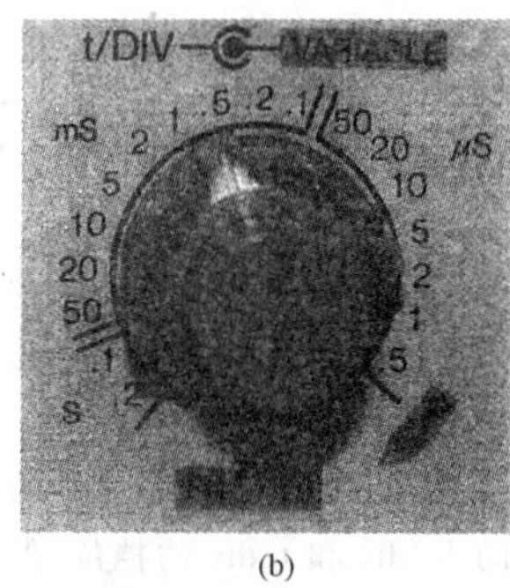

(b)

图 4-16　示波器垂 V/div、t/div 开关挡级

项目五　直流稳压电源中基础电路的焊接与测试

一、知识要求

（1）明确稳压电源的组成与基本原理。

（2）掌握串联稳压电源的典型电路结构及工作原理。

（3）了解集成稳压器及其应用电路。

二、技能要求

（1）会测试稳压电路的性能。

（2）熟练运用交流稳压电源、万用表、电烙铁等工具。

三、材料、工具及设备

（1）焊接电路板的常规工具，如电烙铁、电子焊接板、斜口钳、镊子等。

（2）万用表。

（3）RW－1交流稳压电源。

（4）晶体二极管1N4007×8；晶体三极管9013×2；稳压管2CW56×1，1N4733×1；电阻器、电容器若干。

活动一　硅稳压管稳压电路的测试

活动内容

一、准备工作

准备好万用表、电烙铁、电子焊接板、镊子钳和剪刀等常用电工工具。按照电路图5-1配齐所需的元器件，并用万用表检测元器件的好坏。

二、焊接

（1）单相桥式整流、电容滤波、稳压管稳压电路的电子焊接板如图5-2所示。按照图5-1在电子焊接板正面插装元器件并焊接，如图5-3所示。

（2）在电子焊接板的反面按照电路的要求进行连线焊接，如图5-4所示。

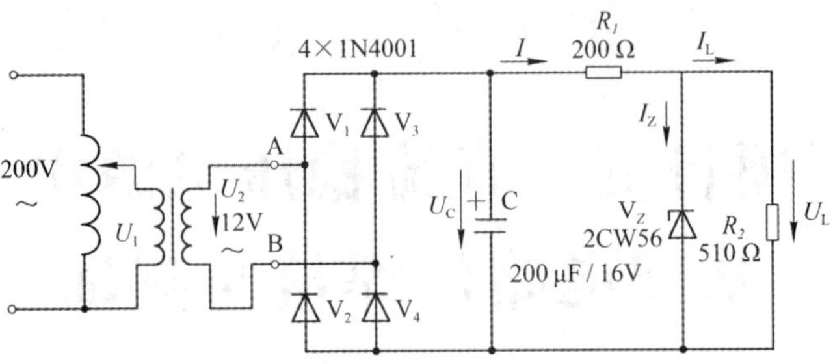

图 5-1　单相桥式整流、电容滤波、稳压管稳压电路

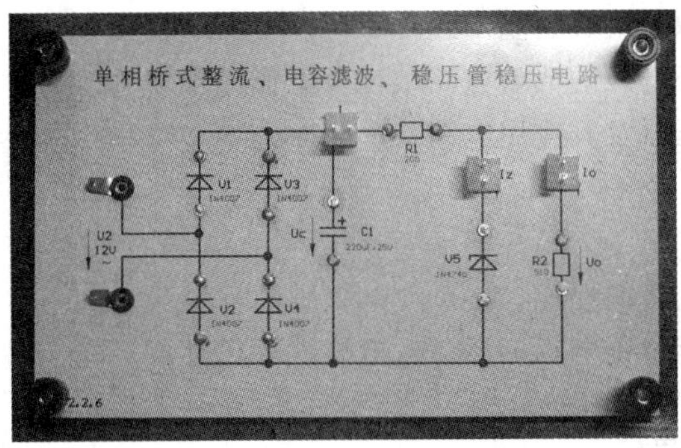

图 5-2　电子焊接板

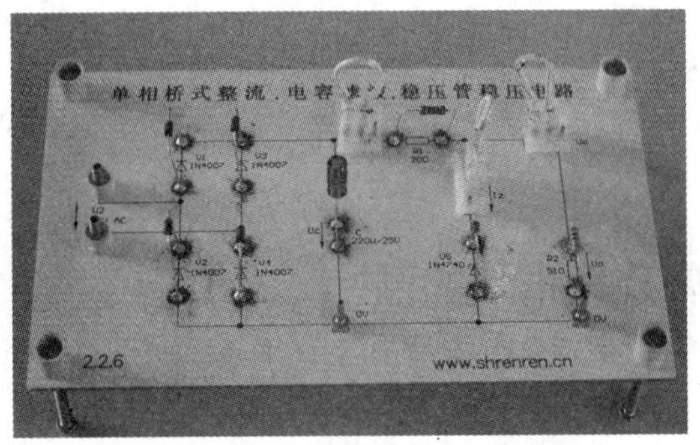

图 5-3　电子焊接板正面焊接图

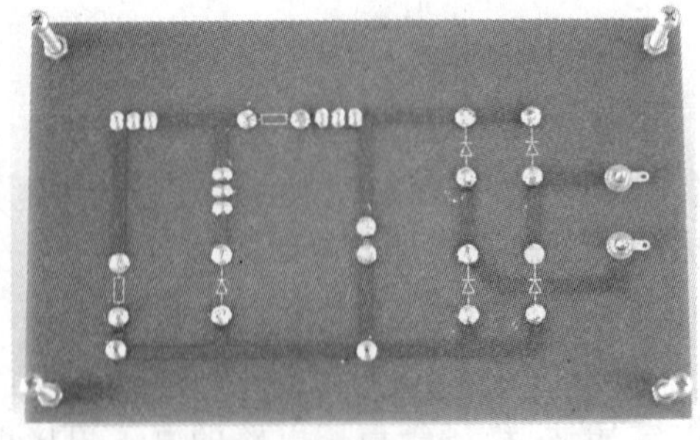

图 5-4　电子焊接板反面连线焊接图

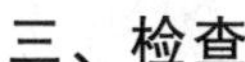

三、检查

检查元器件的装接是否正确，焊接、连接线是否正确、可靠等。

四、调试

(1) 如图 5-1，给 A、B 两端接上 12 V 交流电压，无异常情况下通电调试。

(2) 当输入电压 U_2 为 12 V 交流电压、负载 R_L 变化时，用万用表测量输出电压 U_L 的变化及有关电压、电流，测量方法如图 5-5 所示。数据记录于表 5-1 中。

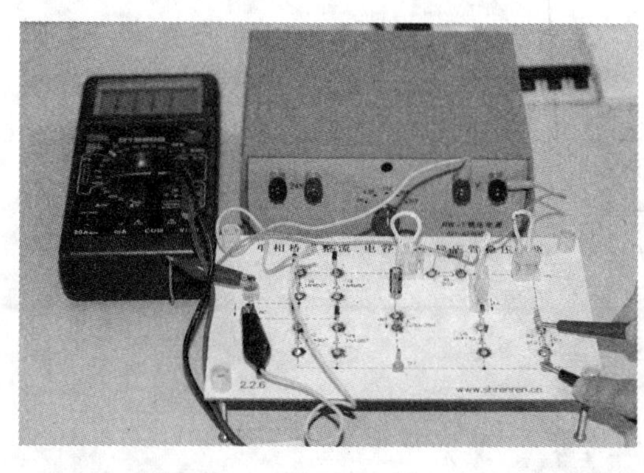

(a)

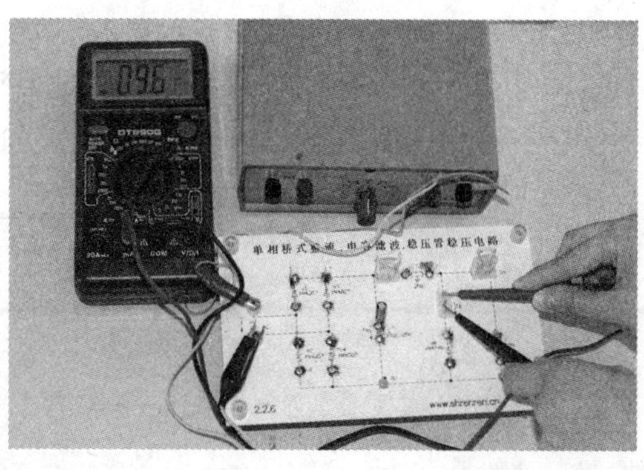

(b)

图 5-5　万用表测量方法

(a) 万用表测量电压；(b) 万用表测量电流

表 5-1　测试记录

交流电压 U_2	直流电压 U_C	输出直流电压 U_L	直流电流 I	稳压管电流 I_Z	负载直流电流 I_L
		R_L 接通：			
		R_L 断开：			

相关知识

一、硅稳压管稳压电路的特点

稳压电路有简单的硅稳压管稳压电路、串联型稳压电路以及基础稳压电路等。由硅稳压二极管组成的稳压电路元件少、电路简单；受稳压管最大稳定电流的限制，负载取用电流不能太大，输出电压不可调节、电压稳定度较差。因此，适用于负载电流较小，稳定度要求不高的场合。

二、硅稳压管稳压电路的组成

硅稳压管稳压电路由稳压管 V_Z 和限流电阻 R_1 组成。稳压管在电路中处于反向偏置，

工作在非破坏性击穿状态，利用它反向伏安特性中呈现的稳压特征进行稳压。

三、硅稳压管的伏安特性和主要参数

1. 伏安特性

硅稳压管是一种工作于反向击穿状态的特殊二极管。图 5-6 为稳压管的伏安特性。其正向特性与硅二极管相似；当其处于反向击穿状态，流经稳压管电流 I_Z 满足：$I_{max}>I_Z>I_{min}$ 时稳压管两端电压变化 U_Z 很小。利用这一特性，稳压管在电路中起稳压作用。

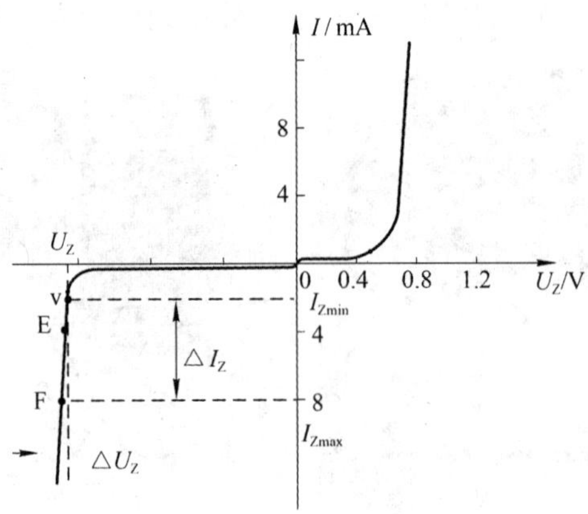

图 5-6　硅稳压管伏安特性

2. 主要参数

硅稳压管的主要参数详见表 5-2。

表 5-2　硅稳压管的主要参数

参　　数	符　号	说　　明
稳定电压	U_Z	指稳压管中电流为规定电流时，稳压管两端的反向电压。例如图 5-4 中 E 点对应的电压
最大稳定电流	I_{Zmax}	指稳压管允许通过的最大反向电流。如图 5-4 中 F 点对应的电流
动态电阻	r_Z	指稳压管在反向击穿区工作时稳压管两端电压的变化量与相应电流变化量的比值。r_Z 越小稳压性能越好
最大耗散功率	P_{ZM}	它是稳压管工作时所允许的最大耗散功率
电压温度系数	α_U	它是说明稳压管的稳压电压受温度变化影响的系数

活动分析

1. 在输入为 220 V 和 240 V 两种不同电压时，输出的 U_L 为什么不变？
2. 如果硅稳压管极性接反，对电路有何影响，电路能否正常工作？

3．测量电压 u_2 时，万用表的转换开关置于什么位置，量程如何选择？

活动二　串联型可调直流稳压电路的测试

活动内容

一、准备工作

准备好万用表、电烙铁、电子焊接板、镊子钳和剪刀等常用电工工具。按照电路图 5-7 配齐所需的元器件，并用万用表检测元器件的好坏。

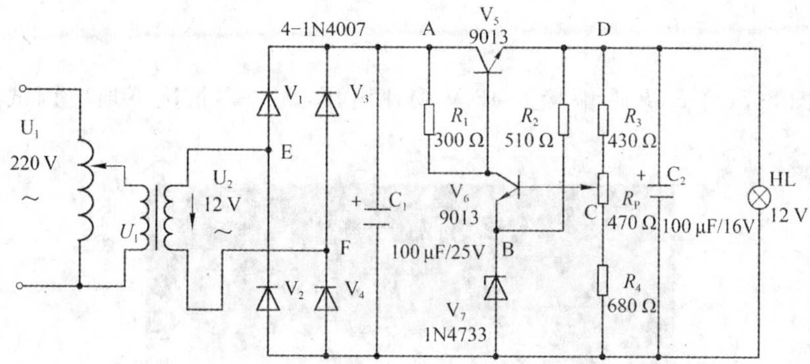

图 5-7　串联型可调直流稳压电路

二、焊接

（1）按照图 5-7 在电子焊接板正面插装元器件并焊接。如图 5-8 所示。

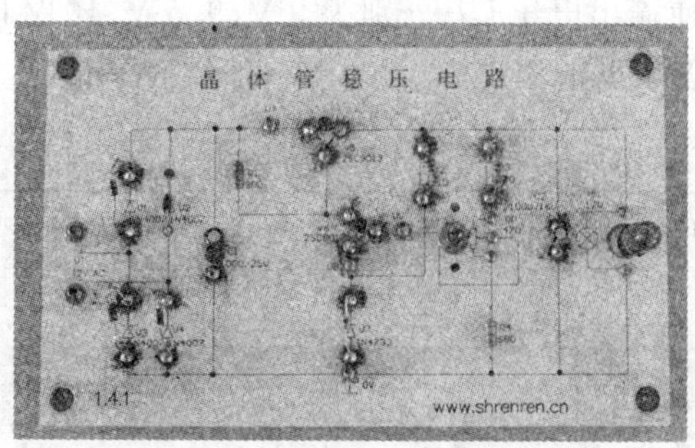

图 5-8　电子焊接板正面焊接图

（2）在电子焊接板的反面按照电路的要求进行连线焊接，如图 5-9 所示。

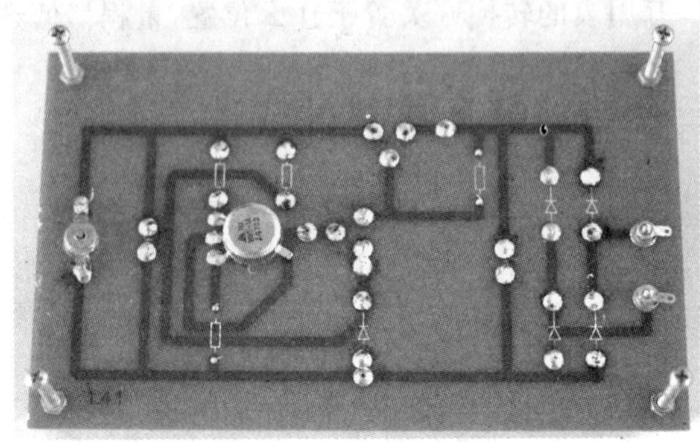

图 5-9 电子焊接板反面连线焊接图

三、检查

检查元器件的装接是否正确，焊接、连接线是否正确、可靠等。

四、调试

（1）如图 5-7，给 E、F 两端接上 12 V 交流电压，无异常情况下通电调试，如图 5-10 所示。

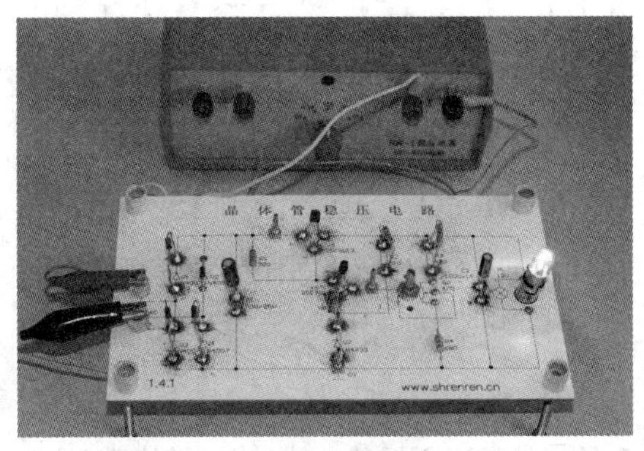

图 5-10 晶体管稳压电路通电测试

（2）调节电位器 R_P 使输出电压 U_L 分别为 9 V、9.5 V、10 V 时测量电路中 A、B、C 三点的直流电压，并记录于表 5-3 中。

表 5-3 测试记录

输出电压 U_L	取样电压 U_C	基准电压 U_B	稳压电路输入 U_A	A、D 两点电压 U_{AD}
9.0 V				
9.5 V				
10 V				

（3）调节电位器 R_P 至顺时针和逆时针极限位置时，测量输出电压的调节范围，并记录于表 5-4 中。

表 5-4　测量输出电压调节范围

电位器 R_P 位置	取样电压 U_C	输出电压 U_L
顺时针极限		
逆时针极限		

相关知识

一、串联型稳压电路的特点

串联型稳压电路的稳压精度高，内阻小，输出电压调节方便，又可以输出较大的电流，应用广泛。

二、串联型稳压电路的组成

串联型稳压电路由取样电路、基准电压电路、比较放大电路和电压调整电路四个基本部分组成。如图 5-11 所示。图 5-7 中所示电路中，R_3、R_P、R_4 组成输出电压 U_L 的取样电路；R_2、V_7 组成基准电路；R_1、V_6 构成比较放大电路；调整管 V_5、R_1 构成调整环节。

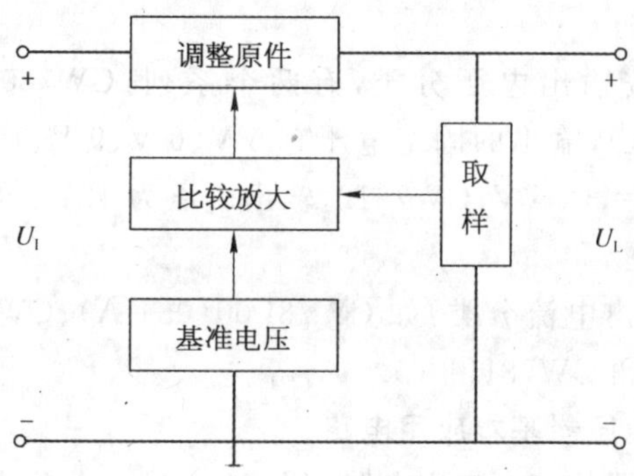

图 5-11　串联型稳压电路原理方框图

三、串联型稳压电路的稳压原理

图 5-7 所示电路中输入电压 U_A 和调整管 V_5 的集电极、发射极之间管压降 U_{AD} 及输出电压 U_L 三者是串联的，且 $U_L = U_A - U_{AD}$。不论是电网电压变化还是负载的变化，都将影响输出电压的变化，若输出电压 U_L 升高时，经电路取样比较放大后，自动调节调整管 V_5 的管压降 U_{AD} 随之增大，使输出基本保持稳定；若输出电压降低时，调整管的 U_{AD} 随之减小，使输出电压稳定。

四、三端固定式集成稳压器

将取样、基准、比较、调整等电路集成在同一芯片上，即成为集成稳压器。由于其体积小，可靠性高、成本低等优点，在电子工程上使用广泛。集成稳压器的种类很多，其中以三端固定式集成稳压器最为普通。

1. 外形

图 5-12 为三端集成稳压器，它有三个引脚，即电压输入端 1、电压输出端 2、输入与输出的公共端 3。

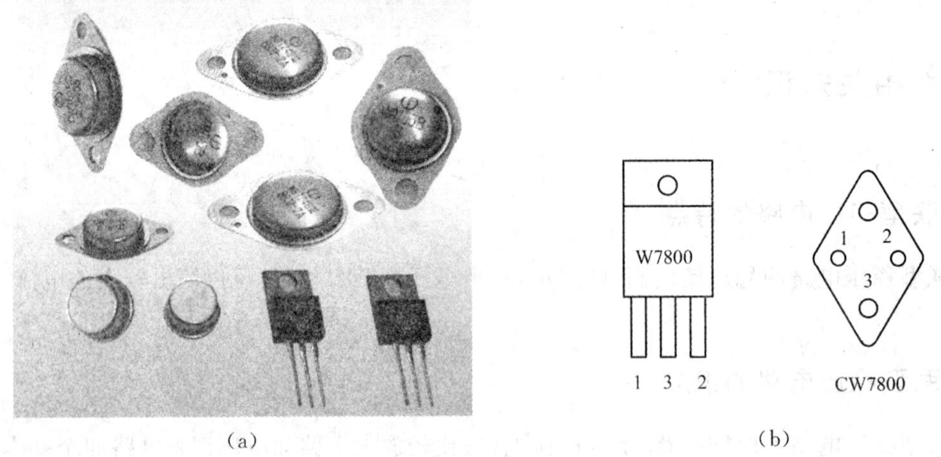

图 5-12　三端集成稳压器

(a) 外形；(b) 引脚

2. 分类

三端固定式稳压器按输出电压分类，有两个系列：CW7800 系列（输出正电压）和 CW7900 系列（输出负电压），输出的固定电压有 5 V、6 V、9 V、12 V、15 V、18 V、24 V 等。如 CW7815，输出电压 $U_L = +15$ V；CW7912，输出电压为 12 V 等，型号后面的两位数字表示输出电压值。

集成稳压器按最大输出电流分类：如 CW78L00(0.1 A)、CW78M00(0.5 A)、CW7800(1.5 A)、CW78T00(3 A)和 CW78H00(5.0 A)等。

3. 三端固定式集成稳压器基本应用电路

三端固定式集成稳压器的基本应用电路如图 5-13 所示。C_i 用以减小纹波和抑制过电压，一般取 0.1～1 μF。C_0 用以改善负载的瞬态响应并抑制高频干扰，可取 1 μF。同时 C_i 和 C_0 应紧靠集成稳压器安装。

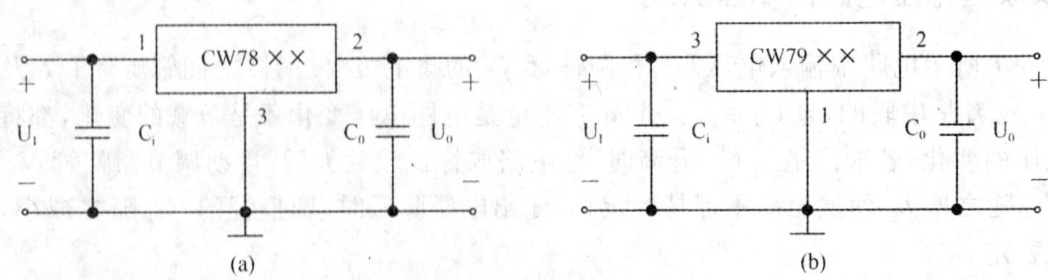

图 5-13　三端固定式集成稳压器基本电路

(a) 固定正输出；(b) 固定负输出

活动分析

1. 图 5-7 所示电路有哪几部分组成？说明每一部分作用。
2. 图 5-7 中，电容 C_1 起什么作用？C_1 的容量越大越好吗？

项目六　扩音机工作原理的认识

一、知识要求

(1) 掌握晶体三极管的结构、电流放大原理及特性曲线。
(2) 知道共射极基本放大电路和分压偏置式的结构及电路分析。
(3) 知道多级放大电路的耦合方式。
(4) 了解功率放大器的性能及分类，掌握 OTL 功率放大器的特点。

二、技能要求

(1) 学会器件手册的运用，能按要求查阅三极管等元件的各类参数。
(2) 会使用晶体管图示仪测量三极管。
(3) 会正确使用函数信号发生器和交流毫伏表。
(4) 能正确调试放大电路。

三、材料、工具及设备

(1) 平口螺钉旋具、十字螺钉旋具。
(2) 家用小型音响。
(3) 函数信号发生器。
(4) 万用表。
(5) 晶体管图示仪。
(6) 双踪示波器。
(7) 直流稳压电源。
(8) 交流毫伏表。
(9) 焊接电路板的常规工具，如电烙铁、电子焊接板、斜口钳、镊子等。
(10) 晶体三极管 9013、电阻、电容等相关元器件一袋。

活动一　观察小型音响内部结构

活动内容

一、准备工作

取出一个常用的家用小型音响，如图 6-1 所示。准备好螺钉旋具等常用工具。

图 6-1　家用小型音响

图 6-2　家用小型音响内部线路板

二、拆装过程

1. 用螺钉旋具卸下小型音响背部的螺丝。
2. 小心拉开前后盖。
3. 取出音响内部线路板。如图 6-2 所示。

三、观察小型音响内部结构，揭示其工作原理

观察图 6-3 小型音响电路板，找到三极管、电容、电阻、二极管等主要元器件。

图 6-3　小型音响电路板及元器件

图中三极管 Q_3 构成了前置音频放大器，三极管 Q_1、Q_2 构成互补推挽 OTL 功率放大器。前置音频放大器把外面的音频信号放大到一定的程度后，再经过音量电位器送进功率放大器进行放大，放大后就可以送入扬声器推动音箱发声。

相关知识

一、放大电路的组成

如图 6-4 所示，放大电路通常有两部分组成，第一部分为电压放大电路，它的作用是将微弱的电信号加以放大去推动功率放大电路，一般它的输出电流较小，电压放大电路是整个放大电路的前置级。第二部分为功率放大电路，是放大电路的输出级，它的作用是输出足够大的功率去推动执行元件（如继电器、电动机、喇叭、指示仪表等）工作。功率放大电路的输出电压和电流都比较大。

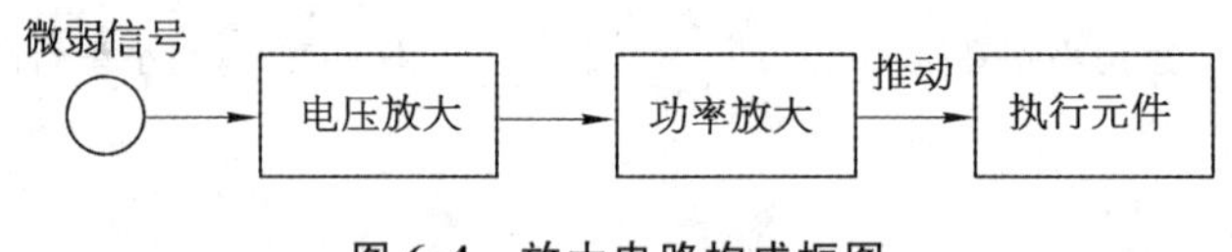

图 6-4　放大电路构成框图

二、音响的工作原理

一个最简单的音响系统包括音源、功放和音箱，缺一不可。其中，功放作为音响系统的动力，在音源和音箱之间起着桥梁的作用。功放的工作原理其实很简单，直观来说就是将音源播放的各种声音信号进行放大以推动音箱发出声音。从技术角度看，功放先将交流电转变为直流电，然后受音源播放的声音信号控制，将不同大小的电流，按照不同的频率传输给音箱，这样音箱就发出相应大小、相应频率的声音了。

活动分析

试着拆卸一些废旧的小型收音机，观察内部功率放大部分、记录功率三极管的型号和外形。

活动二　认识晶体三极管的电流放大作用

活动内容

一、准备工作

调节直流稳压电源 5 V 备用。按照电路图 6-5 配齐所需的元器件，并用万用表检测元器件的好坏。

二、连接电路

按图 6-5 连接电路，并检查元器件连接是否正确。

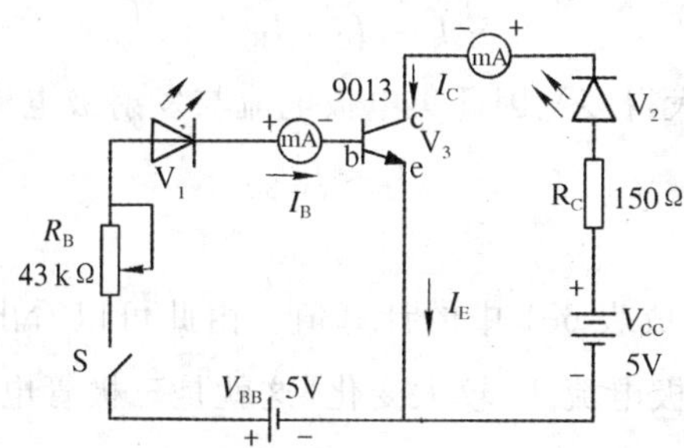

图 6-5　三级管电流放大实验电路

三、观察三极管的电流放大作用

1. 断开开关 S，接通电源

当开关 S 断开时，使基极电流为 0，发光二极管 V_1 不亮；V_2 也不亮，即集电极电流也为 0。

2. 接通电源，闭合开关 S

V_1 基本不亮，V_2 则非常亮。可从 V_1、V_2 的明亮程度反映出通过基极流通的小电流使三极管导通，从而有大电流从集电极流向发射极。

通过观察两个发光二极管的亮暗程度，可以说明：三极管基极流过的小电流能够控制集电极大电流，这就是三极管电流放大作用的实质。

四、测量各极电流

改变开关状态和可变电阻 R_B 的阻值，使基极电流 I_B 为不同的值，测出相应的集电极电流 I_C。电流方向如图 6-5 所示。测量结果列于表 6-1 中。

表 6-1　三极管各极电流测量值及受控关系　（mA）

项目 / 次序	I_B	I_C	ΔI_B	ΔI_C
1	0	0	0	0
2	0.035	8.7	0.035−0=0.035	8.7−0=8.7
3	0.07	16.2	0.07−0.035=0.035	16.2−8.7=7.5
4	0.11	23.6	0.11−0.07=0.04	23.6−16.2=7.4

五、分析三极管电流放大原理

1. 三极管电流分配关系

由表 6-1 中 I_B、I_C 的测量值，根据三极管三个极的电流关系符合节点电流关系，即：

$$I_E = I_C + I_B \tag{6-2-1}$$

I_C 稍小于 I_E，而比 I_B 大得多。因此集电极电流与发射极电流近似相等，即

$$I_E \approx I_C \tag{6-2-2}$$

2. 放大作用

根据 I_B、I_C 的测量值完成表 6-1 中的计算值。由此可以看出，晶体管三极管的基极电流 I_B 的微小变化引起集电极电流 I_C 较大变化，这就是三极管电流放大作用。设电流放大系数为 β，有

$$\beta = \frac{\Delta I_C}{\Delta I_B} \tag{6-2-3}$$

I_C 与 I_B 的关系可表示为

$$I_C \approx \beta I_B \tag{6-2-4}$$

$$I_E \approx (\beta + 1) I_B \tag{6-2-5}$$

六、关闭电源，拆除线路，整理工作台，结束实验

相关知识

一、三极管实现电流放大条件

1. 内部结构条件

无论是 NPN 型还是 PNP 型三极管，三极管的内部工艺结构必须具有以下几个特点：① 发射区高掺杂；② 基区低掺杂且很薄；③ 集电结面积比发射结大。

2. 外部偏置条件

要实现三极管的电流放大作用，必须使三极管发射结正向偏置，集电结反向偏置。

根据三极管的外部偏置条件，三极管的三极电位关系有：

NPN 型管为：$V_C > V_B > V_E$；PNP 型管为：$V_C < V_B < V_E$。

硅三极管：$|V_B - V_E| \approx 0.7$ V；锗三极管：$|V_B - V_E| \approx 0.3$ V。

二、晶体三极管的主要参数

晶体三极管的参数是用来表征其性能和适用范围，是电路设计时正确使用和合理选择三极管的依据，主要参数详见表 6-2。

表 6-2　三极管主要参数

<table>
<tr><th colspan="2">参　数</th><th>符　号</th><th>说　明</th></tr>
<tr><td rowspan="2">直流参数</td><td>共射直流放大系数</td><td>$\bar{\beta}$</td><td>$\bar{\beta}=\frac{I_C}{I_B}$</td></tr>
<tr><td>极间反向电流</td><td>I_{CEO}
I_{CBO}</td><td>I_{CEO}是基极开路时，集电极与发射极间的反向饱和电流
I_{CBO}是发射极开路时，集电极与基极间的反向饱和电流
它们的关系式为：$I_{CEO}=(1+\bar{\beta})I_{CBO}$
反向电流越小，管子性能越稳定。常温下，硅管比锗管稳定性能好</td></tr>
<tr><td>交流参数</td><td>共射交流电流放大系数</td><td>β</td><td>交流参数是描述晶体管对于动态信号的性能指标
$\beta=\frac{\Delta i_C}{\Delta i_B}$　在近似分析时可以认为 $\beta=\bar{\beta}$</td></tr>
<tr><td rowspan="3">极限参数</td><td>集电极最大允许电流</td><td>I_{CM}</td><td>是指三极管的参数变化不超过允许值时集电极允许的最大电流。当电流超过 I_{CM} 时，管子 β 将显著下降，当电流 I_C 太大甚至有烧毁管子的可能</td></tr>
<tr><td>极间反向击穿电压</td><td>U_{CBO}
U_{CEO}
U_{EBO}</td><td>U_{CBO}是指发射极开路时，集电极-基极间的反向击穿电压
U_{CEO}是指基极开路时，集电极-发射极间的反向击穿电压
U_{EBO}是指集电极开路时，发射极-基极间的反向击穿电压</td></tr>
<tr><td>集电极最大允许耗散功率</td><td>P_{CM}</td><td>是指三极管正常工作时最大允许的消耗功率。三极管消耗的功率 $P_C=I_CU_{CE}$。在使用三极管时，P_C 必须小于 P_{CM} 才能保证管子正常工作</td></tr>
</table>

三、晶体管三极管的选用

在电子电路中，小功率三极管应用较多，主要用于小信号放大、控制或振荡电路。选用三极管时首先要考虑电路的工作频率，电路设计中一般要求三极管的特征频率 f_T 大于 3 倍的实际电路工作频率。小功率三极管的集电极—发射极反向击穿电压 $U_{(BR)CEO}$ 应大于电路中电源的最高电压。

在大功率电路中，需要考虑三极管的极限参数，其中重点考虑三极管的集电极最大允许耗散功率 P_{CM}，需要注意的是大功率三极管必须有良好的散热器。

活动分析

1. 若在连接图 6-5 所示电路中发现三极管 9013 了，而实验室一时又没有相同型号的

三极管,该用哪种管子代换?

2. 已知某放大电路中一个三极管各极对地的电位分别为:$V_1=2$ V,$V_2=6$ V,$V_3=2.7$ V。试判断三极管各对应电极,以及三极管管型和材料?

3. 测得某电路中4个三极管的各极电位如图6-6所示,判断这些三极管能否正常放大电流?

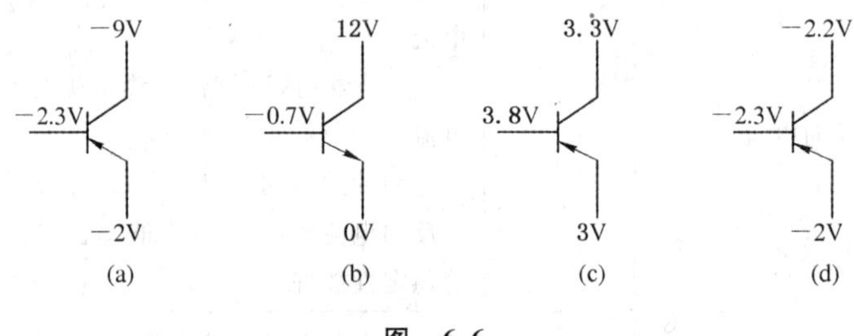

图 6-6

活动三　用晶体管图示仪测试晶体三极管

活动内容

一、准备工作

备好XJ4810型半导体特性晶体管图示仪和待测三极管9013。

二、测试三极管9013的输出特性

(1) 开机和显示光点,并将光点移到荧屏坐标的左下角。

(2) 辨别出三极管的三个引脚(c、b、e),并将插入测试台对应插座"C、B、E、G",如图6-7所示,相对应测试方式选择开关按下"左"键。

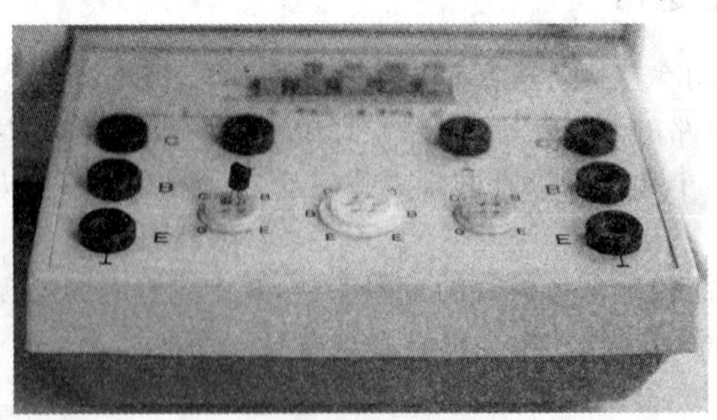

图6-7　三极管接入测试台

(3) 查阅产品手册可知9013为NPN型,其$I_{CM}=500$ mA,按此设置相关旋钮:

① 集电极电源单元和X、Y放大器单元中:

调节参数	挡　位	旋钮名称
峰值电压范围	0～10 V	峰值电压旋钮
峰值电压控制旋钮％	暂置零位	峰值电压％
集电极电源极性	＋	集电极电源极性按钮
功耗电阻	1K	功耗电阻旋钮
X 轴集电极电压	U_{CE} 2 V/度	X 轴选择(电压/度)开关
Y 轴集电极电流	I_C 1 mA/度	Y 轴选择(电流/度)开关

② 阶梯信号单元中：

调节参数	挡　位	旋钮名称
阶梯极性	＋	阶梯极性按钮
阶梯选择	5 μA/级	阶梯信号选择开关
阶梯信号	重复	重复-关按钮

(4) 从零起调峰值电压％旋钮，逐渐增加峰值电压，在荧屏上显示出图 6-8 所示的三极管输出特性。

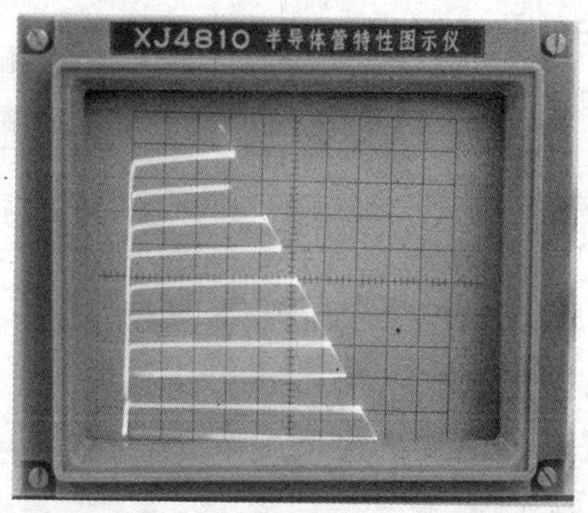

图 6-8　三极管输出特性显示

三、测试三极管电流放大系数 β

(1) 将 X 轴选择开关置于“阶梯信号”挡位，其它挡位旋钮不变。

(2) 从零起调节峰值电压％旋钮。当峰值电压逐渐增大至最大，就可显示如图 6-9 所示的电流放大特性。

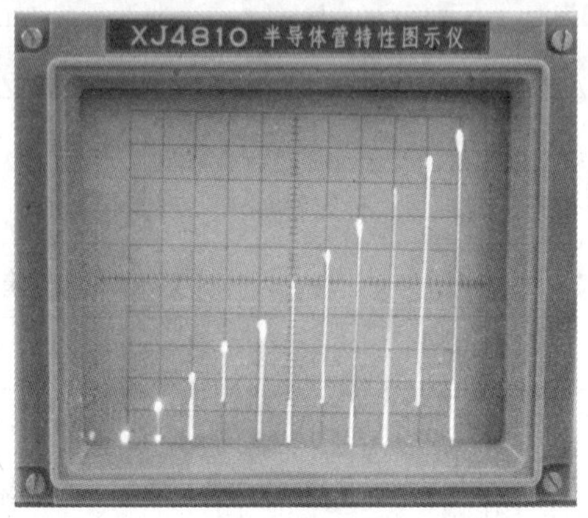

图 6-9　三极管电流放大特性

由此，$I_C=1\ mA/度\times10\ 度=10\ mA$

$I_B=5\ \mu A/度\times10\ 度=50\ \mu A=0.05\ mA$

$$电流放大系数\ \beta=\frac{I_C}{I_B}=\frac{10\ mA}{0.05\ mA}=200$$

四、测试反向击穿电压 U_{CEO}

在测试三极管输出特性的基础上，只需变动以下旋钮：

调节参数	挡　位	旋钮名称
峰值电压范围	0～50 V	峰值电压旋钮
功耗电阻	25 kΩ	功耗电阻旋钮
X 轴集电极电压	U_{CE} 10 V/度	X 轴选择(电压/度)开关
Y 轴集电极电流	I_C 50 μA/度	Y 轴选择(电流/度)开关

按下测试台的“零电流”按键，使三极管基极处于开路状态，然后由零开始逐渐增大峰值电压%旋钮，可得如图 6-10 所示曲线。

图 6-10　反向击穿电压 U_{CEO} 特性

在曲线转折处，对应在横轴上刻度可读得反向击穿电压约 4 度×10 V/度＝40 V。

五、测试三极管 9013 的输入特性

（1）晶体管图示仪面板上开关和旋钮位置如下设置：

① 集电极电源单元和 X、Y 放大器单元中：

调节参数	挡　位	旋钮名称
峰值电压范围	0～10 V	峰值电压旋钮
峰值电压控制旋钮％	暂置零位	峰值电压％
集电极电源极性	＋	集电极电源极性按钮
功耗电阻	250 Ω	功耗电阻旋钮
X 轴集电极电压	U_{BE} 0.1 V/度	X 轴选择(电压/度)开关
Y 轴集电极电流	“阶梯信号”挡位	Y 轴选择(电流/度)开关

② 阶梯信号单元中：

调节参数	挡　位	旋钮名称
阶梯极性	＋	阶梯极性按钮
阶梯选择	5 μA/级	阶梯信号选择开关
阶梯信号	重复	重复-关按钮

（2）从零起调峰值电压％旋钮，使峰值电压由 0 V 逐渐增大到 10 V，在荧屏上显示出图 6-11 所示的三极管输出特性。

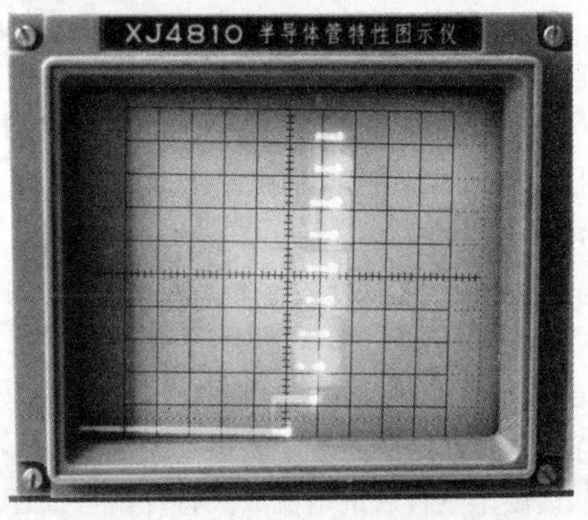

图 6-11　三极管输入特性显示

从输入特性可见，输入特性与 U_{CE} 有关，随着峰值电压的升高输入特性曲线右移，左边光点为 U_{CE}＝0 V 的特性，右边的曲线为 U_{CE}＝10 V 的特性。

六、测量结束，将峰值电压旋钮%调到零位，关机，清理现场。

相关知识

一、三极管的输入特性

当U_{CE}一定时，I_B 与 U_{BE}之间的关系曲线称为三极管的输入特性。图 6-12 所示为硅 NPN 型三极管的输入特性曲线。

由图可知，三极管的输入特性曲线是非线性的，与二极管正向特性相似，也有一段死区电压(硅管约 0.5 V，锗管约 0.1 V)。当三极管正常工作时，发射结压降变化不大，该压降称为导通电压(硅管约 0.6～0.8 V，锗管约 0.2～0.3 V)。当U_{CE}增大时，输入特性曲线会略向右平移，但U_{CE}大于 1V 以后，输入特性曲线基本不再向右平移而趋于重合。

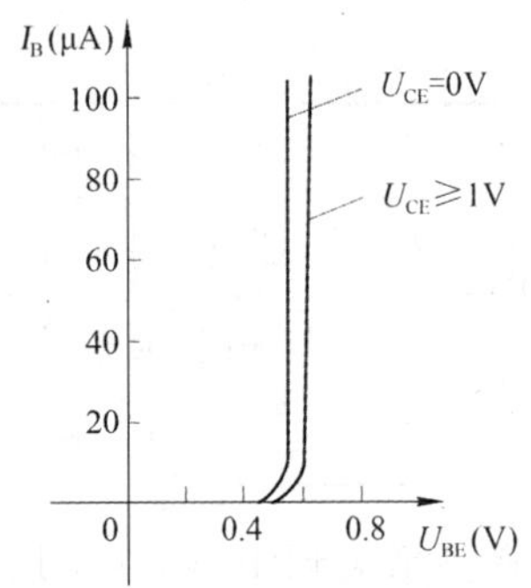

图 6-12　三极管输入特性曲线

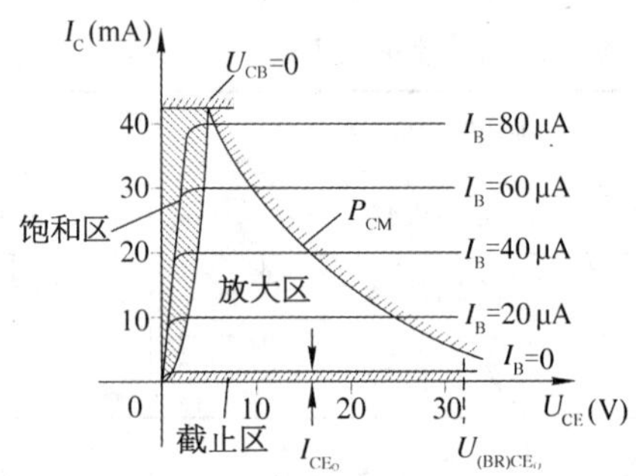

图 6-13　三极管输出特性曲线

二、三极管的输出特性

当 I_B 一定时，I_C 与 U_{CE}之间的关系曲线称为三极管的输出特性。图 6-13 所示为硅 NPN 型三极管的输出特性曲线。对应于 I_B 的每一个确定值均有一条输出特性曲线，所以输出特性曲线是个曲线族。

观察三极管的输出特性曲线，它大致分为三个区域。

(1) 截止区。$I_B \leqslant 0$ 的区域称为截止区，这时 $I_C \approx 0$。为了使三极管可靠截止，常在发射结上加反向电压。因此，截止的外部条件是发射结和集电结均反向偏置。

(2) 放大区。输出特性曲线近似水平部分是放大区。在此区域内，I_C 的变化基本上与U_{CE}无关，I_C 只受 I_B 控制，反映了三极管的电流放大特性。三极管工作在放大状态时，发射结处于正向偏置，集电结处于反向偏置。

(3) 饱和区。曲线靠近纵轴的区域是饱和区。此时发射结与集电结均处于正向偏置。这时的 I_C 已达到饱和程度，不受 I_B 控制，三极管失去了电流放大作用。

三极管输出特性曲线的三个区域亦是三极管三种不同的工作状态。

活动分析

1. 若将 Y 轴选择开关由前面设置的 2 mA/度改为 5 mA/度，则显示的输出特性将如何变化？

2. 若在阶梯信号选择中由 20 μA/级改为 10 μA/级，则显示的输出特性将如何变化？

3. 二个参数值基本接近的三极管，一个是 NPN 型管，另一个是 PNP 型管，试问测试时有何不同？

活动四　低频电压放大电路的测量

活动内容

一、连接电路

按照电路图 6-14 配齐所需的元器件，用万用表检测元器件的好坏，并按图连接线路。

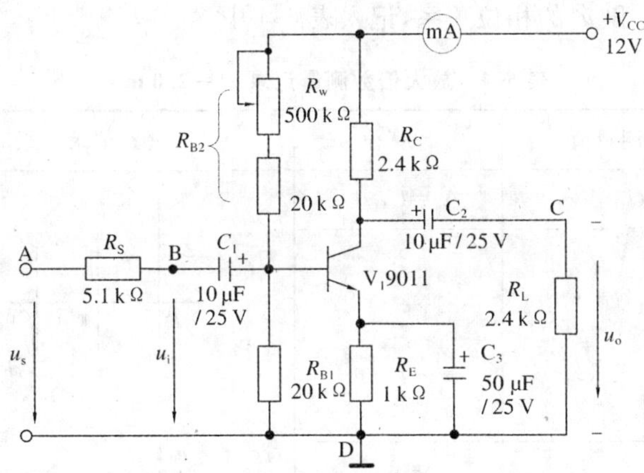

图 6-14　共射极单管放大电路

二、仪器仪表的准备

(1) 将直流稳压电源输出直流电压调到 $V_{CC}=12$ V，关闭电源待用。

(2) 将信号发生器输出信号选择为“正弦信号”、频率调至 1 kHz、输出衰减置于 40 dB 后，调节函数信号发生器的输出旋钮使输入电压 U_i 约为 10 mV，关闭信号发生器电源待用。

(3) 晶体管毫伏表备好待用。

(4) 将示波器接通电源，垂直方式开关置于“CHOP”位置，Y 通道输入耦合方式开关置于“AC”位置，并通过调节使两条时基线的亮度、聚焦及位置合适后待用。

三、调试静态工作点

（1）先将 R_W 调至最大，将图 6-14 所示电路输入端 B、D 用导线短接，即 $U_i=0$。

（2）接通直流电压 12 V，调节 R_W，使 $I_C=2.0$ mA。

（3）用直流电压表测量 U_B、U_E、U_C 及用万用表测量 R_{B2} 值（注：R_{B2} 不带电测量），并计算 U_{CEQ} 和 I_{CQ}。记入表 6-3 中。

表 6-3　静态工作点测量记录

测　量　值				计　算　值	
U_B(V)	U_E(V)	U_C(V)	R_{B2}(kΩ)	$U_{CEQ}=U_C-U_E$	$I_{CQ}=(U_{CC}-U_C)/R_C$

四、测量电压放大倍数

（1）在输入端加上 10 mV 的交流电压。

（2）使用双踪示波器观测输入、输出电压波形

示波器输入通道探头 CH1 接图 6-14 所示电路中 B、D 两端，输入通道探头 CH2 接 C、D 两端，此时示波器荧光屏上显示同相放大的输入、输出波形。

（3）在波形不失真的条件下用交流毫伏表测量下述两种情况下的 U_O 值，计算出 A_u 并用双中示波器观察 u_o 和 u_i 的相位关系，记入表 6-4 中。

表 6-4　放大倍数测量记录 $I_C=2.0$ mA

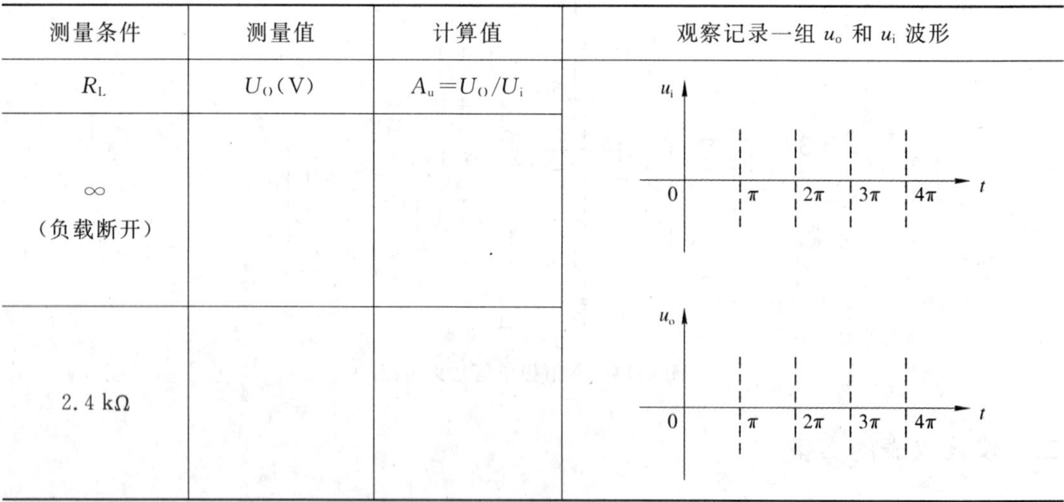

测量条件	测量值	计算值	观察记录一组 u_o 和 u_i 波形
R_L	U_O(V)	$A_u=U_O/U_i$	
∞ （负载断开）			u_i；0，π，2π，3π，4π，t
2.4 kΩ			u_o；0，π，2π，3π，4π，t

五、观察静态工作点对电压放大倍数的影响

当 $R_L=\infty$，U_i 适量的条件下，调节 R_W，用示波器监视输入电压波形。在 u_o 不失真的条件下，测量几组 I_C 和 U_O 值，记入表 6-5 中。（测量 I_C 时，要先将信号源输出旋钮旋至零，即 $U_i=0$）

表 6-5　静态工作点对电压放大倍数的影响测量记录

测量值	I_C(mA)			2.0		
	U_O(V)					
计算值	$A_u=U_O/U_i$					

六、观察静态工作点对输出波形失真的影响

(1) 当 $R_L=2.4\ \text{k}\Omega$，$u_i=0$ 的条件下，调节 R_W 使 $I_C=2.0\ \text{mA}$，测出 U_{CE}值，再逐步加大输入信号，使输出电压 u_o 足够大但不失真。

(2) 保持输入信号不变，分别增大和减小 R_W，使波形出现失真，绘出 u_o 的波形，并测出失真情况下的 I_C 和 U_{CE}值，记录入表 6-6 中。每次测 I_C 和 U_{CE}值都要将信号源的输出旋钮旋至零。

表 6-6　静态工作点对输出波形失真的影响测量记录

I_C(mA)	U_{CE}(V)	u_o 波形	失真类型	管子工作状态
		u_o；0，π，2π，3π，4π，t		
2.0		u_o；0，π，2π，3π，4π，t		
		u_o；0，π，2π，3π，4π，t		

相关知识

一、基本放大电路的构成

如图 6-15 所示为共发射极基本放大电路。许多放大电路就是以它为基础而构成的。因此，掌握它的工作原理及分析方法是分析其他放大电路的基础。电路个元件作

用见表 6-7。

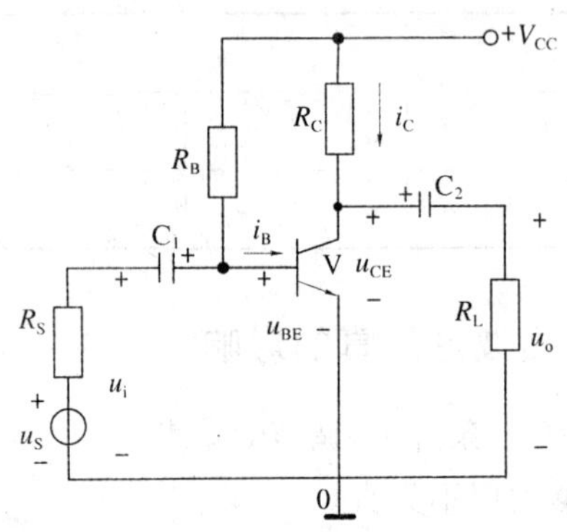

图 6-15　共发射极基本放大电路

表 6-7　共发射极基本放大电路各元件作用

名　　称	功　能
晶体管 V	放大电路的核心元件，起电流放大作用
直流电源 V_{CC}	一方面通过 R_B、R_C 保证三极管 V 的集电结处于反向偏置、发射结处于正向偏置，保证晶体管处于放大状态；另一方面又为放大电路提供能源。V_{CC} 一般为几伏至几十伏
基极偏置电阻 R_B	用来调节基极偏置电流 I_B 的大小，提供晶体管有一个合适的静态工作点。R_B 一般为几十千欧到几百千欧
集电极负载电阻 R_C	将集电极电流 i_C 的变化转换为电压的变化，以获得电压放大。R_C 一般为几千欧
耦合电容 C_1、C_2	一方面起到隔断直流的作用。其中 C_1 隔断放大电路与信号源之间的直流电流，C_2 隔断放大电路与负载之间的直流电流，使信号源、放大电路、负载三者之间无直流联系，互不影响。另一方面又起到交流耦合的作用，保证交流信号畅通无阻。因此 C_1、C_2 的作用就是隔直流通。通常要求 C_1、C_2 值较大，一般为十几微法至几十微法。常常使用电解电容器，连接时要注意正、负极性。标“+”接高电位端，标“-”接低电位端
接地⊥	表示电路的参考零电位。实际使用时，仅与设备的机壳相连，并不一定与大地相连

在放大电路中，既有作为偏置的直流量，又有必须放大的交流输入信号。为了便于分析，对放大电路中的各个电压和电流的符号作统一规定，见表 6-8。

表 6-8　放大电路中各物理量的符号规定

物理量	规定	举例
直流分量	大写字母带大写下标	I_B、I_C、U_{BE}、U_{CE}
交流分量	小写字母带小写下标	i_b、i_c、u_{be}、u_{ce}
总量(直流分量与交流分量叠加而成)	小写字母带大写下标	i_B、i_C、u_{BE}、u_{CE}
交流分量有效值	大写字母带小写下标	I_b、I_c、U_{be}、U_{ce}

二、静态分析

当放大电路没有输入信号,即 $u_i=0$ 时的工作状态称为静态。静态分析的主要任务是确定放大电路的静态值(直流值)I_{BQ}、I_{CQ}、U_{BEQ}和 U_{CEQ}。这些静态值的大小反映了静态时放大电路的工作情况,被称作“静态工作点”值。“静态工作点”值关系到放大电路能否正常实现放大及放大质量的好坏,合适的“静态工作点”值是放大电路提供正常放大的必备条件。为了确定静态值,通常采用放大电路的直流通路确定静态值的估算法求得。

1. 直流通路及画法

所谓直流通路,是指放大电路中直流电流流过的路径。它是进行“静态工作点”值估算的基础。由于电容 C_1、C_2 的隔直作用,图 6-15 可简化成图 6-16 所示的形式。

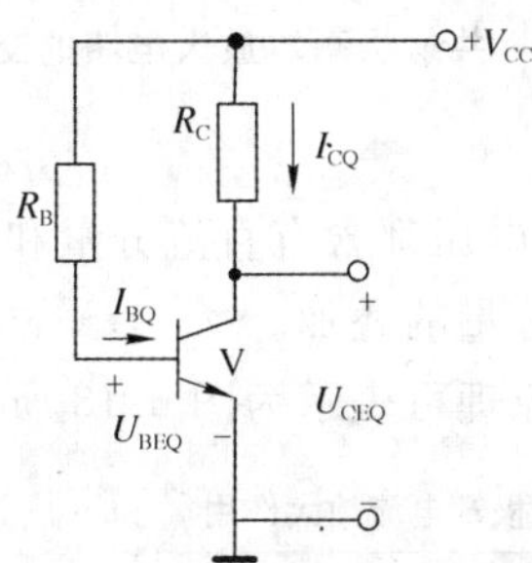

图 6-16　共射极基本放大电路的直流通路

2. 静态工作点的估算

由图 6-16 共射极基本放大电路的直流通路,有:

$$I_{BQ}\cdot R_B+U_{BEQ}=V_{CC} \tag{6-4-1}$$

则基极电流

$$I_{BQ}=\frac{V_{CC}-U_{BEQ}}{R_B} \tag{6-4-2}$$

因硅管的 U_{BEQ} 为 0.7 V,锗管为 0.3 V,一般情况下,$V_{CC}\gg U_{BEQ}$,忽略 U_{BEQ} 时,则有:

$$I_{BQ}\approx\frac{V_{CC}}{R_B} \tag{6-4-3}$$

集电极电流:

$$I_{CQ}=\beta I_{BQ} \tag{6-4-4}$$

集电极发射极电压:

$$U_{CEQ}=V_{CC}-I_{CQ}\cdot R_C \tag{6-4-5}$$

一般认为,当$\frac{1}{3}V_{CC}\leqslant U_{CEQ}\leqslant\frac{2}{3}V_{CC}$时,放大电路中的三极管基本处于电流放大状态。

三、动态分析

当放大电路有输入信号，即 $u_i \neq 0$ 时的工作状态称为动态。动态分析就是分析信号在电路中的传输情况，即分析各个电压、电流随输入信号变化的情况。

1. 交流通路及画法

交流信号在放大电路中的传输通道称为交流通路。画交流通路的原则是在信号频率范围内，电路中耦合电容 C_1、C_2 的容抗 X_C 很小，可视为短路；直流电源的内阻一般很小，可忽略，视为短路。按此原则画出图 6-15 电路的交流通路如图 6-17 所示。

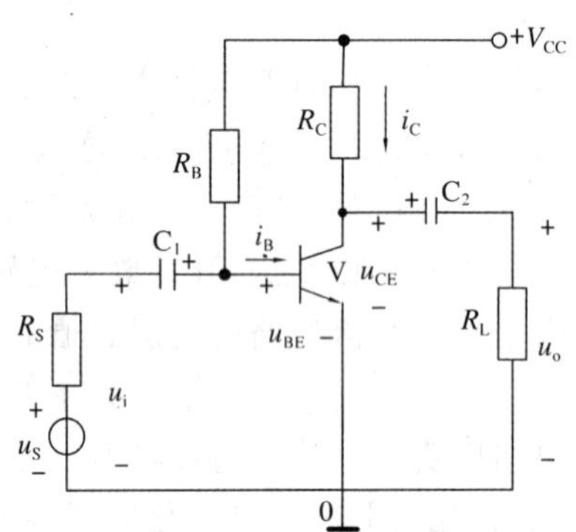

图 6-17　共射极基本放大电路的交流通路

2. 交流信号放大过程

动态时，晶体管的各个电流和电压都含有直流分量和交流分量，即交直流共存。电路中的电流(电压)是交流分量和直流分量的叠加。

共发射极放大电路电压放大原理可表示为图 6-18 所示。

$u_i \longrightarrow u_{BE} \longrightarrow i_B \xrightarrow{\text{三极管电流放大作用}} i_C \xrightarrow{\text{通过}R_C} u_{CE} \xrightarrow{C_2\text{隔直}} u_O$

图 6-18　共发射极放大电路电压放大原理

由图 6-15 所示电路可见，当 u_i 增大时，i_b 也增大，$i_c = \beta i_b$ 随之增大，但 $u_{ce} = V_{CC} - i_c R_C$ 却减小，可见 $u_o(u_{ce})$ 与 u_i 是反相的。

3. 放大电路的主要性能指标

(1) 电压放大倍数 A_u。电压放大倍数 A_u 反映了放大电路对输入电压信号放大的能力，即：

$$A_u = \frac{U_o}{U_i} = \frac{u_o}{u_i} \tag{6-4-6}$$

对于图 6-15 所示的共射极基本放大电路，电压放大倍数为：

$$A_u = \frac{u_o}{u_i} = \frac{-i_c(R_L // R_C)}{i_b r_{be}} = -\frac{\beta R_L'}{r_{be}} \tag{6-4-7}$$

式中负号表示输出信号电压与输入信号电压的相位相反，r_{be} 为三极管的动态输入电阻，对于一般低频小功率管，三极管的动态输入电阻 r_{be} 可用下式进行估算：

$$r_{be} \approx 300 + (1+\beta)\frac{26(\text{mV})}{I_{EQ}(\text{mA})}（其中\ I_{EQ}=I_{CQ}+I_{BQ}） \tag{6-4-8}$$

若不接负载 R_L 时，即 $R_L=\infty$ 时，则有：

$$A_u = -\frac{\beta R_C}{r_{be}} \tag{6-4-9}$$

(2) 输入电阻 R_i。当输入信号电压加到放大电路的输入端时，在其输入端产生一个相应的电流，从输入端往里看进去有一个等效电阻，这个等效电阻就是放大电路的输入电阻。对于图 6-15 所示的共射极基本放大电路，从图 6-17 所示交流通路中可看出，输入电阻为：

$$R_i = r_{be} /\!/ R_B \tag{6-4-10}$$

一般 $R_B \gg r_{be}$，上式可近似为：

$$R_i \approx r_{be} \tag{6-4-11}$$

输入电阻是衡量放大电路对信号源影响程度的一个指标。其值越大，放大电路从信号源索取的电流就越小，对信号源影响就越小。

(3) 输出电阻。输出电阻是从放大电路的输出端看进去的等效电阻。从图 6-17 所示交流通路中可看出，输出电阻 $R_o = r_{be} /\!/ R_C$，由于 r_{be} 极大，故：

$$R_o \approx R_C \tag{6-4-12}$$

输出电阻是描述放大电路带负载能力的一项技术指标。通常放大电路的输出电阻越小越好。R_o 越小，说明放大电路带负载能力越强。

四、静态工作点与波形失真的关系

对于电压放大电路，需满足两个要求：一是能够得到符合要求的电压放大倍数，二是放大后的输出信号波形与输入信号波形尽可能相似，即失真要尽量小。为了满足这两个要求，就必须正确选择放大电路的静态工作点的位置。

放大电路正常工作时，静态工作点应大致选在交流负载线的中央，使静态时 $U_{CE} \approx \frac{1}{2}V_{CC}$，如图 6-19 所示中的 Q 点。

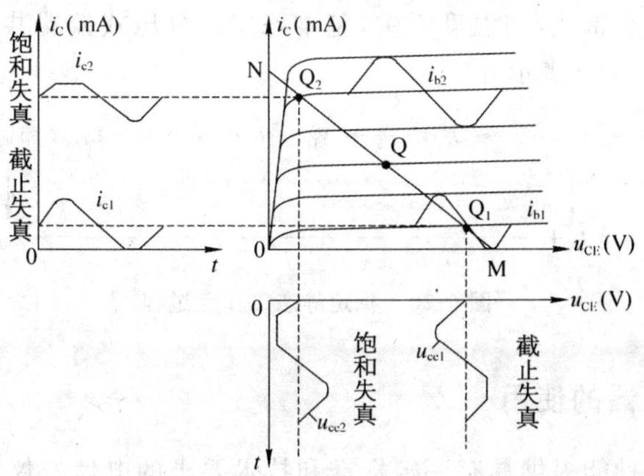

图 6-19　工作点选择不当引起的失真

如果静态工作点选在负载线 MN 上的 Q_2 点时，由于工作点选择过高，在 i_{b2} 的正半周，放大电路进入饱和区，使 i_{c2} 的正半周电流不随 i_{b2} 而变化，形成饱和失真。常用的解决办法是：增大偏置电阻 R_B，从而降低偏置电流 I_B，使静态工作点下移。另一种办法是减小集电极电阻 R_C，改变直流负载线的斜率（使直流负载线更陡些）。

如果静态工作点选在负载线 MN 上的 Q_1 点时，由于工作点选择过低，在 i_{b1} 的负半周造成晶体管发射结处于反向偏置而进入截止区，使 i_{c1} 的负半周电流几乎为零，形成截止失真。常用的解决办法是：减小偏置电阻 R_B，从而增大偏置电流 I_B，使静态工作点上移。另外，调节直流电源 V_{CC} 也可以改变工作点的位置，但会使晶体管所承受的电压增大，因此用的比较少。

五、分压式偏置共射放大电路的分析

上述共射极基本放大电路电路简单、易调整，但容易受到外部因素（如温度变化、电源电压的波动、晶体管老化等）影响，引起静态工作点的变化，严重时可导致放大电路无法正常工作。在这些因素中，影响最大的是温度变化。

图 6-14 为分压式偏置共射放大电路，可有效克服温度变化对放大电路的影响，稳定静态工作点。

1. 电路结构

对比图 6-15 共发射极基本放大电路，图 6-14 中增加了偏置电阻 R_{B2}、发射极电阻 R_E 和发射极旁路电容 C_E。其中，R_{B1} 和 R_{B2} 的分压形成了基极电位；R_E 的作用是产生一个反应 I_{CQ} 变化的电压降 ΔU_E，R_E 越大，自动调节能力越强，I_{CQ} 稳定性越好；C_E 称为旁路电容，作用是使 R_E 对放大电路的动态性能参数基本不产生影响。

2. 稳定静态工作点

图 6-14 中三极管的静态基极电位 V_{BQ} 为：

$$V_{BQ}=\frac{R_{B2}}{R_{B1}+R_{B2}}V_{CC} \tag{6-4-13}$$

$$I_{CQ}\approx I_{EQ}\approx\frac{V_{BQ}-U_{BEQ}}{R_E} \tag{6-4-14}$$

由此可见，V_{BQ} 是个常数，与温度无关，基本稳定。分压式偏置共射放大电路的稳定静态工作点过程可由图 6-20 表示。

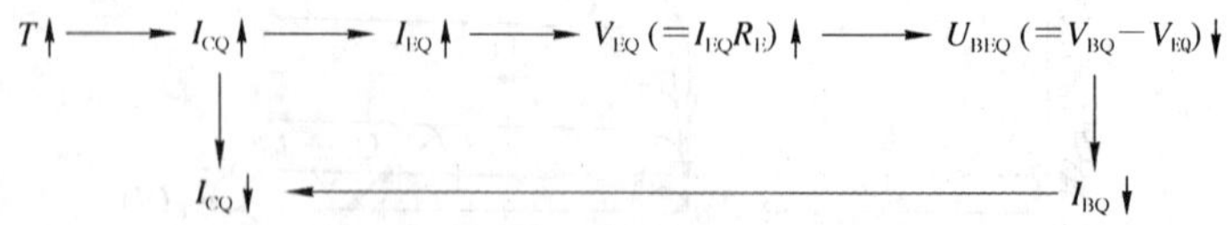

图 6-20　稳定静态工作点过程

六、函数信号发生器的使用

信号发生器是一种能提供具有一定标准和技术要求的电信号仪器。XJ1631 型数字函数信号发生器数输出波形有正弦波、方波、三角波、脉冲和锯齿波。信号频率可调范围从 0.1 Hz到 2 MHz，分七个挡级，信号最大幅度可达 20 V_{P-P}，脉冲的占空系数由 10％至 90％

连续可调，五种信号均可加±10 V的直流偏置电压，并具有TTL电平的同步信号输出，脉冲信号反向及输出幅度衰减等多种功能。可外接计数输入，作频率计数器使用。面板结构如图6-21所示。各部分功能见表6-9。

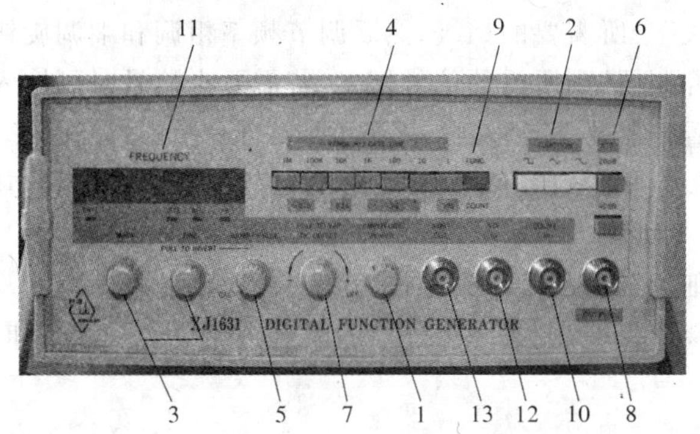

图6-21　XJ1631型数字函数信号发生器面板

表6-9　XJ1631型数字函数信号发生器的面板各部分功能

序　号	面 板 部 分	功　能
1	电源开关/幅度调节	旋钮逆时针旋足即电源关，顺时针选择，函数信号最大
2	函数开关	方波、三角波、正弦波
3	频率调节开关	“MAIN”为频率粗调，“FINE”为频率细调，“FINE”拉出可对脉冲波、锯齿波进行倒相
4	频率挡级/闸门时间	用来选择信号频率的挡级
5	占空比锯齿波/脉冲波	当旋钮逆时针转到底置校准位置“CAL”时，占空比为50%，在非校准位置时，占空比可调范围10%～90%
6	衰减开关	按入开关对函数信号输出衰减约30 dB，对外接频率计数信号衰减约20 dB，弹出不衰减
7	直流偏置	旋钮拉出时直流偏置电压加到输出信号上，其范围在−10 V到+10 V之间变化
8	信号输出	对正弦波\方波\三角波\脉冲\锯齿波输出信号
9	函数/计数显示控制开关	按键“抬起”数码管显示函数信号频率；按键“按下”显示外接计数频率
10	频率计数输入	外接频率计数输入
11	数码管显示频率	四位数码管显示函数频率，六位数码管显示计数频率
12	压控振荡输入	当一个外部直流电压0～5 V由VCF IN输入时，函数发生器的信号频率变化为100∶1
13	同步输出信号	提供一个与TTL电平兼容的输出信号，不受函数开关及幅度控制器的影响，其输出频率与数码管显示频率一致

使用方法：

（1）插上电源，拧开电源开关。数码管亮，待预热半小时后仪器就能稳定工作。

（2）根据使用需要，设置“函数/计数显示控制开关”和“函数开关”。

（3）置“频率挡级”于所需要的挡级，然后调节频率粗调和细调旋钮。

（4）调节“幅度控制器”到所需的信号幅度，若需要小信号时可按入“衰减器”按键。

（5）置“直流偏置控制器”于所需的直流电平。

（6）若需要 TTL 电平的兼容信号，则可使“同步输出端”来得到与输出信号频率相同的同步输出信号。

（7）拉出“频率细调”旋钮，可得到相位为 180°的反向脉冲。

（8）在“压控振荡输入端”输入一个外加的固定直流电压 0～5 V 时，对应的信号频率变化大于 100∶1。

七、交流毫伏表的使用

交流毫伏表是用于测量正弦交流电压有效值的常用仪表。它具有高灵敏度、高输入阻抗及高稳定性等优点。面板结构如图 6-22 所示。

图 6-22　WY2174 型交流毫伏表

1—电源开关；2—输出插座；3—表头及刻度；
4—电源指示灯；5—量程选择开关；6—输入插座

使用方法：

（1）接通电源，按下电源开关。

（2）估计被测电压值的大小，选择合适的量程。若是测量未知电压，则应选最大量程进行试测，再逐渐下降到合适的量程挡。一般选择量程时，应使电表指针偏转满度的 2/3 以上为佳。

（3）连接测量线路时，先接地线，再接信号线；测量完毕拆线时，应先拆下信号线，再拆地线。

（4）根据量程开关的位置，按对应的刻度线读数。

(5) 测量完毕时,应将量程开关转至交流最大电压挡,关闭电源开关。

活动分析

1. 如图 6-14,若去掉集电极电阻 R_C,让三极管集电极直接与 V_{CC} 相连接,示波器荧光屏上还显示输出电压 u_0 的波形吗,为什么?

2. 通过示波器观察输出电压 u_0 的波形,改变哪些元件参数可以使图 6-14 电路处于饱和或截止状态,为什么?

3. "一个放大电路,其电压放大倍数越大,该电路性能越好",这种说法正确吗?

活动五　两级阻容耦合的测试

活动内容

一、准备工作

准备好万用表、电烙铁、电子焊接板、镊子钳和剪刀等常用电工工具。按照电路图 6-23 配齐所需的元器件,并用万用表检测元器件的好坏。

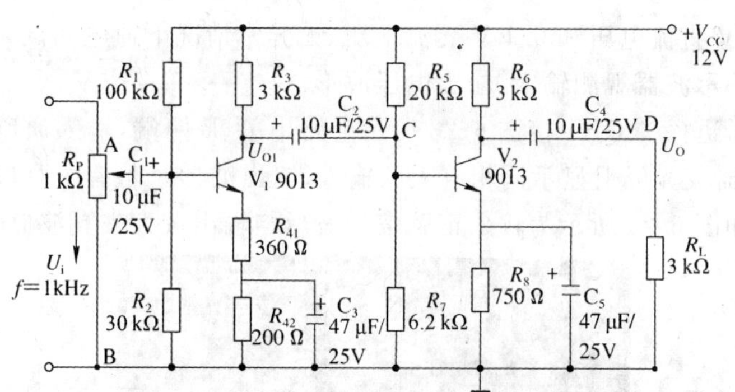

图 6-23　两级阻容耦合放大电路

二、焊接

(1) 按照图 6-23 在电子焊接板正面插装元器件并焊接。如图 6-24 所示。

(2) 在电子焊接板的反面按照电路的要求进行连线焊接,如图 6-25 所示。

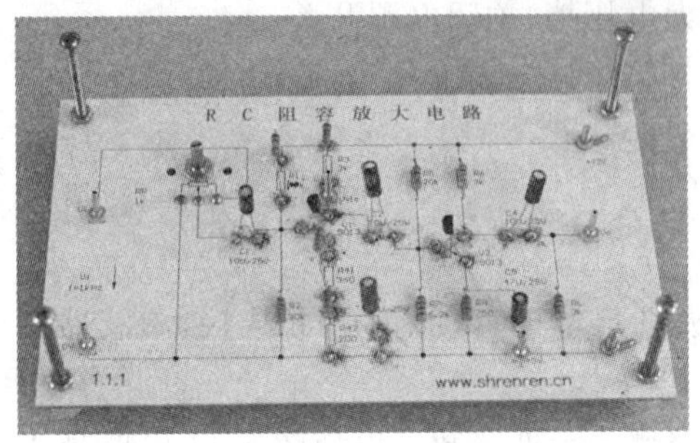

图 6-24　电子焊接板正面焊接图

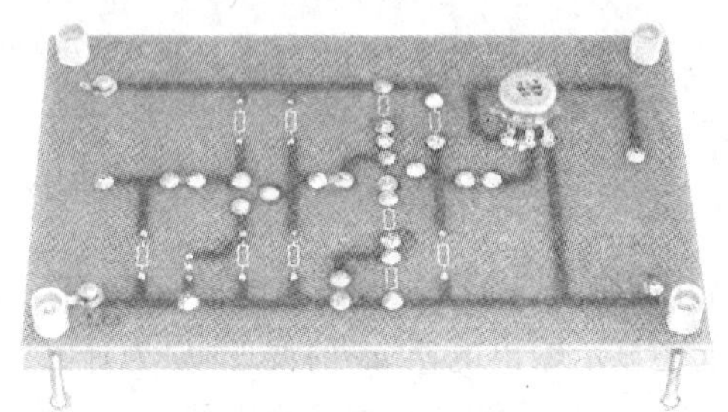

图 6-25　电子焊接板反面连线焊接图

三、检查

检查元器件的装接是否正确，焊接、连接线是否正确、可靠等。

四、仪器仪表的准备

（1）将直流稳压电源输出直流电压 V_{CC} 调到 12 V，关闭电源待用。

（2）将交流毫伏表接通电源（量程选择 0.3 V 挡测 U_i、量程选择 3 V 挡测 U_o），关闭电源待用。

（3）将信号发生器输出信号选择为“正弦信号”、频率调至 1 kHz，输出衰减置于 20 dB 后，调节 U_i、使用交流毫伏表测量 U_i 约为 0.1 V，关闭信号发生器电源待用。

（4）将示波器接通电源，垂直方式开关置于“CHOP”位置，Y 通道输入耦合方式开关置于“AC”位置，并通过调节使两条时基线的亮度、聚焦及位置合适后待用。

五、通电测试

（1）接通 12 V 直流电压和 0.1 V 交流电压，无异常情况下通电测试。

（2）使用双踪示波器观测输入、输出电压波形

示波器输入通道探头 CH1 接图 6-23 所示电路中 A、B 两端，输入通道探头 CH2 接 D、B 两端，此时示波器荧光屏上显示同相放大的输入、输出波形。若有失真应调节 R_P、或减小输入信号幅度。如图 6-26 所示为输入正弦信号波形与输出放大失真波形对比图。

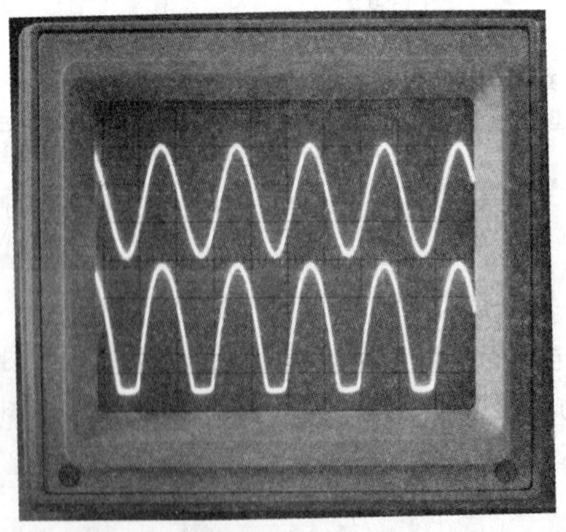

图 6-26　输入正弦信号波形与输出放大失真波形对比图

再使用示波器测量 RC 阻容放大电路第一级放大、第二级放大输出波形，在图 6-27 中画出 RC 阻容放大电路输入、第一级放大和第二级放大输出波形图。

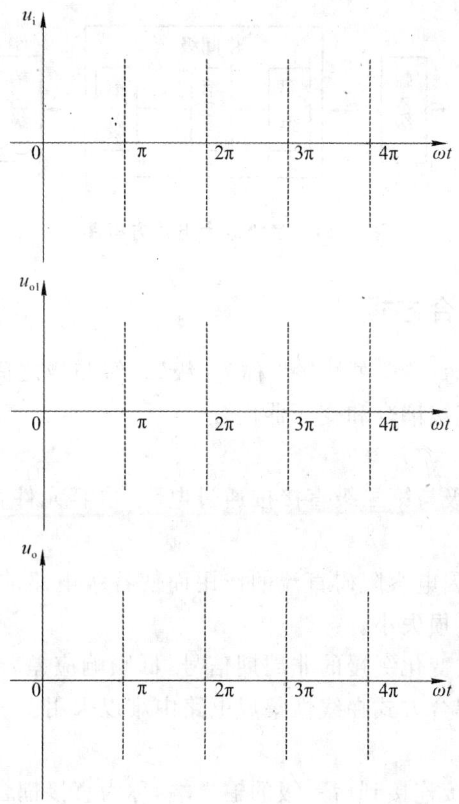

图 6-27　RC 阻容放大电路输入、输出波形图

(3) 将图 6-23 所示电路输入端 A、B 用导线短接，即 $U_i=0$，用万用表直流电压挡测量不失真放大状态下的静态工作情况，记录于表 6-10 中。记录完毕拆去 A、B 两端短接线。

表 6-10　阻容耦合两级放大直流工作情况

	基极电位 V_B	发射极电位 V_E	集电极电位 V_C
V_1 管			
V_2 管			

(4) 用晶体管毫伏表分别测量电路输入、输出电压有效值：$U_i=$________、$U_{o1}=$________和 $U_o=$________。

相关知识

一、多级放大电路的组成

多级放大电路的方框图如图 6-28 所示，它由输入级、中间级、输出级组成。输入级与信

号源直接相连，主要考虑实现所需求的输入电阻；中间级的主要作用是实现电压放大，它不一定是单级，亦可多级；输出级主要作用是功率放大，直接驱动负载动作。

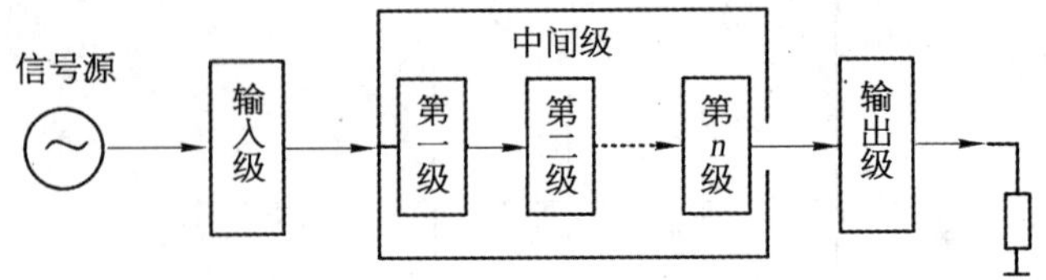

图 6-28　多级放大电路方框图

二、多级放大电路的耦合方式

组成各极放大电路的每一个放大电路称为“级”。级与级之间的连接方式称为级间耦合。常见的有阻容耦合、直接耦合和变压器耦合。

1. 阻容耦合

如图 6-23 所示，第一级与第二级直接按通过电阻、电容元件相连接的耦合方式称为阻容耦合。

优点：电路结构简单，因电容阻碍直流的作用而使各级电路的静态工作点各自独立，互不影响，在传输交流信号时损失小。

缺点：难以传输直流或变化缓慢的非周期信号，低频响应差。在集成电路中，制造大容量电容很困难，因而这种耦合方式在线性集成电路中难以采用。

2. 直接耦合

将前一级的输出端直接连接到后一级的输入端，称为直接耦合。如图 6-29 所示。

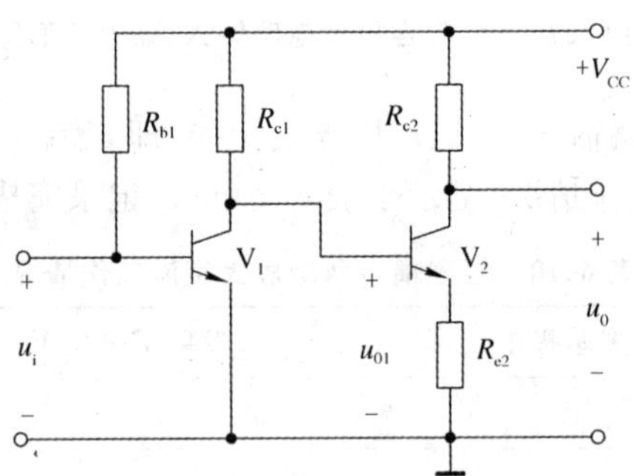

图 6-29　两级直接耦合放大电路

优点：电路中无电抗性元件（电容、电感），低频交流信号与直流信号畅通无阻，失真小，广泛应用于直流放大器和集成电路中。

缺点：各极之间直接相连，因此各级静态工作点相互影响，并有严重零点漂移问题。

3. 变压器耦合

如图 6-30 所示为变压器耦合放大电路，放大电路的输出端通过变压器耦合到后级的输入端或负载电阻上。

优点：各级静态工作点互不影响，且变压器可以改变交流信号电压、电流和阻抗，使前后级阻抗可以合理配合。

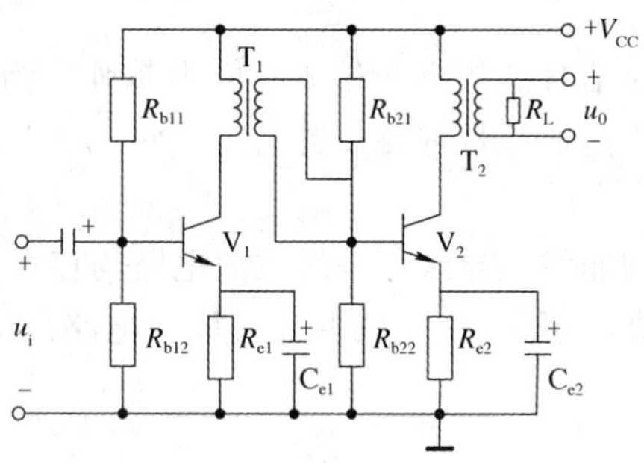

图 6-30　变压器耦合放大电路

缺点：变压器体积大、重量重、频率失真较大、不利于集成化等。这种耦合方式通常用于功放、中频调谐放大电路以及多级放大电路的输出级。

4. 光电耦合

光电耦合放大电路如图 6-31 所示，级与级之间通过光电耦合器件实现信号的输送。

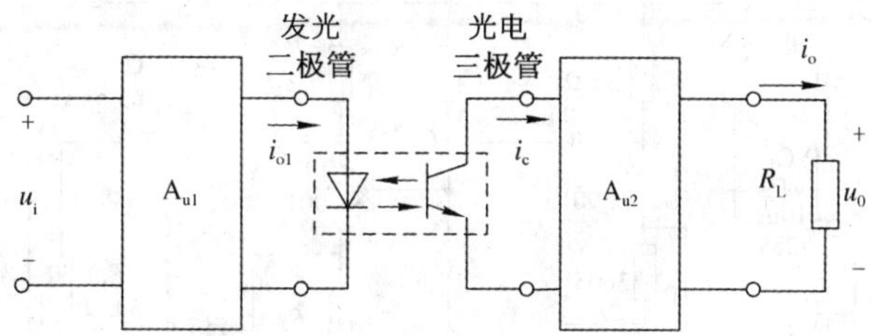

图 6-31　光电耦合两级放大电路框图

由图 6-31 可知，发光二极管是前一级放大电路的负载，前一级输出电流 i_{o1} 的变化影响发光二极管的发光强弱，通过光耦合，使光电三极管输出电流 i_c 发生变化，即后一级放大电路的输入电流发生变化，经放大电路 A_{u2} 放大后，从输出端取出放大了的信号。

光电耦合使前、后级放大电路处于电隔离状态。光电耦合器件和与它耦合的前、后级放大电路都便于集成，其应用日益广泛。

三、多级放大电路的性能分析

1. 电压放大倍数

多级放大电路总电压放大倍数是各级电压放大倍数之积：

$$\dot{A}_u = \dot{A}_{u1} \cdot \dot{A}_{u2} \cdot \dot{A}_{u3} \cdot \dot{A}_{un} \tag{6-5-1}$$

电压放大倍数的分贝表示：

$$A_u = 20\lg\frac{U_o}{U_i}(\text{dB}) \tag{6-5-2}$$

当输出信号大于输入信号时，$A_u > 0$；当输出信号小于输入信号时称为衰减，$A_u < 0$；当输出信号等于输入信号时，$A_u = 0$。

2. 输入/输出电阻

多级放电电路的输入电阻就是第一级放大电路的输入电阻，输出电阻就是最后一级放大电路的输出电阻。

3. 频率特性与通频带

通频带越宽,放大电路对信号的频率变化适应能力越强。为满足多级放大电路的频率要求,应该将每一级放大电路的通频带都要设置的宽一些。

4. 非线性失真

三极管输入/输出特性的非线性导致每一级放大电路均存在非线性失真,经多级放大电路放大后,输出信号波形失真将更大,故要减少多级放大电路的失真,就应尽量克服各单级放大电路的失真。

四、放大电路的负反馈

在放大电路中,通常引入各种不同类型的负反馈来改善放大电路的性能指标。负反馈能够稳定放大电路的放大倍数,改变放大电路的输入、输出电阻以满足系统匹配的不同需要,减小了非线性失真和展宽通频带等。因此,几乎所有的实用放大电路都带有负反馈。如图 6-32 所示,为带有电压串联负反馈的两级阻容耦合放大电路。

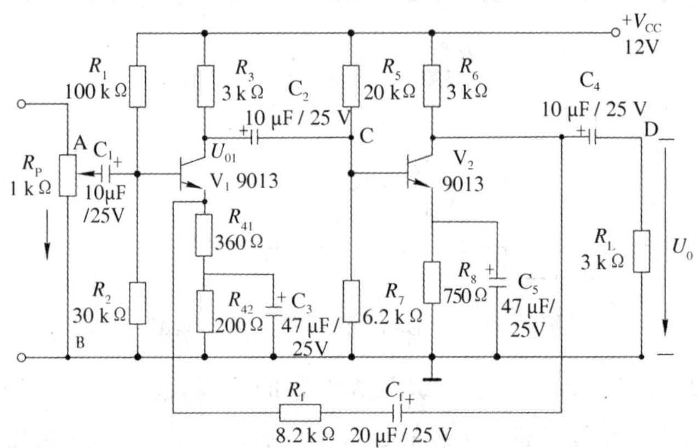

图 6-32 带有电压串联负反馈的两级阻容耦合放大电路

1. 反馈的概念

反馈是指将放大电路(或某一系统)输出端的电压信号或电流信号的一部分或全部,通过某种电路引回到放大电路的输入端。

反馈放大电路的方框图如图 6-33 所示。符号⊗表示信号的比较环节。X_i 为输入信号,X_o 为输出信号,X_f 为反馈信号,X_d 为基本放大电路净输入信号($X_d = X_i - X_f$)。

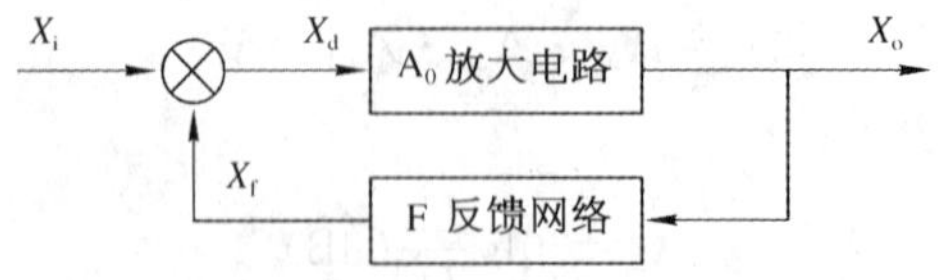

图 6-33 反馈放大电路方框图

图 6-32 中,通过 R_f 把输出电压 u_o 引回到输入端,加在晶体管 V_1 的发射极上,在发射极电阻 R_{41} 上形成反馈电压 u_f。

2. 反馈的类型

(1) 正反馈和负反馈。若引回的反馈信号加强了原输入信号,使放大电路的电压放大倍数比原来增大，则为正反馈；若反馈信号削弱了原输入信号，使放大电路的放大倍数降低，则为负反馈。

(2) 直流反馈和交流反馈。如果反馈量中只含有直流成分则称为直流反馈。直流反馈影响放大电路的直流量，可以稳定放大电路的静态工作点。判断方法：直流通路存在反馈元件。

如果反馈量中只含有交流成分则称为交流反馈。交流反馈影响放大电路的交流量，可以改善放大器的动态性能。判断方法：交流通路存在反馈元件。

(3) 电压反馈和电流反馈。电压反馈如图 6-34(a)、(c)所示。电压反馈是指反馈信号取自输出电压或输出电压的部分。判别方法：将 R_L 短路，判断有无反馈电压。若没有反馈信号，则为电压反馈。

电流反馈如图 6-34(b)、(d)所示。电流反馈是指反馈信号取自输出电路的电流。判别方法：将 R_L 开路，判断有无反馈电流。若没有反馈信号，则为电流反馈。

(4) 串联反馈和并联反馈。串联反馈如图 6-34(a)、(b)所示。在串联反馈电路中，将反馈信号的电压与输入信号的电压进行比较，满足分压关系：$U_d = U_i - U_f$。

并联反馈如图 6-34(c)、(d)所示。在并联反馈电路中，将反馈信号的电流与输入信号的电流进行比较，满足分流关系：$I_d = I_i - I_f$。

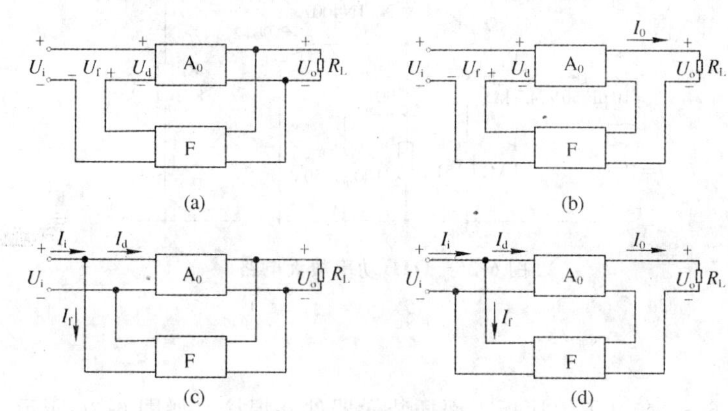

图 6-34　负反馈放大电路的反馈形式

(a) 电压串联负反馈；(b) 电流串联负反馈；
(c) 电压并联负反馈；(d) 电流并联负反馈

活动分析

1. 图 6-23 所示的阻容耦合二级放大电路中，若断开耦合电容 C2，u_o 大小如何变化？

2. 使用示波器测量图 6-23 所示电路中 u_{o1} 的波形，并与 u_o 的波形相对比，分析阻容耦合二级放大电路电压放大倍数 A_{U1}、A_{U2} 和电路总电压放大倍数 A_U 是多少？

活动六 OTL 功率放大电路的测试

活动内容

一、准备工作

准备好万用表、电烙铁、电子焊接板、镊子钳和剪刀等常用电工工具。按照电路图 6-35 配齐所需的元器件，并用万用表检测元器件的好坏。

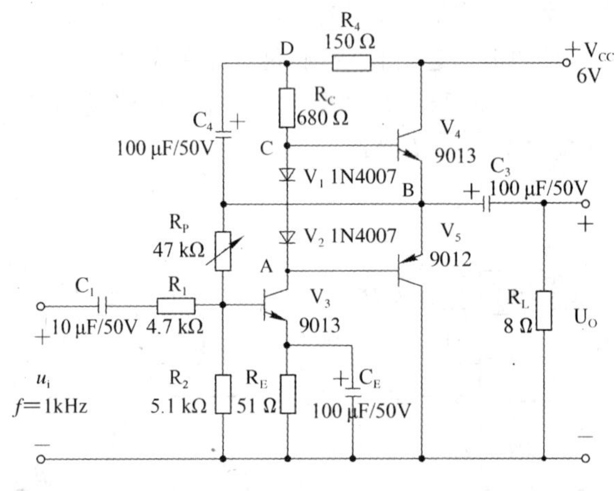

图 6-35 OTL 功率放大电路

二、焊接

（1）按照图 6-35 在电子焊接板正面插装元器件并焊接。如图 6-36 所示。

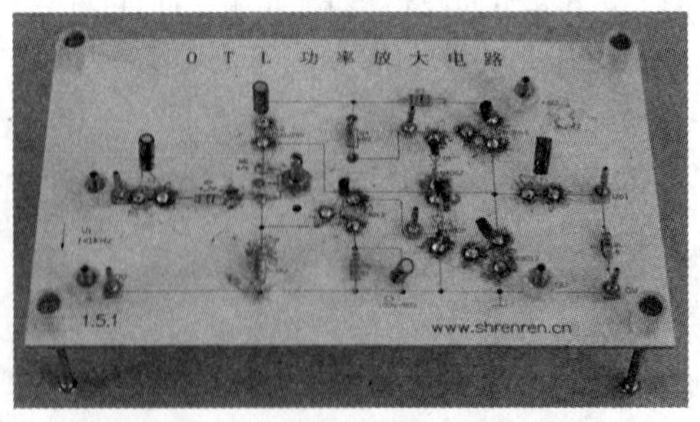

图 6-36 电子焊接板正面焊接图

（2）在电子焊接板的反面按照电路的要求进行连线焊接，如图 6-37 所示。

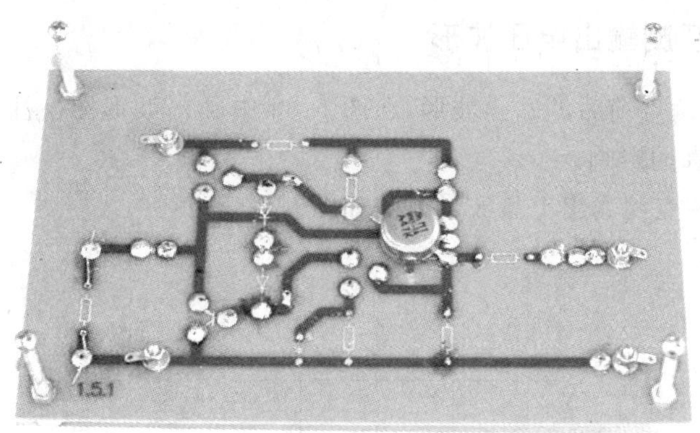

图 6-37　电子焊接板反面连线焊接图

三、检查

检查元器件的装接是否正确，焊接、连接线是否正确、可靠等。

四、仪器仪表的准备

（1）将直流稳压电源输出直流电压调到 $V_{CC}=6$ V，关闭电源待用。

（2）将信号发生器输出信号选择为“正弦信号”、频率调至 1 kHz，关闭信号发生器电源待用。

（3）将万用表调至直流电压 20 V 挡，待用。

（4）将晶体管毫伏表备好待用。

（5）将示波器接通电源，垂直方式开关置于“CH1”位置，CH1 通道输入耦合方式开关置于“AC”位置，并通过调节使一条时基线的亮度、聚焦及位置合适后待用。

五、静态工作点的调整

接通 6 V 直流电压，调节 R_P 电位器，使用万用表测量 B 点的直流电压，使 $V_B=\frac{1}{2}V_{CC}=3$ V。

六、测量最大输出功率 P_{OM}

在放大器的输入端输入 1 kHz 的正弦信号，逐渐提高输入正弦电压的幅值，使输出达最大值，但失真尽可能小，使用交流毫伏表测量并读出此时输入及输出电压的效值。记入表 6-11 中。

表 6-11　测量最大输出功率 P_{OM}

测　量　值		实　验　值	计　算　值
U_i	U_o	R_L	$P_{OM}=U_o^2/R_L$

七、使用示波器观测输出电压波形

观察短接 A、C 两点前后的输出波形，在图 6-38 中画出波形图。注意观察 V_4、V_5 有无正向偏压对交越失真的影响。

注：短接 A、C 两点测输出电压波形方法如图 6-39 所示。

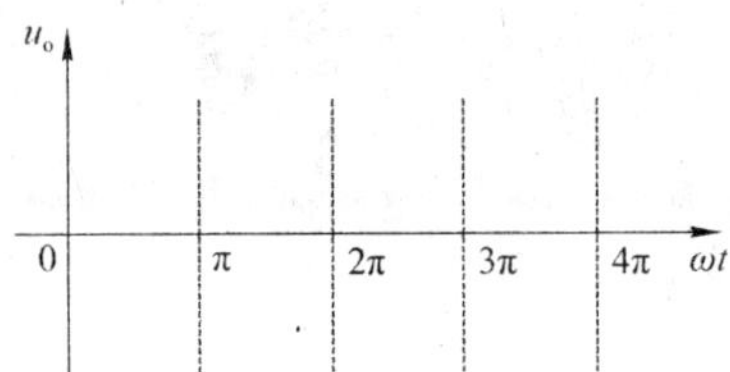

V_1、V_2无正向偏压，即AC两点短接

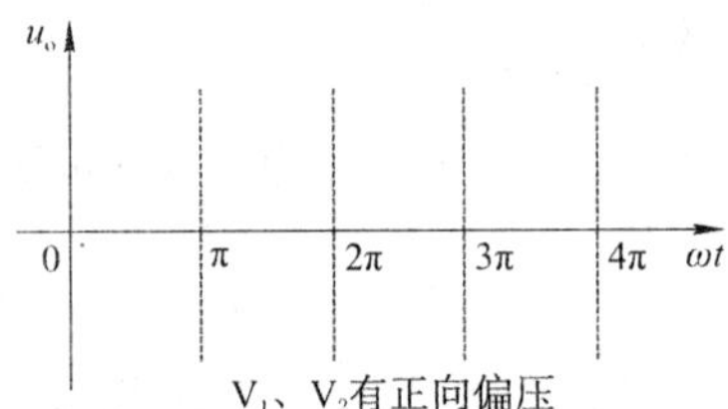

V_1、V_2有正向偏压

图 6-38　输出电压波形图

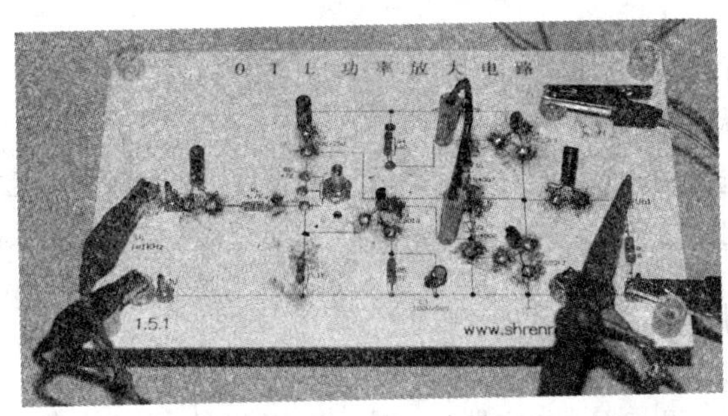

图 6-39　短接 A、C 两点测输出电压波形

相关知识

一、功率放大电路的性能要求

功率放大电路和电压放大电路从本质上来说，没有什么区别，都是能量转换电路。但也有不同之处，电压放大电路要求有较高的输出电压，注重电压增益、输入/输出电阻等，是工作于小信号状态下；而功率放大电路要求获得较高的功率输出，是工作在大电流、高电压的大信号状态下，这就构成了他的特殊性。

（1）要求输出功率 P_{OM}尽可能大。

充分利用晶体管的放大性能，选择三极管时保留一定余量，不得超过极限参数 P_{CM}、I_{CM}、$U_{(BR)CEO}$ 进入非安全工作区，以保证三极管安全可靠工作。为保护功放三极管还需加装散热片，防止管子因过热而烧坏。

(2) 电源提供的直流功率转换成功率放大器的输出功率的效率要高，非线性失真要小。

二、功率放大电路的组成

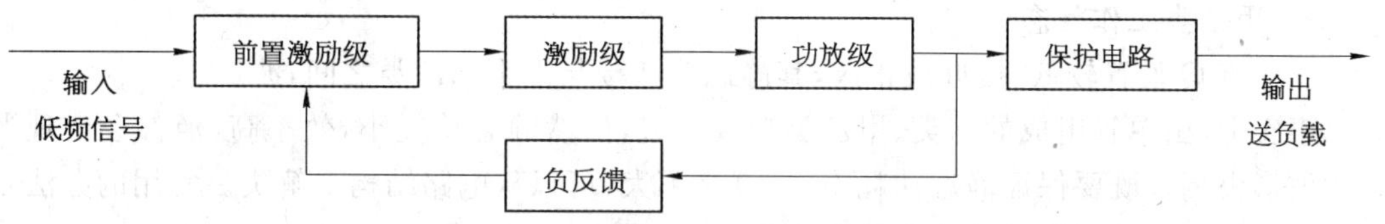

图 6-40　功率放大电路组成框图

三、功率放大电路的工作状态

根据功放管的静态工作点位置不同，功率放大电路又可分为三种工作状态，如图 6-41 所示。

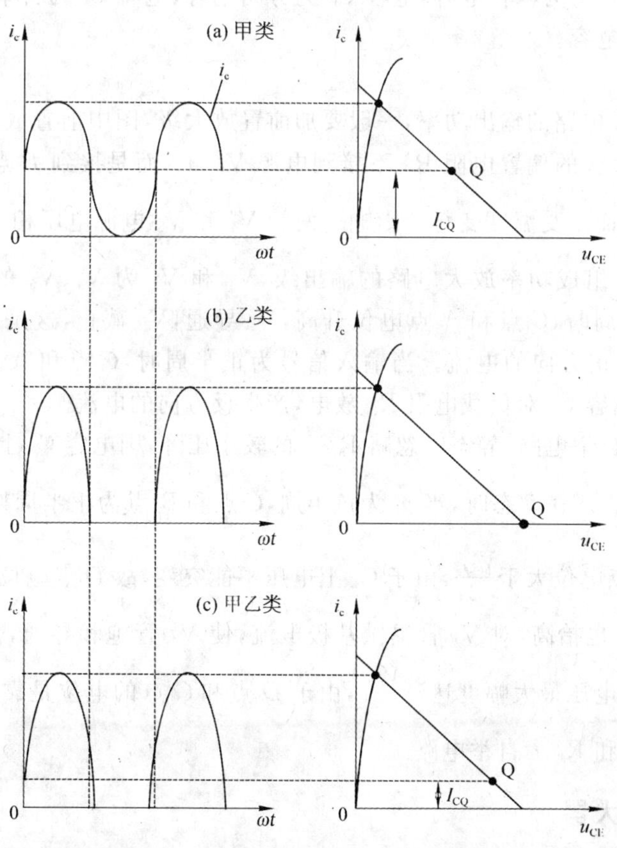

图 6-41　功率放大电路的三种工作状态

1. 甲类工作状态

工作点 Q 位于负载线的中点，在输入信号的整个周期内，输出电流 i_C 波形不出现失真现象。这种功放波形失真小，但静态功耗大，效率低。

2. 乙类工作状态

工作点 Q 设置在横轴(截止点)上，即 $I_{CQ}=0$，输入信号只有半个周期的到放大，另半个周期工作在截止区。显然，输出波形严重失真，但该电路的静态功耗等于零，效率高。

3. 甲乙类工作状态

工作点 Q 设置较低，接近截止区，其静态功耗接与甲类和乙类之间，波形失真小。

事实上，由单管组成的乙类、甲乙类功放电路，虽然静态功耗小，效率高，但都会出现严重的波形失真。既要保证静态功耗小，失真又不大，可以从电路结构上解决。常用的办法是选用两功放管组成互补对称功率放大电路。

四、如图 6-35 所示电路分析

1. 电路组成

如图 6-35 所示电路为带自举的甲乙类单电源互补对称电路(OTL)。图中 V_4 和 V_5 组成互补对称电路，V_3 为前置放大级，且为 V_4 和 V_5 提供静态偏置。V_1 和 V_2 为 V_4、V_5 的发射结偏置电路，电容 C_1 为耦合电容，电容 C_E 为旁路电容，电容 C_4 为自举电容，R_4 为自举电阻，电容 C_3 为输出电容。

2. 工作原理

为了提高 OTL 电路的输出功率，一般要加前置放大级，图中前置放大级由 V_3、R_P、R_2、R_E 组成。前置放大级的偏置电阻 R_P 不接到电源 V_{CC} 上，而是接到 B 点，以保证静态时 B 点电位稳定在$\frac{V_{CC}}{2}$，而不受温度变化的影响。两管 V_4 和 V_5 电源电压相等。

V_4、V_5、V_1、V_2 组成功率放大电路的输出级，V_1 和 V_2 为 V_4、V_5 的发射结偏置电路。当输入信号为负半周时，C 点和 A 点电位升高，V_4 导通，V_5 截止，这是电源 V_{CC} 对电容 C_3 充电，在 R_L 上产生正方向的电流。当输入信号为正半周时，C 点和 A 点电位降低，V_4 截止，V_5 导通，这是电容 C_3 对负载电阻 R_L 放电，产生反方向的电流。

C_4 和 R_4 组成自举电路，静态时忽略 R_4 上的较小压降，则电容 C_4 上的电压 $U_{C4}\approx V_D-V_B\approx V_{CC}-\frac{V_{CC}}{2}\approx\frac{V_{CC}}{2}$。在动态时，当 u_i 为负半周，C 点和 B 点为正半周期信号，随着信号幅度增加，C 点和 B 点电位大于$\frac{V_{CC}}{2}$，由于 C_4 上电压不能突变，故 D 点电位 $V_D=(U_{C4}+V_B)$ 也随着抬高，C 点电位也抬高，对 V_4 管提供基极电流，使 V_4 管饱和导通，使 B 点最大动态电位达到$\frac{V_{CC}}{2}$，使输出电压最大幅度达到$\frac{V_{CC}}{2}$，由于 D 点和 C 点的电位是靠输出信号自动抬高动态电位，故称 C_4 和 R_4 为自举电路。

五、集成功率放大器

集成功率放大器是由功放集成块和一些外部阻容元件构成。由于集成功放体积小，工作稳定，易于安装调试，使用方便而得到广泛应用，如 LM386、D2002、TDA2030 等。图 6-42

中扩音机电路板中 KA2206B 为 2W 立体声音频功率放大集成电路。

图 6-42　DA－200 型便携式教学扩音机电路板

活动分析

1. 图 6-35 所示电路中 B 点的电位不是$\frac{1}{2}V_{CC}$，对电路工作有什么影响？

2. 图 6-35 所示电路中 V_4 或 V_5 发射极电流与输入电压的相位是同相还是反相？

3. 图 6-35 所示电路中 AC 短接后，即 V_1 或 V_2 无正向偏压时，为什么会产生交越失真？

项目七　集成运算放大器的运用

一、知识要求

（1）明确集成运算放大器（简称集成运放）基本特性与原理。

（2）掌握集成运放线性应用电路的组成和运算关系。

（3）掌握电压比较器的电路结构及特点。

（4）掌握 RC 桥式正弦波振荡器的结构。

二、技能要求

（1）掌握集成运放的正确使用方法。

（2）熟悉集成运放应用电路的测试方法。

（3）掌握判断振荡电路是否起振的方法。

三、材料、工具及设备

（1）十字螺钉旋具。

（2）PY－528B 型电池充电器。

（3）XJ4328 型双踪示波器。

（4）函数信号发生器。

（5）直流稳压电源。

（6）WY2174 交流毫伏表。

（7）直流电压表。

（8）MF－47 型万用表。

（9）集成运放 LM324、LM741、双向限幅稳压管 2CW231、二极管 1N4148、电阻、电容等元器件。

活动一　运算放大器在电池充电器中的应用

活动内容

一、准备工作

取出 PY－528B 型电池充电器，准备好螺钉旋具等常用工具。如图 7-1 所示。

图 7-1 电池充电器及十字螺钉旋具

二、拆装过程

（1）用螺钉旋具卸下电源适配器背部的螺丝，打开后盖。

（2）取出电源内部线路板，置于适当位置观察。如图 7-2 所示。

图 7-2 电池充电器内部线路板

三、观察与思考

（1）仔细观察图 7-2 所示线路板，找寻集成运放 LM339 所在位置。

（2）集成运放 LM339 内部封装有四个独立的电压比较器，可对充电电池端电压进行比较检测。

相关知识

一、集成运放的应用

集成运放是模拟集成电路众多类型中的一种。集成运放最初应用于模拟计算机中，用于实现各种数学计算。随着集成电路的飞速发展，运算放大器已作为电子线路的基本元件使用。在测量、自动控制、信号变换等方面获得了广泛应用。

二、集成运放的电路结构、符号与外形

集成运放的内部由输入级、中间级和输出级三大部分组成，组成框图如图 7-3 所示。

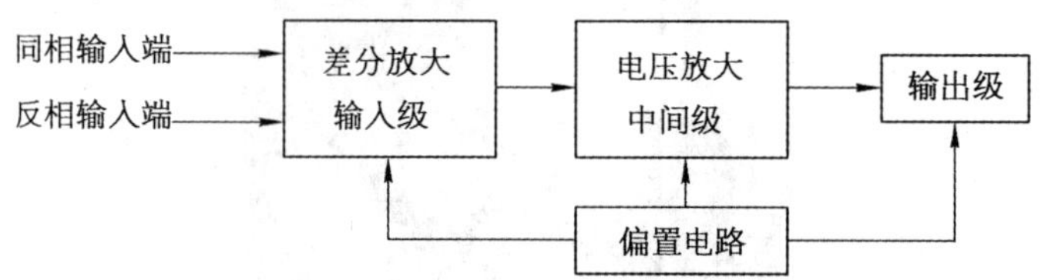

图 7-3 集成运放组成框图

集成运放的电路符号如图 7-4 所示，它有两个输入端 u_{I1-}、u_{I2+} 和一个输出端 u_0。若信号由同相输入端 u_{I2+} 输入，则输出信号与输入信号同相；若信号由反相输入端 u_{I1-} 输入，则输出信号与输入信号反相。

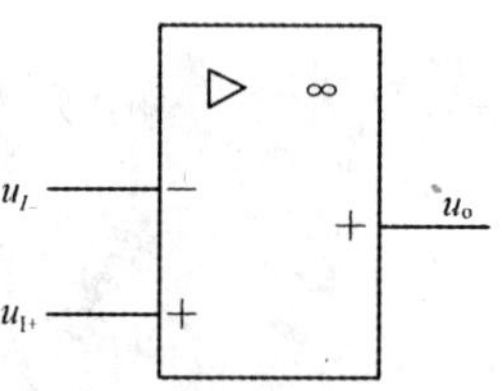

图 7-4 集成运放电路符号

常用的集成运放如图 7-5 所示。

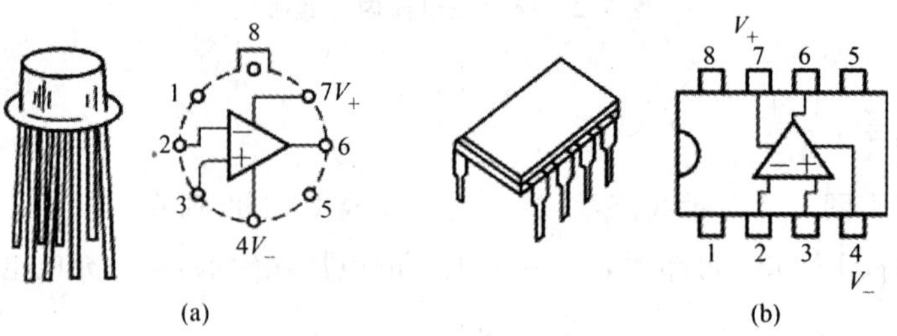

图 7-5 集成运放外形

活动分析

为什么电路中采用的元器件大多是集成块？

活动二　集成运放开环接法传输特性的测试

活动内容

一、集成运放 LM324 的认识

（1）观察型号为 LM324 的集成运放，外形如图 7-6 所示。LM324 四运放集成电路是常见的运放，通常用于耳机或者话筒放大，具有功耗小、可当电源使用等特点。

图 7-6　LM324 集成运放器件外形

（2）查阅电子元器件手册，掌握 LM324 引脚排列图，如图 7-7 所示。由图 7-7 可知，该集成块内有四个运放，每个运放均采用双电源供电，第 4 引脚为每个运放共有的正电源端，第 11 引脚为每个运放共有的负电源端。

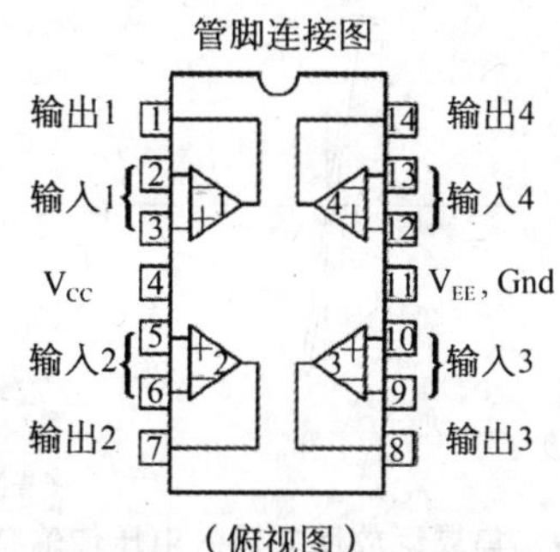

图 7-7　LM324 集成运放器引脚排列图

二、仪器仪表的准备

（1）将具备正、负电源的直流稳压电源调到±12 V，关闭电源待用。

（2）将信号发生器输出信号选择为“正弦信号”、频率调至 200 Hz、信号电压峰-峰值调节范围在 5～10 V，关闭信号发生器电源待用。

（3）将示波器接通电源，垂直方式开关置于“*X*－*Y*”位置；水平方式选择开关置于“*X*－*Y*”配合垂直方式位置(非扫描时间位置)；CH1 和 CH2 通道输入耦合方式开关均置于“AC”位置；触发方式选择开关任意；CH1、CH2 通道偏转因数开关 V/div 置于 5 V；并通过调节使两条时基线的亮度、聚焦及位置合适后待用。

三、连接电路

集成运放 LM324 插入实验插槽，按图 7-8 所示连接测试电路。

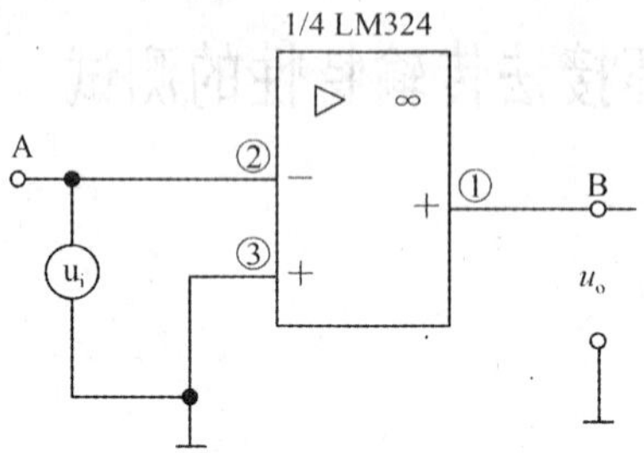

图 7-8　集成运放传输特性测试电路

四、通电测试

(1) 给集成块接通±12 V 电源；将函数信号发生器输出信号作为测试电路的输入信号，加到图 7-8 所示电路的 A 点。

(2) 示波器输入通道探头 CH1 接图 7-8 所示电路中 A 点与地端，供水平(X 轴)偏转显示；输入通道探头 CH2 接 B 点与地端，供垂直(Y 轴)偏转显示。此时示波器荧光屏上应显示图 7-9 所示的传输特性。

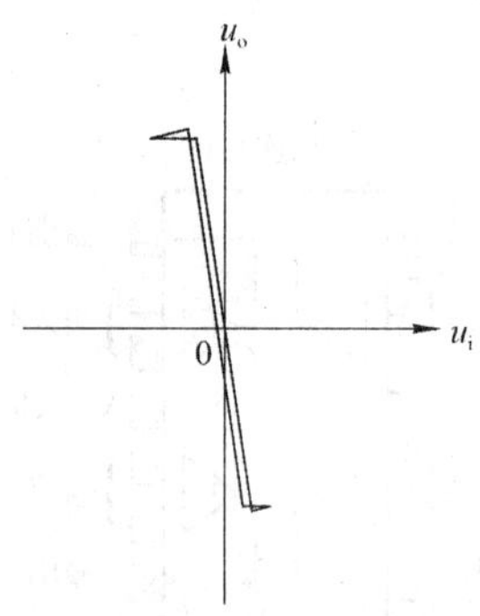

图 7-9　集成运放反向输入电压传输特性

(3) 当调节函数信号发生器的输出旋钮使输入电压 u_i 增大时，可以看到示波器荧光屏上显示的传输特性出现非线性。

相关知识

一、集成运放的主要参数

1. 开环差模电压放大倍数 A_{uO}

指集成运放在没有外接反馈电路情况下，输入端加一小信号，测得的电压放大倍数。它是决定运算放大器精度的主要参数，其值越大，精度越高，理想值为∞。

2. 共模抑制比 K_{CMR}

它表示运算放大器的差模电压放大倍数 A_{ud} 与共模电压放大倍数 A_{uc} 之比的绝对值，用以表示运放对共模信号的抑制能力。K_{CMR}越大，说明运放的共模抑制能力越好，理想值为∞。

3. 差模输入电阻 r_{id}

指集成运放两输入端之间动态电阻。r_{id}越大，表明流入运放输入电流越小，精度越高，理想值为∞。

4. 输出电阻 r_o

是指集成运放在开环情况下，输出端与地之间看进去的动态电阻。r_o越小，集成运放带负载能力越强，理想值为0。

5. 开环频带宽度 BW

(1) 幅频特性是指放大电路的电压放大倍数与输入信号频率之间的关系曲线，如图7-10所示。

(2) 频带宽度 $BW=f_H-f_L$

其中 f_H 为幅频特性上限截止频率，f_L 为幅频特性下限截止频率。BW 就是指幅频特性上表示放大电路正常电压放大时输入信号的频率范围。BW 对不同用途的放大电路有不同要求，集成运放 BW 的理想值为∞。

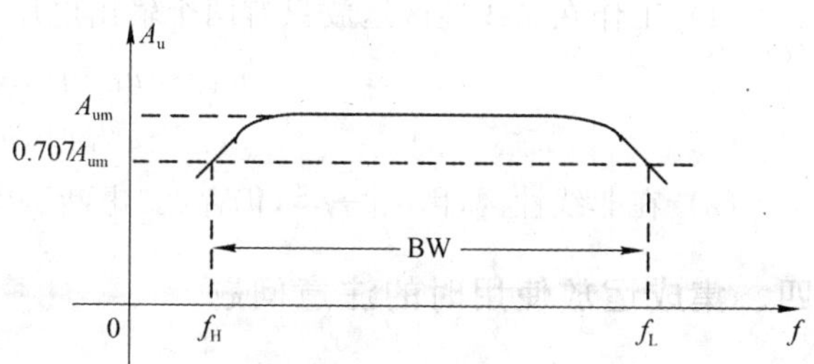

图7-10　幅频特性

随着集成电路技术的不断提高，高性能运放的参数已接近理想条件，因此在分析电路时常把运放理想化。

二、集成运放的传输特性

传输特性是指运放的输出电压随输入电压变化的关系曲线。如图7-11所示。

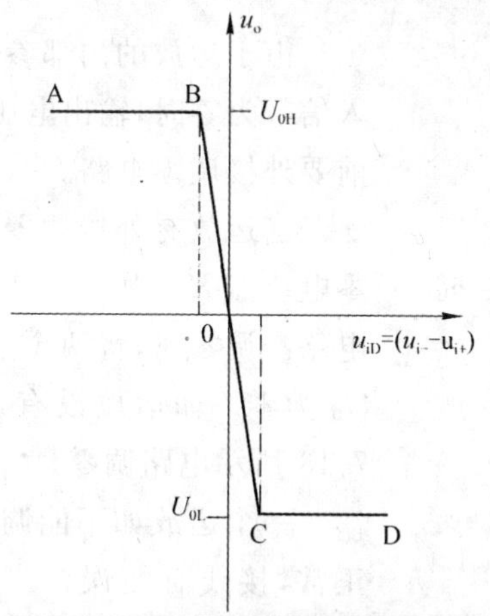

图7-11　反相输入运放的传输特性曲线

由图7-11可知，集成运放有两种工作区域，一种是 BC 段，运放工作在线性区，输出电压随输入电压作线性变化；一种是 AB 与 CD 段，运放工作在非线性区，输出电压不随输入电压的改变而变化，分别只有 U_{OH} 和 U_{OL} 两个固定值。

三、理想运放的特点

1. 理想运放工作在线性区的特点

（1）因理想运放 $A_{uO}\to\infty$，$u_{I+}-u_{I-}=\frac{u_o}{A_o}\to 0$，即 $u_{I1-}=u_{I2+}$。表明运放两输入端电位几乎相等，如同两端短路一样，故称为“虚短”。

（2）由于理性运放差模输入电阻 $r_{id}\to\infty$，因此在其两输入端均无信号电流，即 $i_{I1-}=i_{I2+}=0$。如同两端断开一样，称为“虚断”。

2. 理想运放工作在非线性区的特点

（1）工作在非线性区运放只有两个输出电压：最高输出电压 U_{OH} 和最低输出电压 U_{OL}。

$$u_{I1-}<u_{I2+}\text{时}，u_o=U_{OH}$$

$$u_{I1-}>u_{I2+}\text{时}，u_o=U_{OH}$$

（2）在非线性区，因 $r_{id}\to\infty$，仍存在“虚断”，但不再存在“虚短”。

四、集成运放使用时的注意问题

1. 消振

由于运放内部极间电容和其他寄生参数的影响，很容易产自激振荡，即在运放输入信号为零时，输出端存在近似正弦波的高频电压信号，在于人体或金属物体接近时尤为显著，这将使运放不能正常工作，为此使用时应注意消振。

是否已消振，可将输入端接“地”，用示波器观察输出端有无高频振荡波形，即可判定。如有自激振荡，需检查反馈极性是否接错，考虑外接元件参数是否合适或接线的杂散电感、电容是否过大等，而采取相应措施。必要时可外接 RC 消振电路或消振电容。

2. 调零

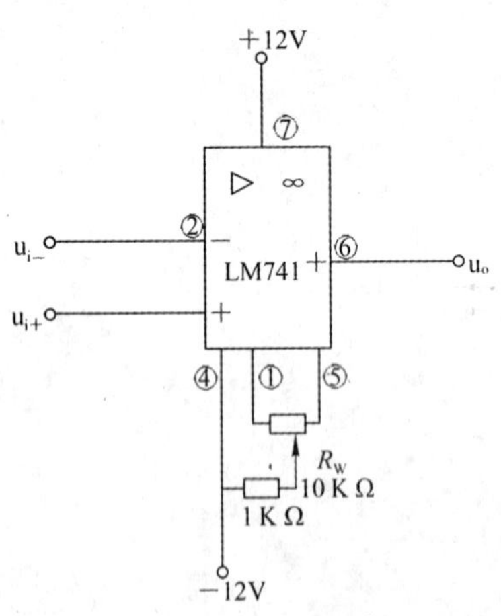

图 7-12 LM741 运放的调零电路

由于运放的内部参数不可能完全对称，以致当输入信号为零时，输出电压 U_0 不等于零。为此，在使用前要外接调零电路。

当运放有外接调零端子时，可按组件要求接入调零电位器 R_W，如图 7-12 所示为 LM741 运放的调零电路。调零时，将两个输入端均接“地”，调节 R_W，使 U_0 为零。如运放没有调零端子，若要调零，可按图 7-13 所示电路调零。

一个运放如不能调零，大致有如下原因：① 组件正常，接线有错误。② 组件正常，但负反馈不够强（R_F/R_1 太大），为此可将 R_F 短路，观察是否可调零。③ 组件正常，但由于它所允许的共模输入电压太低，可能出现自锁现象，而不能调零。可将电源断开后，再重新接通，如能恢复正常，则属于这种情况。④ 组件正常，但电路有自激现象，应进行消振。⑤ 组件内部损坏，应跟换好的集成运放。

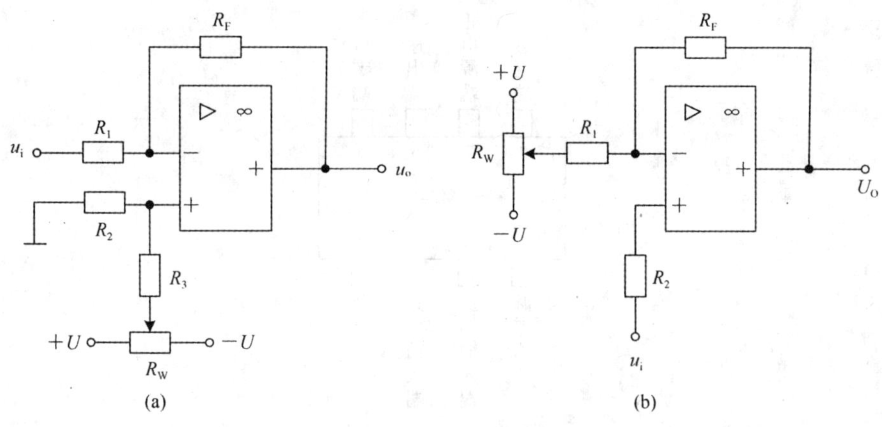

图 7-13　调零电路

活动分析

1. 集成运放的开环电压放大倍数为什么很高？
2. 集成运放测试信号的频率选取的原则是什么？

活动三　反相输入比例运算电路、加法运算电路的测试

活动内容

一、认识集成运放 LM741

观察型号为 LM741 的集成运放，其外形如图 7-14 所示。查阅电子元器件手册，掌握 LM741 引脚排列图，如图 7-15 所示。

图 7-14　LM741 集成运放器件外形

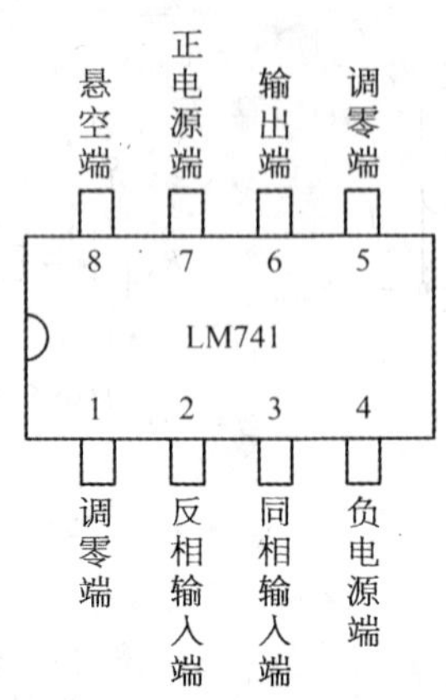

图 7-15　LM741 集成运放器引脚排列图

二、仪器仪表的准备

（1）将具备正、负电源的直流稳压电源调到±12 V，关闭电源待用。

（2）找到实验台直流信号源，一路输出调为 0.1 V，另一路输出调为 0.2 V，待用。

（3）将信号发生器输出信号选择为“正弦信号”、频率调至 1 kHz，调节函数信号发生器的输出旋钮使输入电压 U_i 约为 0.5 V，关闭信号发生器电源待用。

（4）将示波器接通电源，垂直方式开关置于“CHOP”位置，Y 通道输入耦合方式开关置于“AC”位置，并通过调节使两条时基线的亮度、聚焦及位置合适后待用。

（5）直流数字电压表量程选为 20 V 挡，待用。

（6）将交流毫伏表备好待用。

三、反相输入比例运算电路的测试

（1）集成运放 LM741 插入实验插槽，按图 7-16 所示连接测试电路。

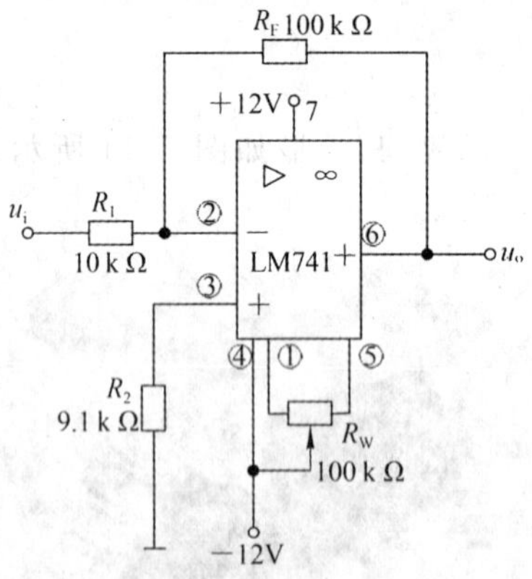

图 7-16　反相输入比例运算电路

（2）给集成块接通±12 V 电源，输入端对地短路，调节 R_W 进行调零。可通过直流电压表测量输入电压是否为零。

(3) 输入 $f=1\ \text{kHz}, U_i=0.5\ \text{V}$ 的正弦信号。用双踪示波器观察 u_o 随 u_i 而变化的波形。

(4) 用交流毫伏表分别测量 U_i 和 U_0 值，结果记录于表 7-1 中。

表 7-1　反相比例运算电路实验数据

U_i(V)	U_0(V)	u_o 和 u_i 波形	A_{uf}	
			实测值	计算值
		u_i / 0 / π / 2π / 3π / 4π / ωt	$A_{uf}=\dfrac{U_0}{U_i}$ =	$A_{uf}=-\dfrac{R_F}{R_1}$ =

四、反相加法运算电路的测试

(1) 按图 7-17 所示连接测试电路。

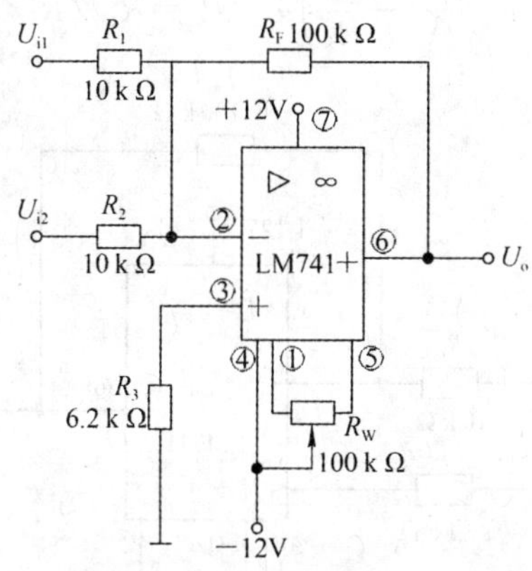

图 7-17　反相加法运算电路

(2) 给集成块接通 ±12 V 电源，输入端对地短路，调节 R_W 进行调零。

(3) 将直流信号源提供 0.1 V 的直流电压作为运放的 U_{i1}，0.2 V 的直流电压作为运放的 U_{i2}，接入电路。

(4) 用直流数字电压表测量输出电压，$U_o=$ ________ V。

相关知识

一、实验原理

集成运放是一种具有高电压放大倍数的直接耦合多级放大电路。当外部接入不同的线性或非线性元器件组成输入和负反馈电路时，可以灵活地实现各种特定的函数关系。在线性应用方面，可组成比例、加法、减法、积分、微分、对数等模拟运算电路。

二、反相输入比例运算电路

电路如图 7-16 所示。对于理想运放，该电路的输出电压与输入电压之间的关系为

$$u_o = -\frac{R_F}{R_1}u_i \tag{7-3-1}$$

为使运放两个输入电路电阻对称，在同相输入端应接入平衡电阻 $R_2 = R_1 /\!/ R_F$。

三、反相加法电路

电路如图 7-17 所示。输出电压与输入电压之间的关系为

$$u_o = -\left(\frac{R_F}{R_1}u_{i1} + \frac{R_F}{R_2}u_{i2}\right) \quad R_3 = R_1 /\!/ R_2 /\!/ R_F \tag{7-3-2}$$

四、同相比例运算电路

电路如图 7-18 所示。输出电压与输入电压之间的关系为

$$u_o = \left(1 + \frac{R_F}{R_1}\right)u_i \quad R_2 = R_1 /\!/ R_F \tag{7-3-3}$$

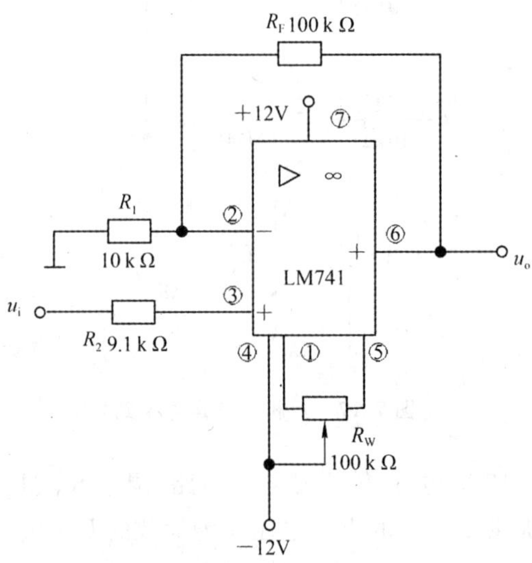

图 7-18 同相输入比例运算电路

五、减法器

电路如图 7-19 所示。输出电压与输入电压之间的关系为

$$u_o = \left(1 + \frac{R_F}{R_1}\right)\frac{R_3}{R_2 + R_3}u_{i2} - \frac{R_F}{R_1}u_{i1} \tag{7-3-4}$$

当 $R_2 = R_1, R_F = R_3$，上式变为

$$u_o = \frac{R_F}{R_1}(u_{i2} - u_{i1}) \tag{7-3-5}$$

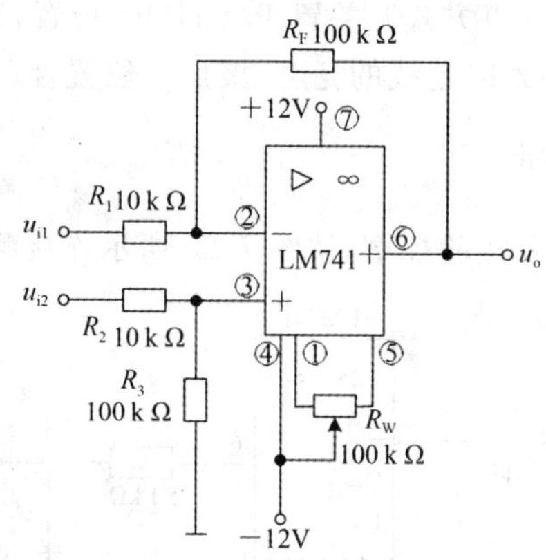

图 7-19　减法运算电路

活动分析

1. 图 7-16 和图 7-17 所示电路中输入信号的幅度能很大吗,受什么范围的限制?

2. 图 7-17 反相加法器电路中,如 U_{i1} 和 U_{i2} 均采用直流信号,且选定 $U_{i2}=-1$ V,当考虑到运放的最大输出幅度(±12 V)时,$|U_{i1}|$ 的大小不应超过多少伏?

3. 图 7-18 所示的同相输入比例运算电路,用双踪示波器观察 u_o 随 u_i 而变化的波形,用交流毫伏表分别测量 U_i 和 U_o 值,计算电路的电压放大倍数。

活动四　电压比较器的测试

活动内容

一、集成运放 LM741 的认识

观察型号为 LM741 的集成运放,外形如图 7-14 所示。查阅电子元器件手册,掌握 LM741 引脚排列图,如图 7-15 所示。

二、仪器仪表的准备

(1) 将具备正、负电源的直流稳压电源调到±12 V,关闭电源待用。

(2) 找到实验台直流信号源(一般是两路输出直流信号,输出电压可正、可负),待用。

(3) 将信号发生器输出信号选择为"正弦信号"、频率调至 1 kHz,调节函数信号发生器的输出旋钮使输入电压 U_i 约为 2 V,关闭信号发生器电源待用。

(4) 将交流毫伏表备好待用。

（5）将示波器接通电源，垂直方式开关置于"CHOP"位置，Y 通道输入耦合方式开关置于"AC"位置，并通过调节使两条时基线的亮度、聚焦及位置合适后待用。

三、过零比较器电路的测试

（1）集成运放 LM741 插入实验插槽，按图 7-20 所示连接测试电路。

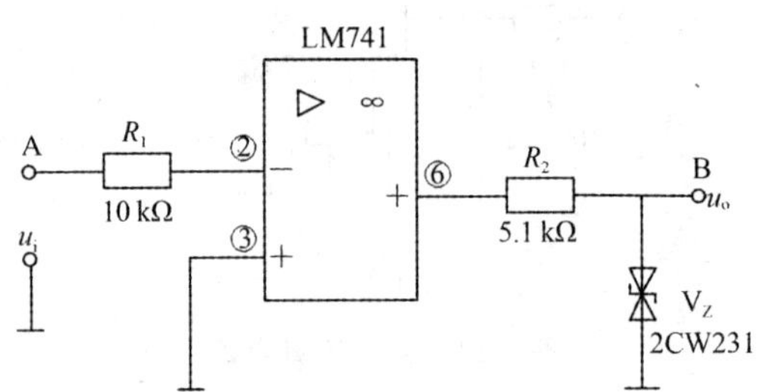

图 7-20　过零比较器电路

（2）给集成块接通±12 V 电源。

（3）当 u_i 悬空时，用交流毫伏表测量输出电压 U_o=__________V。

（4）输入 f=1 kHz，U_i=2 V 的正弦信号。用双踪示波器观察 u_o 随 u_i 而变化的波形，并将输入、输出波形记录于图 7-21 中。

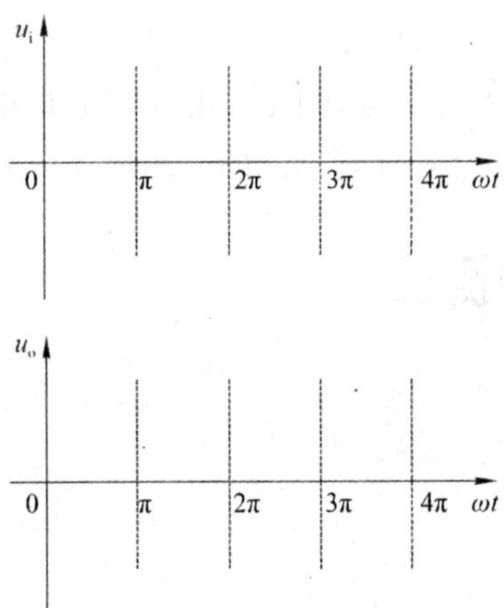

图 7-21　过零比较器输入、输出波形

四、单限电压比较器的测试

（1）按图 7-22 所示改变电路接线，将直流信号源提供的 1 V 直流信号作为参考电压加到集成运放的同相输入端，即得到单限电压比较器。

（2）当 u_i 悬空时，用交流毫伏表测量输出电压 U_o=__________V。

（3）输入 f=1 kHz，U_i=2 V 的正弦信号。用双踪示波器观察 u_o 随 u_i 而变化的波形，并将输入、输出波形记录于图 7-23 中。

（4）将 U_{REF}=1 V 接于运放同相输入端，输入 f=1 kHz，U_i=2 V 的正弦信号从反相输入端输入，用双踪示波器观察 u_o 随 u_i 而变化的波形，并将输入、输出波形记录于图 7-24 中。

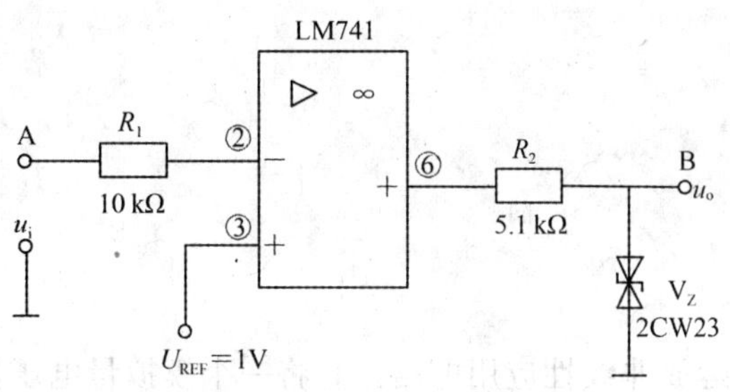

图 7-22　单限电压比较器电路

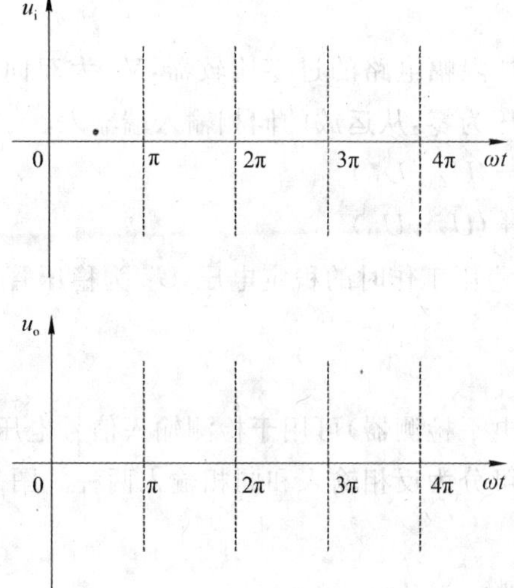

图 7-23　单限电压比较器输入、输出波形(反相输入)

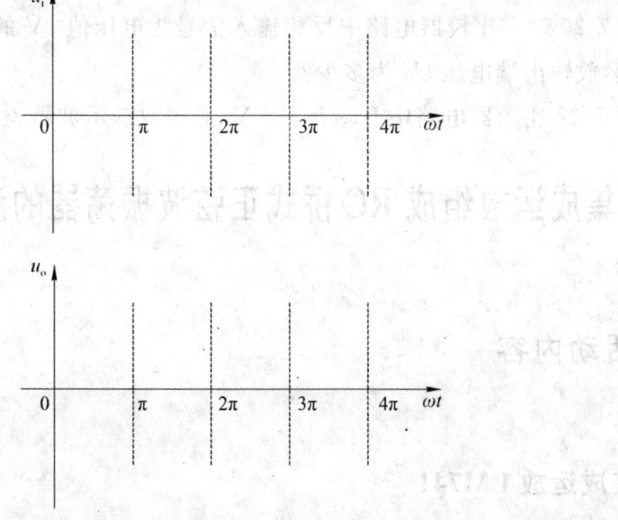

图 7-24　单限电压比较器输入、输出波形(同相输入)

相关知识

一、实验原理

电压比较器是集成运放非线性应用电路。它将一个模拟量电压信号和一个参考电压相比较，在二者幅度相等的附近，输出电压将产生跃变，相应输出高电平或低电平。

二、过零比较器

如图 7-22 所示电路为加限幅电路的过零比较器，V_Z 为双向限幅稳压管。信号从运放的反相输入端输入；参考电压为零，从运放的同相输入端输入。

当 $u_i>0$ 时，输出 $u_o=-(U_Z+U_D)$

当 $u_i<0$ 时，输出 $u_o=+(U_Z+U_D)$

其中 U_Z 为稳压管反相稳压工作时的稳定电压，U_D 为稳压管正向导通时的正向压降。

三、单限电压比较器

单限电压比较器（又称电平检测器）可用于检测输入信号电压是否大于或小于某一特定值。根据输入方式不同，也可分为反相输入和同相输入两种。图 7-24 为反相输入式单限电压比较器。

活动分析

1. 若图 7-20 过零比较器电路中反相输入信号为电压值 1V 的直流信号，请用数字直流电压表测量运放输出端电压 U_o 为多少？

2. 若图 7-22 比较器电路中 $U_{REF}=-1$ V，通过双踪示波器检测其电压传输特性曲线。

活动五　集成运放组成 RC 桥式正弦波振荡器的测试

活动内容

一、认识集成运放 LM741

观察型号为 LM741 的集成运放，其外形如图 7-14 所示。查阅电子元器件手册，掌握 LM741 引脚排列图，如图 7-15 所示。

二、准备工作

（1）按照电路图 7-25 配齐所需的元器件，并用万用表检测元器件的好坏。

（2）将具备正、负电源的直流稳压电源调到±12 V，关闭电源待用。

（3）将晶体管毫伏表备好待用。

（4）将示波器接通电源，垂直方式开关置于“CH1”位置，CH1 通道输入耦合方式开关置于“AC”位置，并通过调节使一条时基线的亮度、聚焦及位置合适后待用。

三、连接线路

集成运放 LM741 插入实验插槽，按图 7-25 所示连接测试电路。

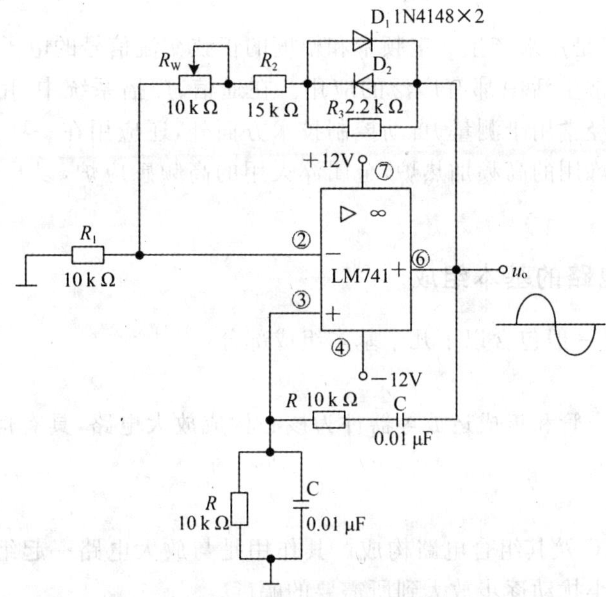

图 7-25　RC 桥式正弦波振荡器

（1）给集成块接通±12 V 电源。

（2）用示波器观察 u_o 的波形。调节电位器 R_W，使输出波形从无到有，从正弦波到出现失真。描绘 u_o 的波形，记下临界起振、正弦波输出及失真情况下的 R_W 值，分析负反馈强弱对起振条件及输出波形的影响。数据记录于表 7-2 中。

表 7-2　实验数据

	临界起振	正弦波输出	失真
R_W			
u_o 波形			

（3）调节电位器 R_W，使输出电压 u_o 幅值最大且不失真，用交流毫伏表分别测量输出电压 U_o=________V、反馈电压 U_+=________V 和 U_-=________V。分析研究振荡的幅值条件。

(4) 用示波器测量振荡频率 $f_0=$__________Hz，然后在选频网络的两个电阻 R 上并联同一阻值电阻，观察记录振荡频率的变化情况，并与理论值进行比较。

(5) 断开二极管 D_1、D_2，重复上述 3 的内容，调节电位器 R_W，使输出电压 u_o 幅值最大且不失真，用交流毫伏表分别测量输出电压 $U_o'=$________V、反馈电压 $U_+'=$__________V 和 $U_-'=$__________V。与 3 进行比较，分析 D_1、D_2 的稳幅作用。

相关知识

一、正弦波振荡电路的应用

正弦波振荡电路是用来产生一定频率和幅度的正弦交流信号的电子电路。它在无线电技术、工业生产及日常生活中都有广泛的应用。在通信、广播系统中，用它作高频信号源。在工业生产中，除了经常用于测量、自动控制技术方面外，还应用在一些加工设备中作为高频能源，例如金属冶炼用的高频加热炉，金属淬火用的高频感应炉，以及焊接用的超声波压焊机等。

二、正弦波振荡电路的基本组成

正弦波振荡电路一般包含以下几个基本组成部分：

1. 放大电路

由三极管、场效应管和集成运放等器件为核心构成放大电路，具有信号放大作用，并通过电源供给能量。

2. 正反馈网络

由变压器、R、L、C 及其组合电路构成。其作用是与放大电路一起组成闭合回路，形成正反馈，将最初的微小扰动逐步放大到所需要的幅度。

放大电路、正反馈网络是振荡电路的基本组成，使电路满足起振和维持自激振荡的条件。

3. 选频网络

由 LC、RC 电路和石英晶体等不同的电路形式构成，并依靠其选频特性，使振荡电路输出单一频率的正弦信号。

在很多正弦波振荡电路中，选频网络与反馈网络结合在一起，即同一个网络既有选频作用，又兼有反馈作用。

根据选频电路所用元件的不同，正弦波振荡电路分为 LC 振荡电路和 RC 振荡电路及石英晶体振荡电路。

三、图 7-25 电路工作原理

图 7-25 为 RC 桥式正弦波振荡器。其中 RC 串、并联电路构成正反馈支路，同时兼做选频网络，R_1、R_2、R_W 及二极管等元件构成负反馈和稳幅环节。

调节电位器 R_W，可以改变负反馈深度，以满足振荡的振幅条件和改善波形。利用两个

反向并联二极管 D_1、D_2 正向电阻的非线性特性来实现稳幅。D_1、D_2 采用硅管(温度稳定性好)，且要求特性匹配，才能保证输出波形正、负半周对称。R_3 的接入是为了削弱二极管非线性的影响，以改善波形失真。

电路的振荡频率　　$f_0=\frac{1}{2\pi RC}$

起振的幅值条件　　$\frac{R_F}{R_1}\geqslant 2$

式中 $R_F=R_W+R_2+(R_3 /\!/ r_D)$，$r_D$ 是二极管正向导通电阻。

调整反馈电阻 $R_F(R_W)$，使电路起振，且波形失真最小。如不能起振，则说明负反馈太强，应适当加大 R_F。如波形失真严重，则应适当减小 R_F。

改变选频网络的参数 C 或 R，即可调节振荡频率。一般采用改变电容 C 作频率量程切换，而调节 R 作量程内的频率细调。

活动分析

1. 在图 7-25RC 桥式正弦波振荡电路中，为什么要引入负反馈支路？为什么要增加二极管 D_1、D_2，他们是怎样稳幅的？

2. 在正弦波振荡电路中，“调零”是否需要，为什么？

项目八　门电路的应用

一、知识要求

（1）了解模拟量和数字量的基本概念。

（2）掌握数制的表示方法、互换和运算。

（3）掌握门电路的表示方法和逻辑功能。

（4）掌握常见触发器的逻辑符号和逻辑功能。

二、技能要求

（1）会正确使用数字电子通用实验设备。

（2）查阅电子手册，会正确选用数字集成电路。

（3）会测试数字电路的逻辑功能。

三、材料、工具及设备

（1）数字电子通用实验设备。

（2）数字集成电路 74LS08、74LS32、CC4069 和 CC4011。

活动一　测试与门、或门、非门的逻辑功能

活动内容

一、准备工作

（1）认识数字集成电路 74LS08（四 2 输入与门）、74LS32（四 2 输入或门）、CC4069（六反相器），外形、引脚、逻辑符号如图 8-1、8-2、8-3 所示。

（2）将数字集成电路 74LS08（四 2 输入与门）、74LS32（四 2 输入或门）、CC4069（六反相器）分别插入实验设备匹配的插座中（注意：集成电路管脚顺序与试验设备插座顺序相对，正对集成电路型号或看左边缺口标记，从左下角开始按逆时针方向以 1、2、3……依次排列到最后一脚）。如图 8-4 所示。

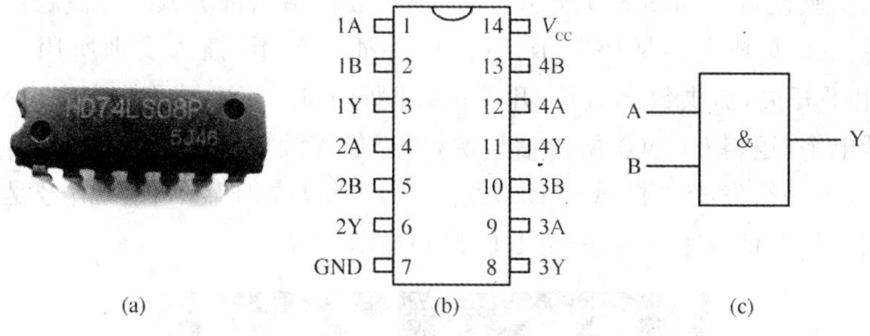

图 8-1　74LS08 外形封装和引脚排列图

（a）外形封装；（b）外引脚排列图；（c）逻辑符号

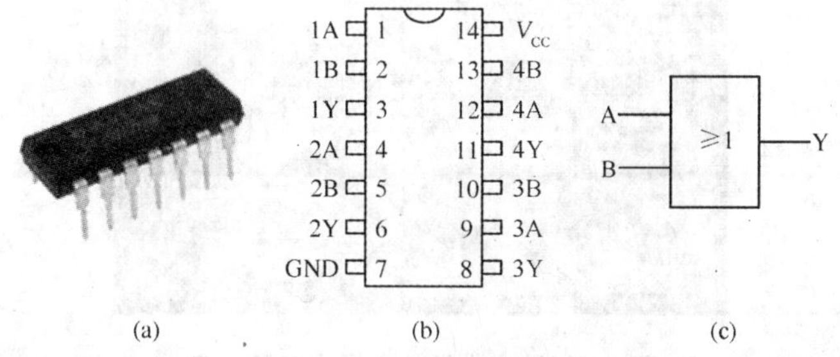

图 8-2　74LS32 外形封装和引脚排列图

（a）外形封装；（b）外引脚排列图；（c）逻辑符号

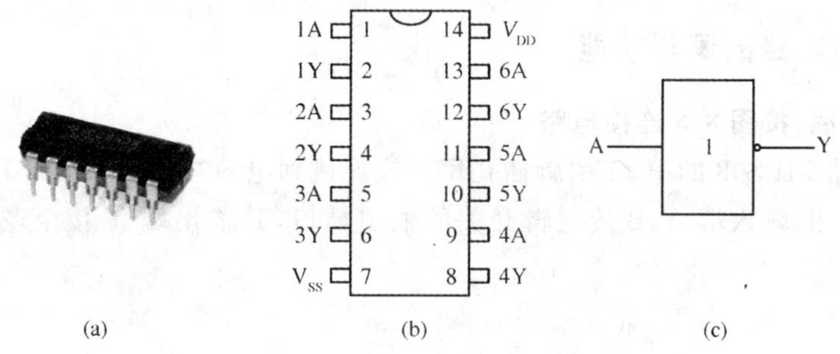

图 8-3　CC4069 外形封装和引脚排列图

（a）外形封装；（b）外引脚排列图；（c）逻辑符号

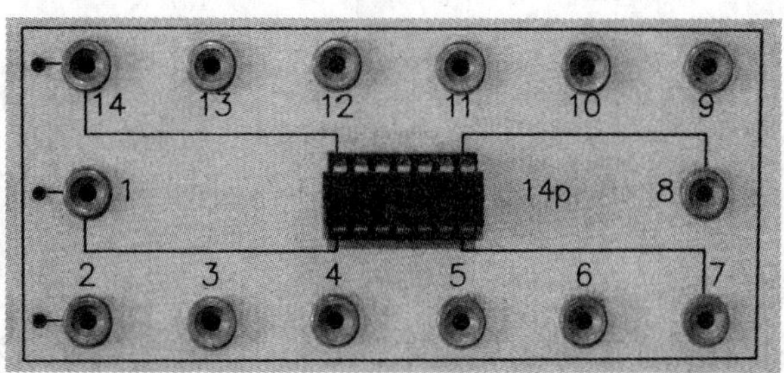

图 8-4　集成电路插入插座示意图

（3）熟悉实验设备。如图 8-5 所示，设备中一般包括六部分：① 直流稳压电源，为电路提供所需电源。② 集成电路插座若干，分立元件插孔若干，插入实训所用的相关元器件。③ 一组逻辑电平开关，提供数字信号，开关拨键拨向上时，相应插孔输出高电平（逻辑 1），拨向下时输出低电平（逻辑 0）。④ 脉冲信号源，可提供连续脉冲信号和单脉冲信号。⑤ 逻辑电平显示部分，由一组发光二极管（LED）组成，当 LED 亮时显示被测信号是高电平，LED 暗时显示被测信号是低电平。⑥ 一组七段数码显示器等。

图 8-5　数字电子技术通用实验设备

1—数码显示器；2—逻辑电平显示；3—逻辑电平开关；4—脉冲信号源；
5—计数脉冲；6—集成电路插座；7—单次脉冲；8—直流稳压电源

二、测试与门电路的逻辑功能

1. 挑选导线，按图 8-6 连接电路

将集成电路 74LS08 的第 14 引脚插孔用导线连接到电源端"＋5 V"，第 7 引脚插孔连接到电源接地端。其输入端 A、B 接逻辑开关的输出插口，其输出端 Y 接至逻辑电平显示器输入插口。

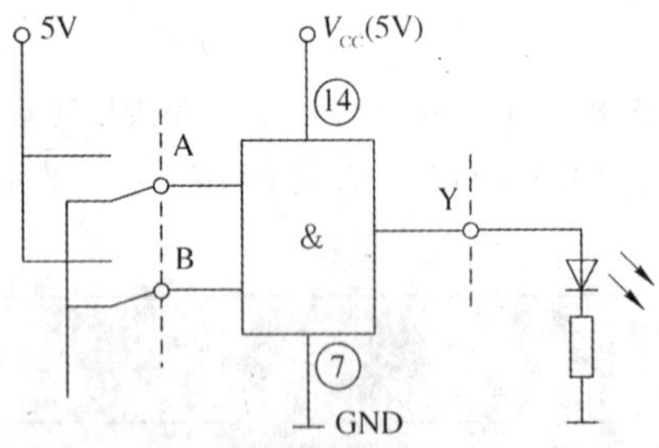

图 8-6　与门逻辑功能测试

2. 通电测试功能

把逻辑电平开关扳键安置在不同位置，观察并记录相应的输出端发光二极管的显示状态。见表 8-1。

表 8-1　与门电路输入、输出状态

输入信号逻辑开关位置		输出信号发光二极管显示状态
K1	K2	Y
下	下	暗
下	上	暗
上	下	暗
上	上	亮

3. 归纳与门电路的逻辑功能

若输入信号逻辑开关扳向下时(低电平)用 0 表示,扳向上(高电平)用 1 表示;输出信号发光二极管暗用 0 表示,亮用 1 表示,则可以得到用数码 0 和 1 表示输入、输出状态的逻辑真值表,见表 8-2。

表 8-2　与逻辑真值表

A	B	Y
0	0	0
0	1	0
1	0	0
1	1	1

由真值表可以看出,与门电路的逻辑功能:只有当输入信号全部为 1(高电平)时,输出信号才为 1,否则输出为 0(低电平)。

逻辑表达式为 Y=AB

三、测试或门电路的逻辑功能

1. 挑选导线,按图 8-7 连接电路

将集成电路 74LS32 的第 14 引脚插孔用导线连接到电源端"+5 V",第 7 引脚插孔连接到电源接地端。其输入端 A、B 接逻辑开关的输出插口,其输出端 Y 接至逻辑电平显示器输入插口。

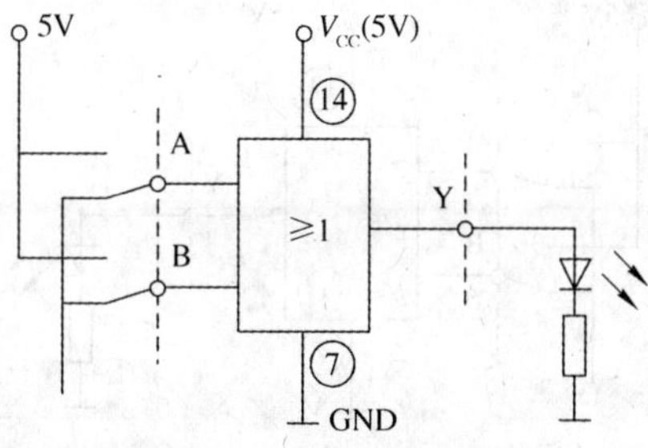

图 8-7　或门逻辑功能测试

2. 通电测试功能

把逻辑电平开关扳键安置在不同位置，观察并记录相应的输出端发光二极管的显示状态。见表8-3。

表8-3　或门电路输入、输出状态

输入信号逻辑开关位置		输出信号发光二极管显示状态
K1	K2	Y
下	下	暗
下	上	亮
上	下	亮
上	上	亮

3. 归纳或门电路的逻辑功能

若输入信号逻辑开关扳向下时(低电平)用0表示，扳向上(高电平)用1表示；输出信号发光二极管暗用0表示，亮用1表示，则可以得到用数码0和1表示输入、输出状态的逻辑真值表，见表8-4。

表8-4　或逻辑真值表

A	B	Y
0	0	0
0	1	1
1	0	1
1	1	1

由真值表可以看出，或门电路的逻辑功能：只要输入信号中有一个或一个以上为1(高电平)时，输出信号就为1，否则输出为0(低电平)。

逻辑表达式为 $Y=A+B$

四、测试非门电路的逻辑功能

1. 挑选导线，按图8-8连接电路

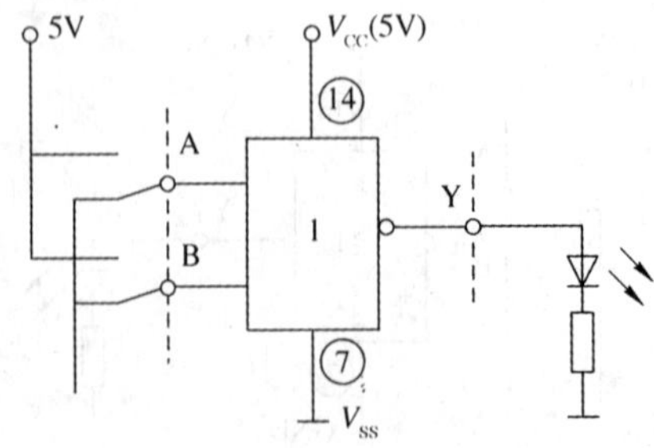

图8-8　非门逻辑功能测试

将集成电路 CC4069 的第 14 引脚插孔用导线连接到电源端“+5 V”，第 7 引脚插孔连接到电源接地端。其输入端 A、B 接逻辑开关的输出插口，其输出端 Y 接至逻辑电平显示器输入插口。

2. 通电测试功能

把逻辑电平开关扳键安置在不同位置，观察并记录相应的输出端发光二极管的显示状态。见表 8-5。

表 8-5 非门电路输入、输出状态

输入信号逻辑开关位置	输出信号发光二极管显示状态
K	Y
下	亮
上	暗

3. 归纳非门电路的逻辑功能

若输入信号逻辑开关扳向下时(低电平)用 0 表示，扳向上(高电平)用 1 表示；输出信号发光二极管暗用 0 表示，亮用 1 表示，则可以得到用数码 0 和 1 表示输入、输出状态的逻辑真值表，见表 8-6。

表 8-6 非逻辑真值表

A	Y
0	1
1	0

由真值表可以看出，与门电路的逻辑功能：当输入信号为 0(低电平)时，输出信号为 1(高电平)；当输入信号为 1 时，输出信号为 0。

逻辑表达式为 $Y=\overline{A}$

相关知识

一、数字信号和数字电路

电子电路中的电信号可以分成两类，一类是随时间连续变化的电信号——模拟信号，如温度、速度、压力等的模拟；另一类是不连续的突变信号，其在时间和数值上都是离散的——数字信号。处理数字信号的电子电路称为数字电路。

二、常用数制

日常生活中最常用的是十进制数，而数字电路中多采用二进制数。

1. 十进制数

由 0、1、…9 十个数码组成，进位规则是逢十进一，计数基数为 10，其按权展开式

$$D=\sum k_i \times 10^i \qquad (8\text{-}1\text{-}1)$$

例如十进制数 27.125 可表示为按权的展开式：

$$(27.125)_{10}=2\times10^1+7\times10^0+1\times10^{-1}+2\times10^{-2}+5\times10^{-3}$$

2. 二进制数

由 0、1 两个数码组成，进位规则是逢二进一，计数基数为 2，其按权展开式为：

$$D=\sum k_i \times 2^i \qquad (8\text{-}1\text{-}2)$$

例如二进制数 11011.001 可表示为按权的展开式：

$$(11011.001)_2=1\times2^4+1\times2^3+0\times2^2+1\times2^1+1\times2^0+0\times2^{-1}+0\times2^{-2}+1\times2^{-3}$$

数字电路中常用数码 0 和 1 来表示相互对立的状态，如电平高和低，开关通和断，灯的亮和暗等，规定用 1 表示高电平，用 0 表示低电平，称为正逻辑；反之为负逻辑。若无特殊说明均采用正逻辑。

3. 二进制数与十进制数的相互转换

(1) 十进制转换成二进制的方法：整数部分除以 2，取余数，读数顺序从下往上；小数部分乘以 2，取整数，读数顺序从上至下。

例如： $(27.125)_{10}=(11011.001)_2$

2 | 27 …… 余 $1=K_0$
2 | 13 …… 余 $1=K_1$
2 | 6 …… 余 $0=K_2$
2 | 3 …… 余 $1=K_3$
2 | 1 …… 余 $1=K_4$
0

0.125 × 2 = 0.25 ……整数 $0=K_{-1}$
0.25 × 2 = 0.5 ……整数 $0=K_{-2}$
0.5 × 2 = 1 ……整数 $1=K_{-3}$

(2) 二进制转换成十进制的方法：将二进制数按权展开后，按十进制数相加。

例如：

$$\begin{aligned}(1010.01)_2&=1\times2^3+0\times2^2+1\times2^1+0\times2^0+0\times2^{-1}+1\times2^{-2}\\&=(8+2+0.25)_{10}=(10.25)_{10}\end{aligned}$$

三、码制

用数码或符号、文字来表示特定对象的过程称为编码，用于编码的数码称为代码，把各种编码的制式叫码制。

1. 二进制代码

数字系统处理的信息，一类是数值，另一类则是文字和符号。这些信息往往采用多位二进制数码来表示。通常把这种表示特定对象的多为二进制数叫二进制代码。

二进制代码与所表示的信息之间应具有一一对应的关系，用 n 为二进制数可组合成 2^n 个代码，若需要编码的信息由 N 项，则应满足 $2^n\geqslant N$。

2. BCD 码

BCD 码是用若干位二进制代码表示一位十进制数。常用的 BCD 码是 8421BCD 码。

它是一种有权码，从左到右各位的权分别是 2^3、2^2、2^1、2^0，即 8421，所示叫 8421 码。它选取 0 000～1 001 前十种组合来表示十进制数，而后六种组合舍去不用。

四、常见门电路

门电路是数字电路最基本的逻辑单元。除了与门、或门、非门外，还有与非门、或非门、异或门等复合门电路。

1. 与非门

由与门和非门组成的复合门称为与非门，逻辑符号如图 8-9 所示。与非门的逻辑功能为：有 0 出 1，全 1 出 0。其逻辑表达式为：$Y=\overline{AB}$

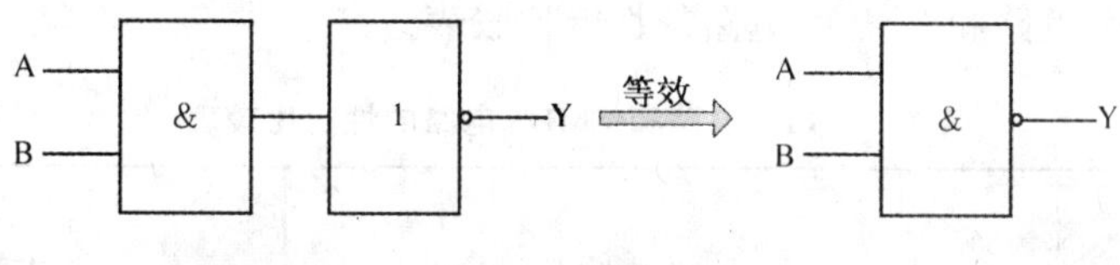

图 8-9　与非门

2. 或非门

由或门和非门组成的复合门称为或非门，逻辑符号如图 8-10 所示。或非门的逻辑功能为：有 1 出 0，全 0 出 1。其逻辑表达式为：$Y=\overline{A+B}$

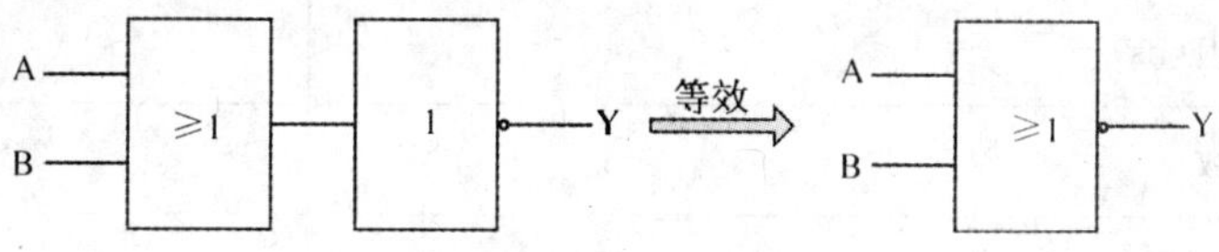

图 8-10　或非门

3. 异或门

异或门的逻辑符号如图 8-11 所示，逻辑功能为：相同出 0，不同出 1。其逻辑表达式为：$Y=\overline{A}B+A\overline{B}=A\oplus B$

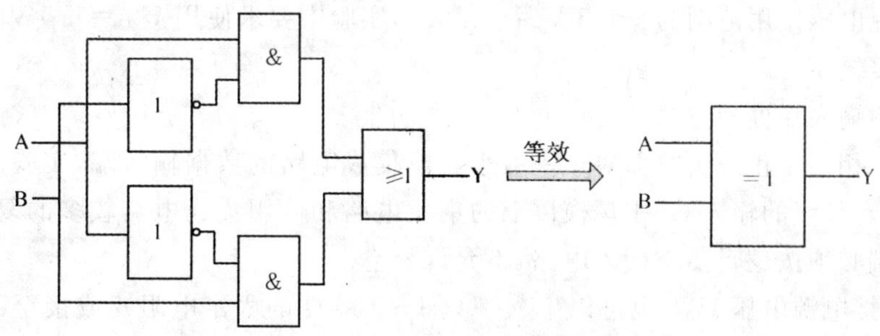

图 8-11　异或门

五、集成门电路的分类

由二极管、三极管、电阻等分立元件构成的逻辑门电路称为分立元件门电路。由于分立元件门电路体积大、可靠性差等缺点，随着电子技术的迅速发展，已被集成门电路所取代。

集成门电路是指把二极管、三极管、电阻、连接导线等，按一定工艺制作在一块芯片上，封装而成并具有一定功能的电路。

按内部采用的器件不同，分为 TTL 集成电路（内部都采用晶体三极管构成）和 CMOS 集成电路（内部都采用场效应管构成）。常见的 TTL 集成电路如 74LS 系列产品，常见的 CMOS 集成电路如 4000 系列产品。

在逻辑功能方面，CMOS 门电路 TTL 门电路是相同的，而且当 CMOS 电路的电源电压 $U_{DD}=+5$ V 时，它可以与低功耗的 TTL 电路直接兼容。但 CMOS 集成电路具有功耗低、电源电压范围宽、抗干扰能力强、制造工艺简单、集成度高等优点，因而在数字电路、电子计算机及显示仪表等许多方面获得了广泛的应用。

表 8-7 是 TTL 电路和 CMOS 电路的性能比较表。

表 8-7　TTL 电路和 CMOS 电路的性能比较表

类　型 参　数	TTL	CMOS
电源电压(V)	5	3～18
每门功耗(mW)	2～22	50×10^{-6}
每门传输延迟(ns)	3～40	60
扇出系数	≥8	>50
抗干扰能力	一般	好
门电路基本形式	与非门	与非门、或非门

六、TTL 集成电路使用规则

(1) 电源电压使用范围为 +4.5 V～+5.5 V，实验中要求使用 $V_{CC}=+5$ V。电源极性绝对不允许接错。

(2) 闲置输入端处理方法：

① 悬空，相当于正逻辑“1”，对于一般小规模集成电路的数据输入端，实验时允许悬空处理；对于接有长线的输入端、中规模以上的集成电路和使用集成电路较多的复杂电路，所有控制输入端必须按逻辑要求接入电路，不允许悬空。

② 直接接电源电压 V_{CC}（也可以串入一只 1～10 kΩ 的固定电阻），或接至某一固定电压（$+2.4\text{ V}\leqslant U\leqslant 4.5\text{ V}$）的电源上，或与输入端为接地的多余与非门的输出端相接。

(3) 输入端通过电阻接地，电阻值的大小将直接影响电路所处的状态。当 $R\leqslant 680\ \Omega$ 时，输入端相当于逻辑“0”；当 $R\geqslant 4.7\text{ k}\Omega$ 时，输入端相当于逻辑“1”。对于不同系列的器件，要求的阻值不同。

(4) 输出端不允许直接接地或直接接 +5 V 电源，否则将损坏器件，有时为了使后级电路获得较高的输出电平，允许输出端通过电阻 R 接至 V_{CC}，一般取 $R=3\sim5.1\text{ k}\Omega$。

七、CMOS 集成电路使用规则

(1) V_{DD}接电源正极，V_{SS}接电源负极(通常接地)，不得接反。CC4000 系列的电源允许电压在＋3～＋18 V 范围内选择，实验中一般要求使用＋5～＋15 V。

(2) 所有输入端一律不准悬空。

闲置输入端的处理方法：① 按照逻辑要求，直接接 V_{DD}(与非门)V_{SS}(或非门)。② 在工作频率不高的电路中，允许输入端并联使用。

(3) 输出端不允许直接与 V_{DD}或 V_{SS}连接，否则将导致器件损坏。

(4) 在装接电路，改变电路连接或插、拔电路时，均应切断电源，严禁带电操作。

活动分析

1. 如何从真值表分析、归纳门电路的逻辑功能？
2. 分立元件门电路和集成门电路有何异同？
3. 图 8-12 中给出了输入信号 A 和 B 的波形，试画出与非门输出 $Y=\overline{AB}$、异或门输出 $Y=A\oplus B$ 的波形。

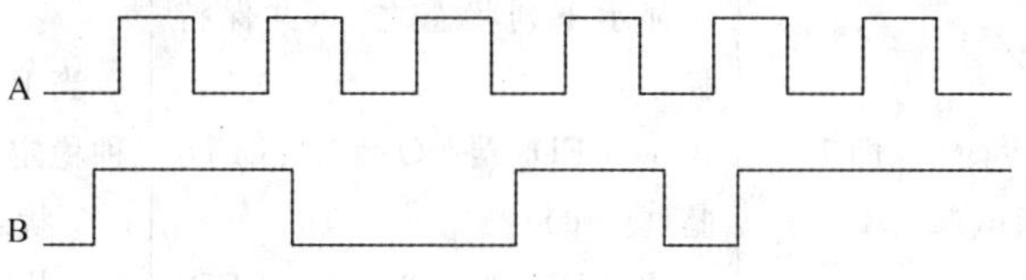

图 8-12　输入信号 A 和 B 波形

活动二　与非门构成的基本 RS 触发器

活动内容

一、准备工作

(1) 认识数字集成电路 CC4011(四 2 输入与非门)，外引脚、逻辑符号如图 8-13 所示。

(2) 将数字集成电路 CC4011 插入实验设备匹配的插座中。

二、挑选导线，按图 8-14 连接电路

先将集成电路 CC4011 的第 14 引脚插孔用导线连接到电源端“＋5 V”，第 7 引脚插孔连接到电源接地端。然后依据逻辑图从上到下、从左到右依次连接：其中输入端 $\overline{R}$、$\overline{S}$ 接逻辑电平开关的输出插口，其输出端 Q、$\overline{Q}$ 接至逻辑电平显示器输入插口。

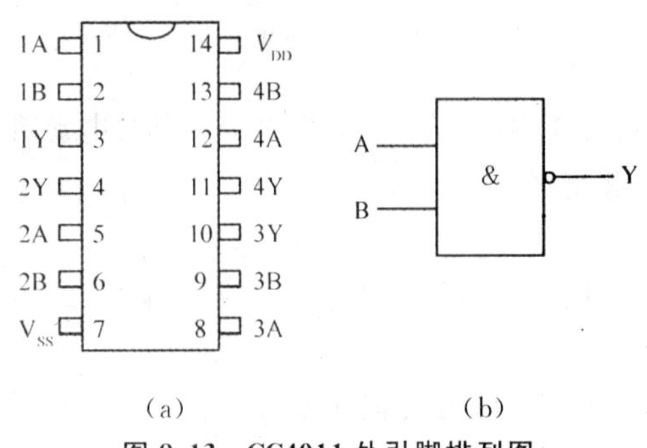

图 8-13 CC4011 外引脚排列图

(a) 外引脚排列图；(b) 逻辑符号

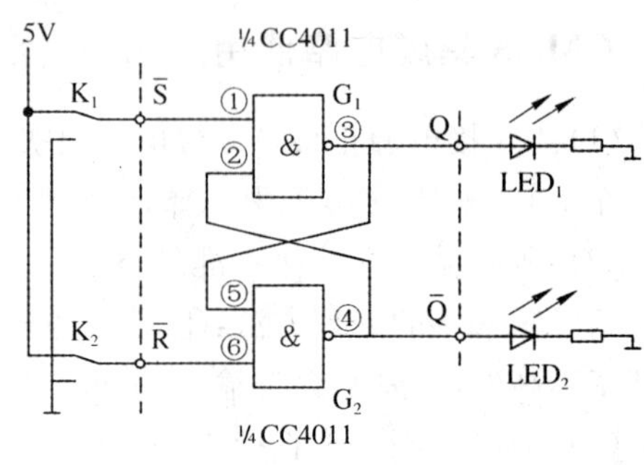

图 8-14 与非门组成的基本 RS 触发器

三、接通电源，测试功能

拨动输入信号逻辑电平开关，观察触发器输出端发光二极管显示状态，测试基本 RS 触发器的逻辑功能，见表 8-8。

表 8-8 测试基本 RS 触发器的逻辑功能

	操　作	现　象	功　能
1	先将 K_1、K_2 拨向上（即 $\bar{R}$=1,$\bar{S}$=1），再接通电源	显示下列状态之一，并保持稳定： ① LED_1 亮（Q=1）、LED_2 暗（$\bar{Q}$=0） ② LED_1 暗（Q=0）、LED_2 亮（$\bar{Q}$=1）	当 $\bar{R}$=1,$\bar{S}$=1 时触发器有两种稳定的状态： 1 状态（现象① Q=1） 0 状态（现象② $\bar{Q}$=1）
2	拨下 K_1，K_2 仍在上（$\bar{R}$=1，$\bar{S}$=0）	不论拨下 K_1 之前 LED_1 是亮或暗，拨下 K_1 后 LED_1 总是亮	当 $\bar{R}$=1,$\bar{S}$=0 时触发器变成 1 状态（Q=1），称触发器置 1，简称置 1
3	再把 K_1 拨上（$\bar{R}$=1,$\bar{S}$=1）	保持 LED_1 亮	同操作 1，当 $\bar{R}$=1,$\bar{S}$=1 时触发器状态保持不变
4	拨下 K_2（$\bar{R}$=0,$\bar{S}$=1）	LED_1 暗	当 $\bar{R}$=0,$\bar{S}$=1 时触发器变成 0 状态（Q=0），称触发器置 0，简称置 0
5	拨下 K_1，K_2（$\bar{R}$=0,$\bar{S}$=0）	LED_1 亮，LED_2 亮：不正常情况	当 $\bar{R}$=0,$\bar{S}$=0 时是禁止出现的状态

四、归纳总结

1. 逻辑符号

基本 RS 触发器由两个与非门交叉耦合而组成，图 8-14 是它的逻辑电路，其逻辑符号如图 8-15 所示。$\bar{R}$、$\bar{S}$ 是信号输入端，Q、$\bar{Q}$ 是输出端。

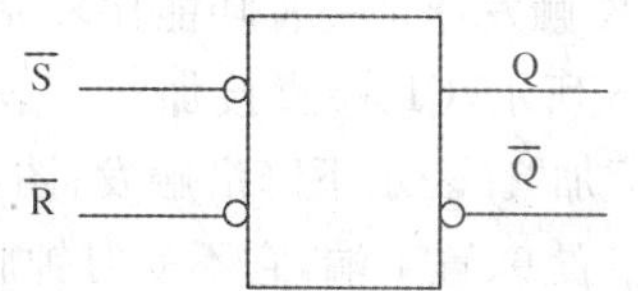

图 8-15　基本 RS 触发器逻辑符号

逻辑符号框外的小圈及输入信号字母上面的非号(如 $\bar{R}$)，表示该触发器输入信号低电平触发有效，即当 $\bar{R}=0$时信号有效，当 $\bar{R}=1$ 时为无效信号，相当于没有信号。若有的触发器符号框外无小圈及输入信号字母上面无非号(如 R)，表示该触发器输入信号高电平有效。

2. 逻辑状态表

由表 8-8 测试的逻辑功能，可得到基本 RS 触发器的逻辑状态表，见表 8-9。

表 8-9　基本 RS 触发器逻辑状态表

$\bar{R}$	$\bar{S}$	Q^{n+1}	功能说明
0	0	×	不允许
0	1	0	置 0
1	0	1	置 1
1	1	Q^n	保持原状态

由上述可得出结论：基本 RS 触发器具有两个稳定状态。可以通过在适当的控制端输入负脉冲使触发器从一种稳定状态翻转为另一种稳定状态。而当外加控制信号作用过后，即当 $\bar{R}=1$，$\bar{S}=1$ 时，电路能保持其输出状态不变，这就是触发器具有记忆功能。

3. 特征方程

$$Q^{n+1}=S+\bar{R}Q^n$$

$$\bar{R}+\bar{S}=1\text{(即 }RS=0\text{)(约束条件)}$$

4. 应用

利用基本 RS 触发器的记忆功能，可用来表示或存储一位二进制数码(n 个触发器可以构成能存储 n 位二进制数码的寄存电路)，而且它是组成功能更完善的其他各种双稳态触发器的基本部分。

相关知识

一、双稳态触发器简述

双稳态触发器是组成时序逻辑电路的基本单元。它是一种具有记忆功能的逻辑元件，这是它区别于门电路的最大特点。

双稳态触发器有两种相反的稳定输出状态。按逻辑功能可分为 RS 触发器、边沿 J－K 触发器、D 触发器和 T 触发器等。

二、边沿 J－K 触发器

1. 逻辑符号

边沿触发器是一种仅在 CP 脉冲的上升沿(或下降沿)的瞬间，具有触发功能的触发器。

J－K 触发器是一种功能比较完善、应用极广泛的触发器。边沿 J－K 触发器逻辑符号如图 8-16 所示，CP 端直接加“＞”表示边沿触发，不加“＞”表示电平触发。图(a)中 CP 输入端“＞”加“。”表示下降沿触发；图(b)中 CP 输入端“＞”不加“。”表示上升沿触发。$\bar{R}_D$ 和 $\bar{S}_D$ 为异步置 0、置 1 端，它不受时钟脉冲 CP 控制，平时应接高电平或悬空。

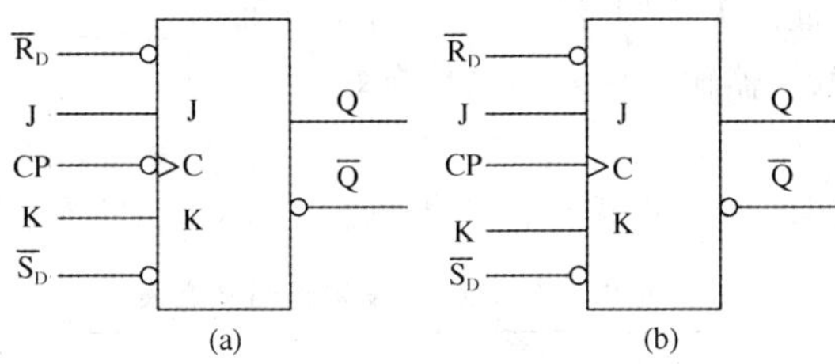

图 8-16　边沿 J－K 触发器逻辑符号

(a) 下降沿触发；(b) 上升沿触发

2. 逻辑功能

表 8-10　边沿 J－K 触发器逻辑状态表

J	K	Q^{n+1}	功能说明
0	0	Q^n	保持
0	1	0	置 0
1	0	1	置 1
1	1	$\overline{Q^n}$	翻转

由表 8-10 可以推出，边沿 J－K 触发器的特征方程式为 $Q^{n+1}=J\,\overline{Q^n}+\overline{K}Q^n$。

3. 波形图

图 8-16(b)边沿触发器波形图如图 8-17 所示。

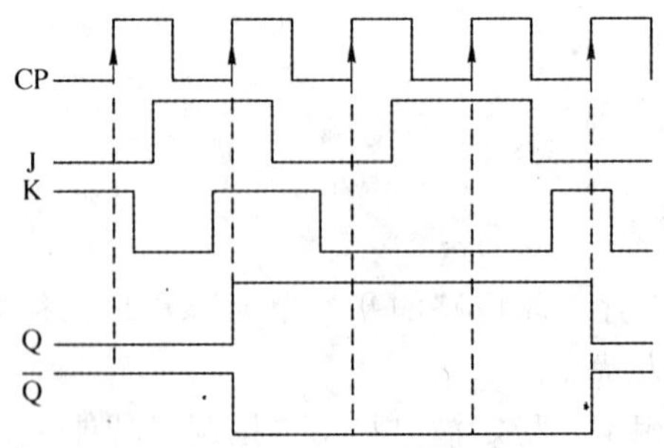

图 8-17　边沿 J－K 触发器的工作波形图

4. 典型器件 74LS112

74LS112 是 TTL 型下降沿触发的双 J－K 触发器(一块芯片上集成两个独立的 J－K 触发器)的集成电路，其引脚排列图和逻辑符号如图 8-18 所示。

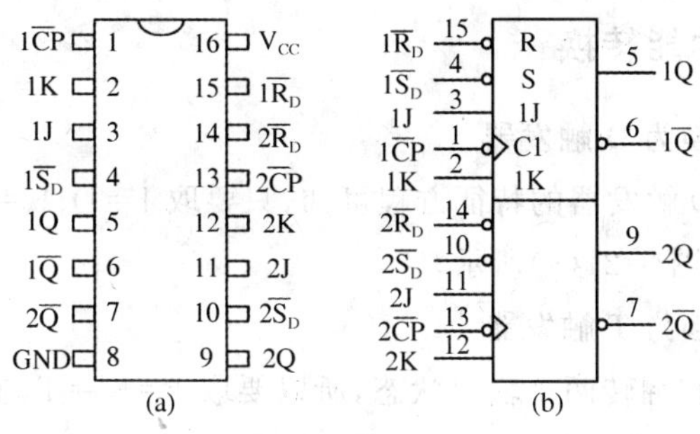

图 8-18　74LS112 集成双 J－K 触发器

（a）外引脚排列图；（b）逻辑符号

三、D 触发器

1. 逻辑符号

D 触发器是一种具有边沿触发方式的触发器。逻辑符号如图 8-19 所示，D 为触发器输入端，CP 为时钟脉冲控制端；$\overline{R}_D$ 和 $\overline{S}_D$ 为异步置位端，平时接高电平。其逻辑状态表见表 8-11。

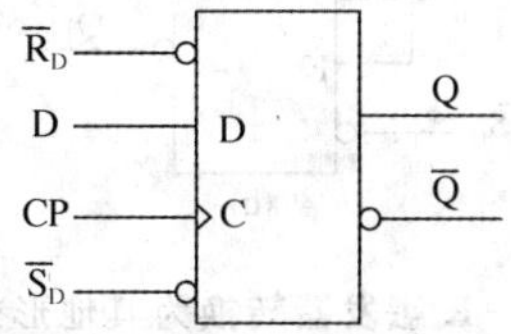

图 8-19　D 触发器逻辑符号

2. 逻辑功能

表 8-11　D 触发器逻辑状态表

D	Q^{n+1}	功 能 说 明
1	1	输出状态与 D 端相同
0	0	特征方程式：$Q^{n+1}=D^n$

由表 8-11 看出，D 触发器的逻辑功能是：在时钟脉冲触发后，它的输出将成为输入端 D 的状态。

3. 波形图

图 8-20 所示为 D 触发器的工作波形图。

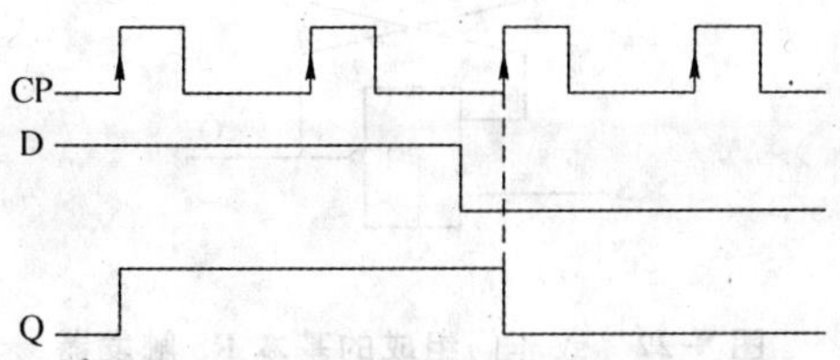

图 8-20　D 触发器的工作波形图

四、J－K 触发器的功能转换

1. J－K 触发器转换为 D 触发器

由 J－K 触发器和 D 触发器的特征方程可知，只要取 J＝D、K＝$\overline{D}$，就可以把 J－K 触发器转换为 D 触发器。如图 8-21(a)所示。

2. J－K 触发器转换为 T 触发器

T 触发器只有保持和翻转两个输出状态，所以要取 J＝K＝T，就可以把 J－K 触发器转换为 T 触发器。如图 8-21(b)所示。

3. J－K 触发器转换为 T′触发器

如果 T 触发器的输入端 $T=1$，则称它为 T′触发器，如图 8-21(c)所示。T′触发器也称为一位计数器，在计数器中应用广泛。

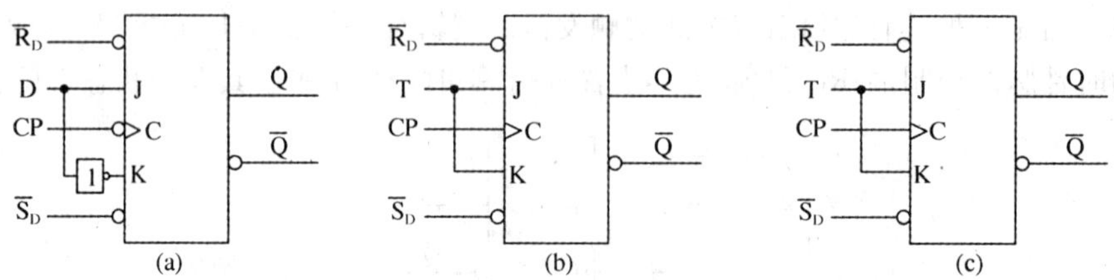

图 8-21　J－K 触发器转换为其他形式的触发器

(a) J－K 触发器转换为 D 触发器；(b) J－K 触发器转换为 T 触发器；
(c) J－K 触发器转换为 T′触发器

活动分析

1. 图 8-22 是或非门组成的基本 RS 触发器，看图分析：该触发器的输入信号是何种电平有效？并在表 8-12 中填写该触发器的功能。

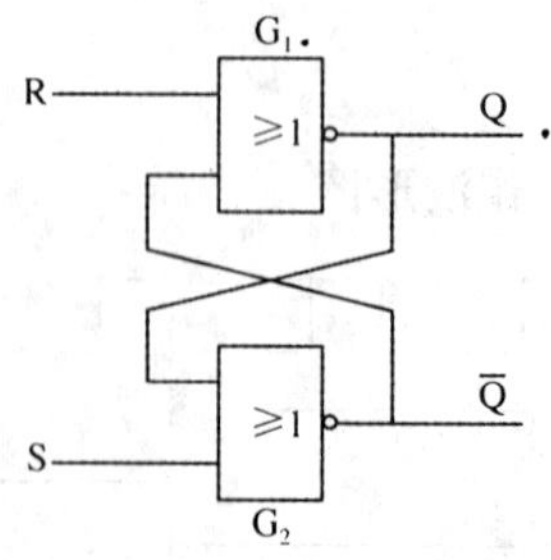

图 8-22　或非门组成的基本 RS 触发器

2. 图 8-23 所示为基本 RS 触发器构成的波形抖动消除电路，试分析其工作原理。

表 8-12　基本 RS 触发器逻辑功能表

R	S	Q^{n+1}	功能说明
0	0		
0	1		
1	0		
1	1		

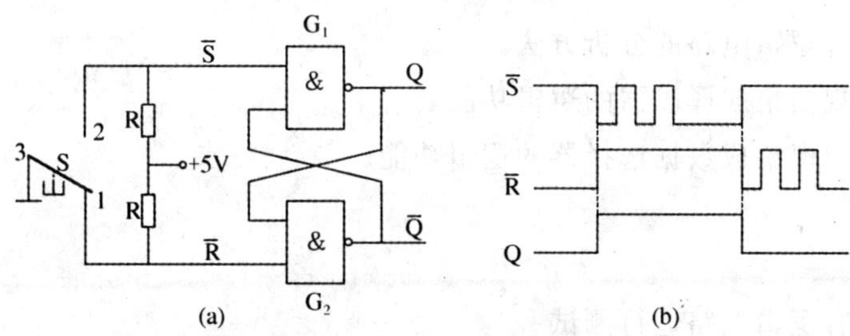

图 8-23　消除输出波形抖动电路

（a）电路；（b）波形图

项目九　组合逻辑电路的应用

一、知识要求

（1）掌握逻辑代数的基本公式和法则。

（2）掌握组合逻辑电路的分析方法。

（3）掌握中规模集成译码器的逻辑功能。

（4）掌握中规模集成数据选择器的逻辑功能。

二、技能要求

（1）会对组合逻辑电路进行测试。

（2）会正确使用译码器。

（3）会正确使用数码管。

（4）会正确使用数据选择器。

三、材料、工具及设备

（1）数字电子通用实验设备。

（2）数字集成电路 CC4011 和 74LS86、74LS138、74LS151。

活动一　加法器的设计

活动内容

一、与非门构成半加器

（1）备好两块数字集成电路 CC4011（四 2 输入与非门），外引脚、逻辑符号如图 8-13 所示。并将 CC4011 插入实验设备匹配的插座中。

（2）设计半加器。不考虑低位进位信号的两个 1 位二进制数相加，称为半加。能实现半加运算的电路，叫做半加器。

设两个加数分别用 A_i、B_i 表示，和用 S_i 表示，向高位的进位用 C_i 表示。根据半加器的功能和二进制加法运算规则，可列出半加器的真值表，见表 9-1。

表 9-1　半加器真值表

A_i	B_i	S_i	C_i
0	0	0	0
0	1	1	0
1	0	1	0
1	1	0	1

由真值表可得半加器的逻辑表达式为：

$$S_i = \overline{A}_i B_i + A_i \overline{B}_i = A_i \oplus B_i$$

$$C_i = A_i B_i$$

(3) 用与非门实现半加器。应用逻辑代数运算规则，半加器逻辑表达式变换为：

$$S_i = \overline{A}_i B_i + A_i \overline{B}_i = \overline{\overline{\overline{A}_i B_i + A_i \overline{B}_i}} = \overline{\overline{\overline{A}_i B_i} \cdot \overline{A_i \overline{B}_i}}$$

$$C_i = A_i B_i = \overline{\overline{A_i B_i}}$$

与非门构成半加器的逻辑图如图 9-1 所示。

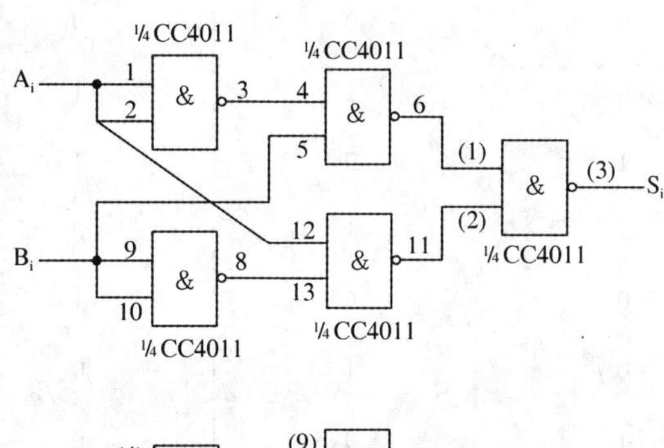

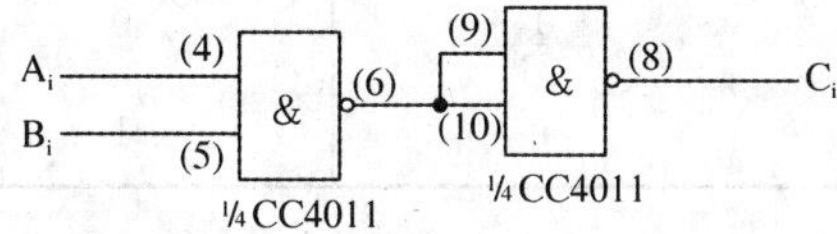

图 9-1　与非门构成半加器的逻辑图

(4) 挑选导线，按图 9-1 连接电路。先将两块集成电路 CC4011 的第 14 引脚插孔用导线连接到电源端“+5 V”，第 7 引脚插孔连接到电源接地端。然后依据逻辑图从上到下、从左到右依次连接：其中输入端 A_i、B_i 接逻辑电平开关的输出插口，其输出端 S_i、C_i 接至逻辑电平显示器。

(5) 接通电源，测试功能。对照表 9-1 来选择逻辑电平开关，观察输出端 S_i、C_i 逻辑电平显示部分 LED 亮暗情况，是否符合半加器真值表。

二、异或门、与非门构成全加器

(1) 备好数字集成电路 74LS86（四 2 输入异或门）和 CC4011（四 2 输入与非门）各一块。74LS86 外引脚如图 9-2 所示。并将 74LS86 和 CC4011 插入实验设备匹配的插座中。

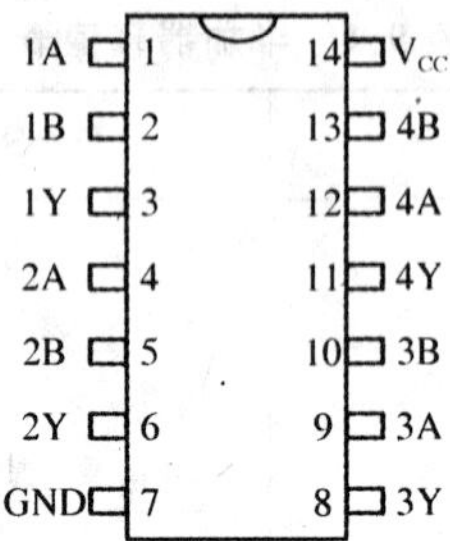

图 9-2　74LS86 外引脚排列图

(2) 设计全加器。考虑低位进位信号的两个 1 位二进制数相加，称为全加。能实现全加运算的电路，叫做全加器。

设两个加数分别用 A_i、B_i 表示，低位来的进位用 C_{i-1} 表示，和用 S_i 表示，向高位的进位用 C_i 表示。根据全加器的功能和二进制加法运算规则，可列出全加器的真值表，见表 9-2。

表 9-2　全加器真值表

A_i	B_i	C_i	S_i	C_i
0	0	0	0	0
0	0	1	1	0
0	1	0	1	0
0	1	1	0	1
1	0	0	1	0
1	0	1	0	1
1	1	0	0	1
1	1	1	1	1

由真值表可得全加器的逻辑表达式为

$$
\begin{aligned}
S_i &= \bar{A}_i\bar{B}_iC_{i-1} + \bar{A}_iB_i\bar{C}_{i-1} + A_i\bar{B}_i\bar{C}_{i-1} + A_iB_iC_{i-1} \\
&= (\bar{A}_iB_i + A_i\bar{B}_i)\bar{C}_{i-1} + (\bar{A}_i\bar{B}_i + A_iB_i)C_{i-1} = A_i \oplus B_i \oplus C_{i-1} \\
C_i &= A_iB_iC_{i-1} + A_iB_i\bar{C}_{i-1} + A_i\bar{B}_iC_{i-1} + \bar{A}_iB_iC_{i-1} \\
&= (\bar{A}_iB_i + A_i\bar{B}_i)C_{i-1} + A_iB_i(C_{i-1} + \bar{C}_{i-1}) = (A_i \oplus B_i)C_{i-1} + A_iB_i
\end{aligned}
$$

(3) 用异或门、与非门实现全加器。应用逻辑代数运算规则，全加器逻辑表达式变换为：

$$S_i = A_i \oplus B_i \oplus C_{i-1}$$

$$C_i = (A_i \oplus B_i)C_{i-1} + A_iB_i = \overline{\overline{(A_i \oplus B_i)C_{i-1} + A_iB_i}} = \overline{\overline{(A_i \oplus B_i)C_{i-1}} \cdot \overline{A_iB_i}}$$

异或门、与非门构成全加器的逻辑图如图 9-3 所示。

(4) 挑选导线，按图 9-3 连接电路。先将集成电路 74LS86 和 CC4011 的第 14 引脚插孔用导线连接到电源端“+5V”，第 7 引脚插孔连接到电源接地端。然后依据逻辑图从上到下、从左到右依次连接：其中输入端 A_i、B_i 和 C_{i-1} 接逻辑电平开关的输出插口，其输出端 S_i、C_i 接至逻辑电平显示器。

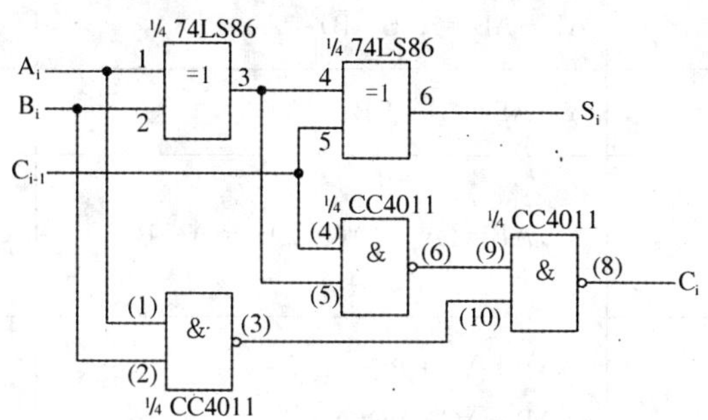

图 9-3　全加器逻辑图

(5) 接通电源，测试功能。对照表 9-2 来选择逻辑电平开关，观察输出端 S_i、C_i 逻辑电平显示部分 LED 亮暗情况，是否符合全加器真值表。

相关知识

一、逻辑代数运算规则

表 9-3 列出了逻辑代数的基本公式。

表 9-3　逻辑代数的基本公式

说　明	名　称	与运算有关公式	或运算有关公式
变量与常数的关系	01 律	(1) $A\cdot 1=A$ (2) $A\cdot 0=0$	$A+0=A$ $A+1=1$
与普通代数相似的定律	交换律	(3) $A\cdot B=B\cdot A$	$A+B=B+A$
	结合律	(4) $A\cdot(B\cdot C)=(A\cdot B)\cdot C$	$A+(B+C)=(A+B)+C$
	分配律	(5) $A\cdot(B+C)=A\cdot B+A\cdot C$	$A+(B\cdot C)=(A+B)(A+C)$
逻辑代数特有的定律和定理	互补律	(6) $A\cdot\overline{A}=0$	$A+\overline{A}=1$
	同一律	(7) $A\cdot A=A$	$A+A=A$
	德·摩根定理	(8) $\overline{A\cdot B}=\overline{A}+\overline{B}$	$\overline{A+B}=\overline{A}\cdot\overline{B}$
	还原律	(9) $\overline{\overline{A}}=A$	

表 9-4 列出了一些逻辑代数常用的公式及推导证明过程。

表 9-4 逻辑代数的常用公式

公　式	证　明	说　明
(10) $AB+A\overline{B}=A$	$AB+A\overline{B}=A(B+\overline{B})=A$	消去互为反变量的因子
(11) $A+AB=A$	$A+AB=A(1+B)=A$	消去多余项
(12) $A+\overline{A}B=A+B$	$A+\overline{A}B=(A+\overline{A})(A+B)=A+B$	消去含有另一项的反变量的因子
(13) $AB+\overline{A}C+BC=AB+\overline{A}C$	$AB+\overline{A}C+BC$ $=AB+\overline{A}C+BC(A+\overline{A})$ $=AB+\overline{A}C+ABC+\overline{A}BC$ $=AB+\overline{A}C$	消去多余项
(14) $\overline{\overline{A}B+A\overline{B}}=\overline{A}\overline{B}+AB$	$\overline{\overline{A}B+A\overline{B}}=\overline{\overline{A}B}\cdot\overline{A\overline{B}}$ $=(\overline{\overline{A}}+\overline{B})(\overline{A}+\overline{\overline{B}})$ $=(A+\overline{B})(\overline{A}+B)$ $=A\overline{A}+\overline{A}\overline{B}+AB+B\overline{B}$ $=\overline{A}\overline{B}+AB$	异或非等于同或，反之同或非等于异或

按照上述公式可对逻辑函数进行化简。逻辑函数的表达式中最常用的是与或形式，与或式的最简单标准为：① 表达式中所含乘积项数最少。② 每项中所含变量个数最少。

二、组合逻辑电路的特点

按电路的结构和逻辑功能的不同，数字电路分为组合逻辑电路和时序逻辑电路两大类。在任何时刻，电路的稳定输出只取决于该时刻各输入逻辑变量的取值，而与电路原来的状态无关的逻辑电路，称为组合逻辑电路。

组合逻辑电路一般具有多个输入逻辑变量和多个输出逻辑变量。组合逻辑电路具有两大特点：① 逻辑功能特点，即时的输入决定即时的输出，无记忆功能。② 电路结构特点，由各种门电路组合而成，不含任何具有记忆的单元逻辑电路，一般也不含有反馈电路。

三、组合逻辑电路的分析方法

组合逻辑电路的分析步骤，可用图 9-4 所示的框图来表示。

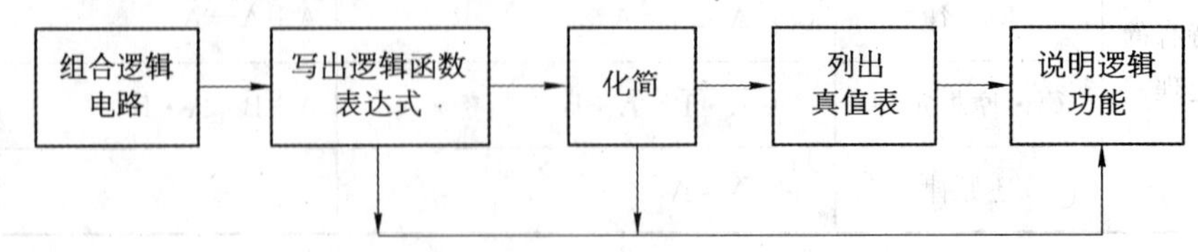

图 9-4 组合电路分析步骤

活动分析

1. 利用公式将下列函数化简成为最简与或表达式。

(1) $Y_1 = A(\overline{A}+B)+B(B+C)+B$

(2) $Y_2 = AB+A\overline{B}+\overline{A}B+\overline{A}\overline{B}$

(3) $Y_3 = AB+\overline{A}C+B\overline{C}$

2. 写出图 9-5 所示电路输出变量的逻辑表达式，并判断电路的逻辑功能。

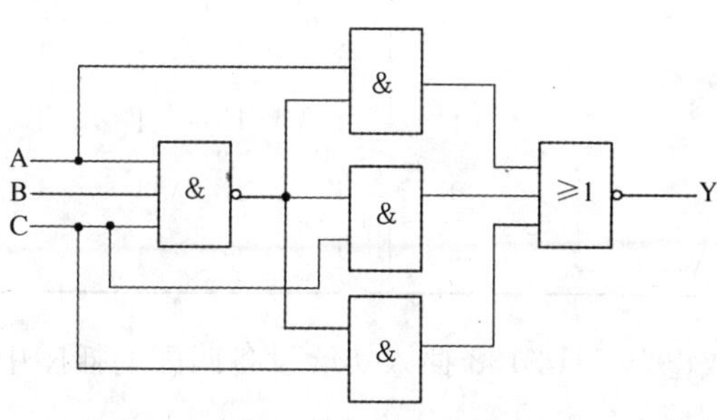

图 9-5　逻辑图

3. 用与非门和反相器实现函数 $Y=\overline{A}B+A\overline{B}$，画出逻辑图。

活动二　用两片 3 线-8 线译码器 74LS138 组成 4 线-16 线译码器

活动内容

一、准备工作

(1) 认识 3 线-8 线译码器 74LS138，外引脚如图 9-6 所示。

引出端符号：

$A_0 \sim A_2$：译码地址输入端；

ST_A：选通输入端(高电平有效)；

$\overline{ST_B}$，$\overline{ST_C}$：灯测试输入端(低电平有效)；

$\overline{Y}_0 \sim \overline{Y}_7$：译码输出端(低电平有效)。

译码器 74LS138 逻辑功能表如表 9-5 所示。表中符号“×”表示任意电平。

引脚	符号	引脚	符号
1	A_0	16	V_{CC}
2	A_1	15	$\overline{Y}_0$
3	A_2	14	$\overline{Y}_1$
4	$\overline{ST}_B$	13	$\overline{Y}_2$
5	$\overline{ST}_C$	12	$\overline{Y}_3$
6	ST_A	11	$\overline{Y}_4$
7	$\overline{Y}_7$	10	$\overline{Y}_5$
8	GND	9	$\overline{Y}_6$

图 9-6　74LS138 外引脚排列图

表 9-5 74LS138 逻辑功能表

输入					输出							
ST_A	$\overline{ST_B}+\overline{ST_C}$	A_2	A_1	A_0	$\overline{Y}_0$	$\overline{Y}_1$	$\overline{Y}_2$	$\overline{Y}_3$	$\overline{Y}_4$	$\overline{Y}_5$	$\overline{Y}_6$	$\overline{Y}_7$
0	×	×	×	×	1	1	1	1	1	1	1	1
×	1	×	×	×	1	1	1	1	1	1	1	1
1	0	0	0	0	0	1	1	1	1	1	1	1
1	0	0	0	1	1	0	1	1	1	1	1	1
1	0	0	1	0	1	1	0	1	1	1	1	1
1	0	0	1	1	1	1	1	0	1	1	1	1
1	0	1	0	0	1	1	1	1	0	1	1	1
1	0	1	0	1	1	1	1	1	1	0	1	1
1	0	1	1	0	1	1	1	1	1	1	0	1
1	0	1	1	1	1	1	1	1	1	1	1	0

(2) 将两片数字集成电路 74LS138 插入实验设备匹配的插座中。

二、测试译码器 74LS138 的逻辑功能

先将两片集成电路 74LS138 的第 16 引脚插孔用导线连接到电源端“+5 V”,第 8 引脚插孔连接到电源接地端。地址端 A_2、A_1、A_0 及使能端 ST_A、$\overline{ST_B}$、$\overline{ST_C}$ 分别接逻辑电平开关,八个输出端 $\overline{Y}_0$～$\overline{Y}_7$ 依次连接到逻辑电平显示器。拨动逻辑电平开关,按表 9-5 逐项测试 74LS138 的逻辑功能。

三、设计 4 线-16 线译码器

用两片 3 线-8 线译码器 74LS138 组成 4 线-16 线译码器,可将输入 4 位二进制代码用 D_3、D_2、D_1、D_0 表示,相应的译码输出用 $\overline{Z}_0$、…$\overline{Z}_{15}$ 表示。

由表 9-5 所示的功能表可知,74LS138 只有 3 个译码地址输入端 A_2、A_1、A_0,若要对 4 位二进制代码译码,可以利用使能控制端(ST_A、$\overline{ST_B}$、$\overline{ST_C}$)中的 1 个作为第 4 个输入端。

将第 2 片(高位片)74LS138 的 ST_A 端和第 1 片(低位片)74LS138 的 $\overline{ST_B}$ 端作它的第 4 个输入端 D_3,将两片的 $A_0=D_0$、$A_1=D_1$、$A_2=D_2$,同时令低位片的 $ST_A=1$,把低位片的 $\overline{ST_C}$ 与高位片的 $\overline{ST_B}$、$\overline{ST_C}$ 相连作总的使能控制端 $\overline{ST}$;这样用两片 3 线-8 线译码器便扩展成一个 4 线-16 线译码器了,如图 9-7 所示。

四、挑选导线,按图 9-7 连接电路

先将两片集成电路 74LS138 的第 16 引脚插孔用导线连接到电源端“+5 V”,第 8 引脚插孔连接到电源接地端。然后依据逻辑图从上到下、从左到右依次连接:其中输入端 D_3、D_2、D_1、D_0 接逻辑电平开关的输出插口,其输出端 $\overline{Z}_0$、…$\overline{Z}_{15}$ 接至逻辑电平显示器。

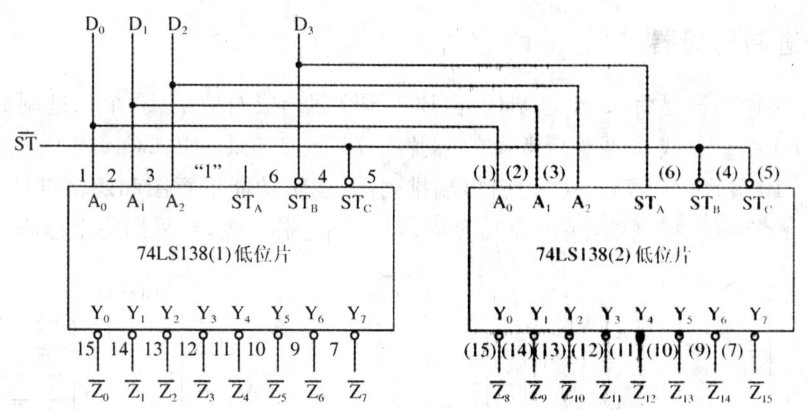

图 9-7　74LS138 扩展为 4 线-16 线译码器

五、接通电源，测试功能

通过选择输入端 D_3、D_2、D_1、D_0 逻辑电平开关，观察输出端 $\overline{Z}_0$、…$\overline{Z}_{15}$ 逻辑电平显示部分 LED 亮暗情况。

由图 9-7 测试结果可看出，当 $D_3=0$ 时，低位片 74LS138 工作而高位片 74LS138 禁止译码，即可将 $D_3D_2D_1D_0$ 的 0000、0001、…、0111 这 8 个代码译成与之对应的 $\overline{Z}_0$、$\overline{Z}_1$、…$\overline{Z}_7$ 这 8 个低电平信号；而当 $D_3=1$ 时，工作过程恰相反，译码器可将 $D_3D_2D_1D_0$ 的 1000、1001、…、1111 这 8 个代码译成与之对应的 $\overline{Z}_8$、$\overline{Z}_9$、…$\overline{Z}_{15}$ 这 8 个低电平信号。$\overline{ST}$ 为 4 线-16 线译码器的使能控制端，$\overline{ST}=0$，译码器译码；$\overline{ST}=1$，译码器处于禁止译码状态。

相关知识

一、译码器简述

译码是将二进制代码的特定含义"翻译"成相应输出信号的过程。译码器是能实现译码操作的电路。

译码器是一个多输入、多输出的组合逻辑电路。它的作用是把给定的代码进行"翻译"，变成相应的状态，使输出通道中相应的一路有信号输出。译码器在数字电路系统中有广泛的用途，不仅用于代码的转换、终端的数字显示，还用于数据分配、存贮器寻址和组合控制信号等。不同的功能可选用不同种类的译码器。

二、二进制译码器

二进制译码器是把二进制代码翻译成对应输出信号的电路，又称变量译码器。它的特点是：若有 m 个输入线，则对应 2^m 个输出线。常见的芯片有 2 线-4 线译码器、3 线-8 线译码器、4 线-16 线译码器等。如图 9-6 为 3 线-8 线译码器 74LS138。

三、二-十进制译码器

二-十进制译码器是将二-十进制代码(BCD 码)翻译成对应的 10 个二进制数字信号的电路,又叫做 4 线-10 线译码器。常见的芯片有 74LS42、54LS42、CC4028。如图 9-8 所示是集成 4 线-10 线译码器 74LS42 的引出端排列图、逻辑功能示意图和逻辑符号。

74LS42 没有使能控制端,输出为反变量,即为低电平有效,且采用完全译码方案。

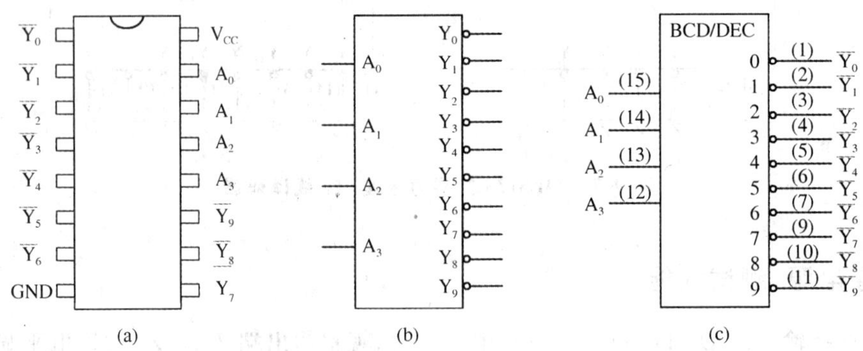

图 9-8　集成 4 线-10 线译码器 74LS42

(a) 引出端排列图;(b) 逻辑功能示意图;(c) 逻辑符号

四、显示译码器

将二进制代码翻译成被驱动的显示器件能直观显示数字、文字、符号。用来驱动各种显示器件所需电平或逻辑信号的电路,称为显示译码器。常见的有七段发光二极管(LED)数码管和集成显示译码器。

1. 七段发光二极管(LED)数码管

LED 数码管是目前最常用的数字显示器。图 9-9(a)是七段半导体数码显示器的外形图,它把要显示的十进制数码分成七段,每段都是一个发光二极管(LED)。LED 数码管中的七段即七个发光二极管有共阴极和共阳极两种接法,如图 9-9(b)、(c)所示。

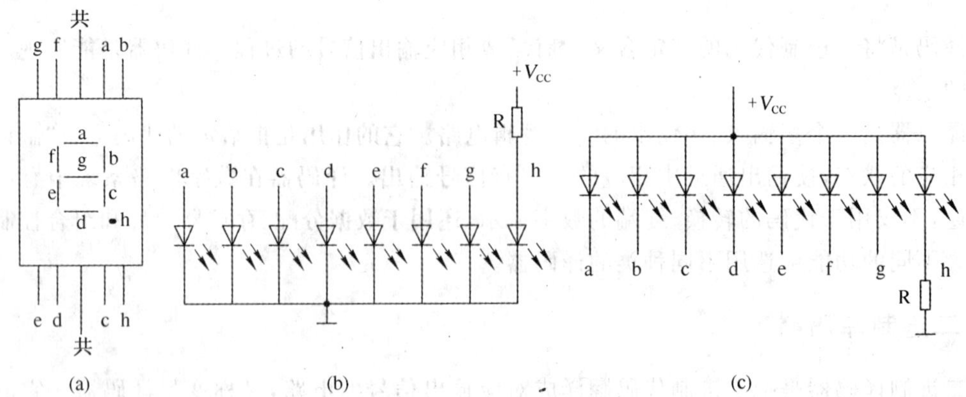

图 9-9　LED 数码管

(a) 外形图;(b) LED 数码管中 LED 共阴极接法;(c) LED 数码管中 LED 共阳极接法

2. TTL 型集成显示译码器

TTL 型集成 4 线-7 线译码器常见的有 74LS247、74LS248 等。如图 9-10 所示，74LS248 输出端为高电平有效，用于驱动共阴极的 LED 数码管，使用时可直接与数码管相连接。

引出端符号：

$A_0 \sim A_3$：译码地址输入端；

$\overline{BI}/\overline{RBO}$：消隐输入(低电平有效)/串行消隐输出(低电平有效)；

$\overline{LT}$：灯测试输入端(低电平有效)；

$\overline{RBI}$：串行消隐输入端(低电平有效)；

$Y_a \sim Y_g$：段输出端(高电平有效)。

译码器 74LS248 逻辑功能表见表 9-6。

引脚	序号	序号	引脚
A_1	1	16	V_{CC}
A_2	2	15	Y_f
$\overline{LT}$	3	14	Y_g
$\overline{BI}/\overline{RBO}$	4	13	Y_a
$\overline{RBI}$	5	12	Y_b
A_3	6	11	Y_c
A_0	7	10	Y_d
GND	8	9	Y_e

图 9-10　74LS248 外引脚排列图

表 9-6　74LS248 逻辑功能表

输入							输出							
$\overline{LT}$	$\overline{RBI}$	$\overline{BI}/\overline{RBO}$	A_3	A_2	A_1	A_0	Y_a	Y_b	Y_c	Y_d	Y_e	Y_f	Y_g	字型
0	×	1	×	×	×	×	1	1	1	1	1	1	1	8
×	×	0/	×	×	×	×	0	0	0	0	0	0	0	暗
1	0	/0	0	0	0	0	0	0	0	0	0	0	0	暗
1	1	1	0	0	0	0	1	1	1	1	1	1	0	0
1	×	1	0	0	0	1	0	1	1	0	0	0	0	1
1	×	1	0	0	1	0	1	1	0	1	1	0	1	2
1	×	1	0	0	1	1	1	1	1	1	0	0	1	3
1	×	1	0	1	0	0	0	1	1	0	0	1	1	4
1	×	1	0	1	0	1	1	0	1	1	0	1	1	5
1	×	1	0	1	1	0	1	0	1	1	1	1	1	6
1	×	1	0	1	1	1	1	1	1	0	0	0	0	7
1	×	1	1	0	0	0	1	1	1	1	1	1	1	8
1	×	1	1	0	0	1	1	1	1	1	0	1	1	9
1	×	1	1	0	1	0	0	0	0	1	1	0	1	[illegible]
1	×	1	1	0	1	1	0	0	1	1	0	0	1	[illegible]
1	×	1	1	1	0	0	0	1	0	0	0	1	1	[illegible]
1	×	1	1	1	0	1	1	0	0	1	0	1	1	[illegible]
1	×	1	1	1	1	0	0	0	0	1	1	1	1	[illegible]
1	×	1	1	1	1	1	0	0	0	0	0	0	0	暗

五、编码器

编码是用文字、符号或数码表示特定对象的过程。编码器是实现编码操作的电路。译码是编码的逆过程。

常用的编码器有二进制编码器、二-十进制编码器等。如图 9-11 所示，TTL 集成 8 线－3 线优先编码器 74LS148。

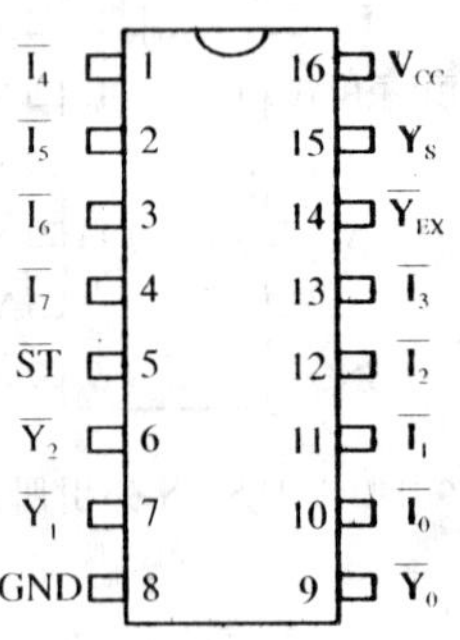

图 9-11　74LS148 外引脚排列图

引出端符号：

$\overline{I}_0 \sim \overline{I}_7$：编码器输入端(低电平有效)；

$\overline{Y}_0 \sim \overline{Y}_2$：编码输出端(低电平有效)；

$\overline{ST}$：选通输入(低电平有效)；

$\overline{Y}_{EX}$：扩展输出端(低电平有效)；

Y_S：选通输出端(高电平有效)。

8 线－3 线优先编码器 74LS148 逻辑功能表见表 9-7。

表 9-7　74LS148 逻辑功能表

输入									输出				
$\overline{ST}$	$\overline{I}_7$	$\overline{I}_6$	$\overline{I}_5$	$\overline{I}_4$	$\overline{I}_3$	$\overline{I}_2$	$\overline{I}_1$	$\overline{I}_0$	$\overline{Y}_2$	$\overline{Y}_1$	$\overline{Y}_0$	$\overline{Y}_{EX}$	Y_S
1	×	×	×	×	×	×	×	×	1	1	1	1	1
0	1	1	1	1	1	1	1	1	1	1	1	1	0
0	0	×	×	×	×	×	×	×	0	0	0	0	1
0	1	0	×	×	×	×	×	×	0	0	1	0	1
0	1	1	0	×	×	×	×	×	0	1	0	0	1
0	1	1	1	0	×	×	×	×	0	1	1	0	1
0	1	1	1	1	0	×	×	×	1	0	0	0	1
0	1	1	1	1	1	0	×	×	1	0	1	0	1
0	1	1	1	1	1	1	0	×	1	1	0	0	1
0	1	1	1	1	1	1	1	0	1	1	1	0	1

活动分析

1. 使用 74LS138 和与非门实现一个三变量多数表决电路，画出相应的逻辑电路图。

2. 试用一片七段显示译码器 74LS248 和一个七段共阴极 LED 数码管 LDD580(如图 9-9 所示)构成一个一位 8421BCD 译码显示电路。

活动三　用8选1数据选择器74LS151设计三输入多数表决器

活动内容

一、准备工作

（1）认识8选1数据选择器74LS151，外引脚如图9-12所示。

引出端符号：

$A_0 \sim A_2$：地址选择输入端；

$D_0 \sim D_7$：数据输入端；

$\overline{ST}$：选通输入端(低电平有效)；

Q：数据输出端；

$\overline{Q}$：反码数据输出端。

译码器74LS151逻辑功能表见表9-8。

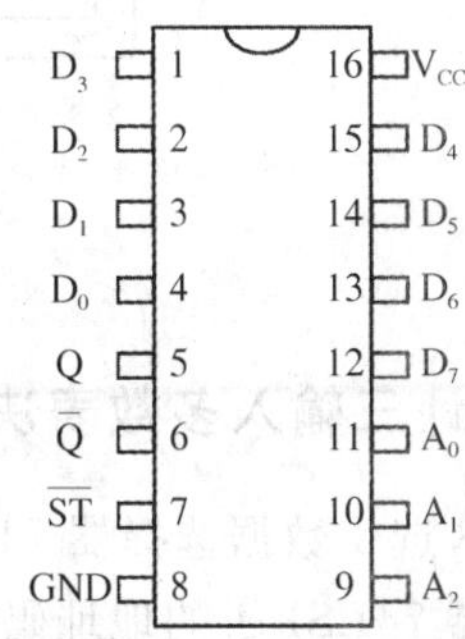

图9-12　74LS151外引脚排列图

表9-8　74LS151逻辑功能表

输入				输出	
$\overline{ST}$	A_2	A_1	A_0	Q	$\overline{Q}$
1	×	×	×	0	1
0	0	0	0	D_0	$\overline{D}_0$
0	0	0	1	D_1	$\overline{D}_1$
0	0	1	0	D_2	$\overline{D}_2$
0	0	1	1	D_3	$\overline{D}_3$
0	1	0	0	D_4	$\overline{D}_4$
0	1	0	1	D_5	$\overline{D}_5$
0	1	1	0	D_6	$\overline{D}_6$
0	1	1	1	D_7	$\overline{D}_7$

（2）将数字选择器74LS151插入实验设备匹配的插座中。

二、测试数据选择器74LS151的逻辑功能

按图9-13接线，地址端A_2、A_1、A_0、数据端$D_0 \sim D_7$、使能端$\overline{ST}$接逻辑电平开关，输出端

Q 接逻辑电平显示输入插口，按 74LS151 功能表逐项进行测试，记录测试结果。

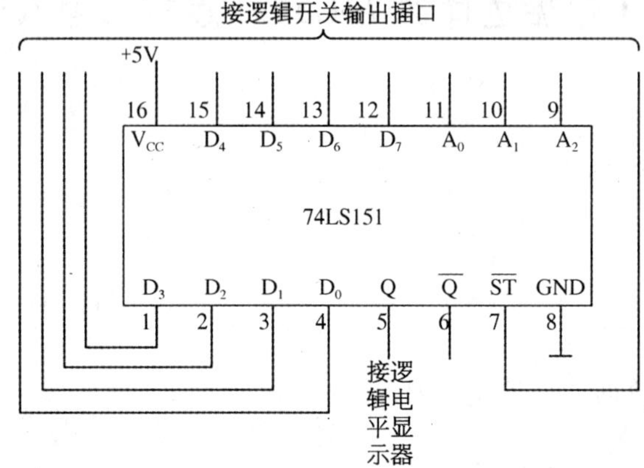

图 9-13　74LS151 逻辑功能测试

三、设计三输入多数表决器

用 8 选 1 数据选择器 74LS151 设计三输入多数表决器，可将输入变量 C、B、A 作为数据选择器 74LS151 的地址码 A_2、A_1、A_0；使 74LS151 的各数据输入 D_0 ～ D_7 分别与函数 F 的输出值一一对应。

由三输入多数表决器的功能，可列出其真值表，如表 9-9 所示。

表 9-9　三输入多数表决器真值表

输入			输出	
C	B	A	F	
0	0	0	0	D_0
0	0	1	0	D_1
0	1	0	0	D_2
0	1	1	1	D_3
1	0	0	0	D_4
1	0	1	1	D_5
1	1	0	1	D_6
1	1	1	1	D_7

由表 9-9 可得到三输入多数表决器的逻辑表达式 $F=AB\overline{C}+A\overline{B}C+\overline{A}BC+ABC$。

要实现上述逻辑表达式，则应将 D_0、D_1、D_2、D_4 接地，D_3、D_5、D_6、D_7 接“1”。接线图如图 9-14 所示。

四、挑选导线，按图 9-14 连接电路

先将集成电路 74LS151 的第 16 引脚插孔用导线连接到电源端“+5 V”，第 8 引脚插孔

连接到电源接地端。然后依据逻辑图从上到下、从左到右依次连接：其中输入变量 C、B、A 接逻辑电平开关的输出插口，其输出端 Q 接至逻辑电平显示器。

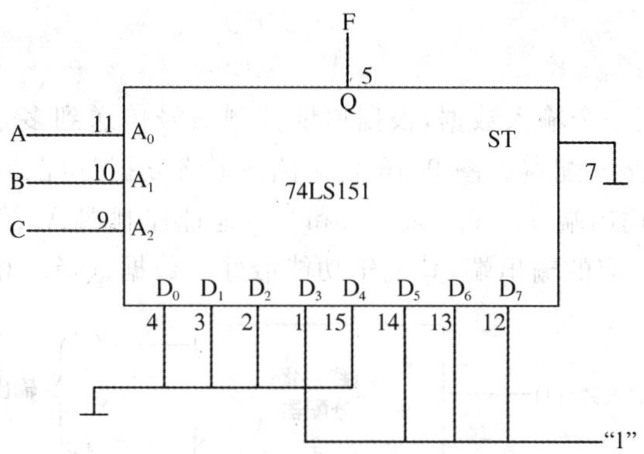

图 9-14　用 74LS151 实现三输入多数表决器

五、接通电源，测试功能

通过选择输入端 C、B、A 逻辑电平开关，观察输出端 Q 逻辑电平显示部分 LED 亮暗情况，是否符合三输入多数表决器的真值表。

相关知识

一、数据选择器简述

数据选择器又叫“多路开关”。数据选择器在地址码（或叫选择控制）电位的控制下，从几个数据输入中选择一个并将其送到一个公共的输出端。数据选择器的功能类似一个多掷开关，如图 9-15 所示，图中有四路数据 $D_0 \sim D_3$，通过选择信号 A_1、A_0（地址码）从四路数据中选中某一路数据送至输出端 Q。

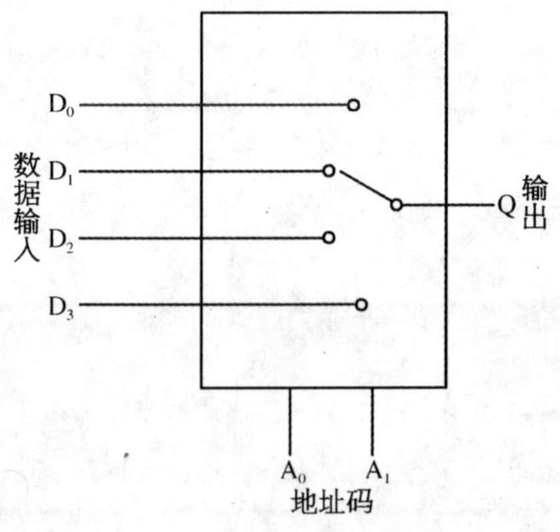

图 9-15　4 选 1 数据选择器示意图

数据选择器是目前逻辑设计中应用十分广泛的逻辑部件，它有 2 选 1、4 选 1、8 选 1、16 选 1 等类别。

二、数据分配器

数据分配器是能把一个输入数据，根据地址控制信号传送到多个输出端中的任意一个输出端的电路，又叫多路分配器。图 9-16 是 1 路～4 路数据分配器的框图，图中有一个数据输入端 D，四个数据输出端 Y_0、Y_1、Y_2、Y_3 和 2 位地址控制端 A_1、A_0，选择不同的地址，可将数据 D 送到该地址对应的输出端，其逻辑功能恰好与数据选择器相反。

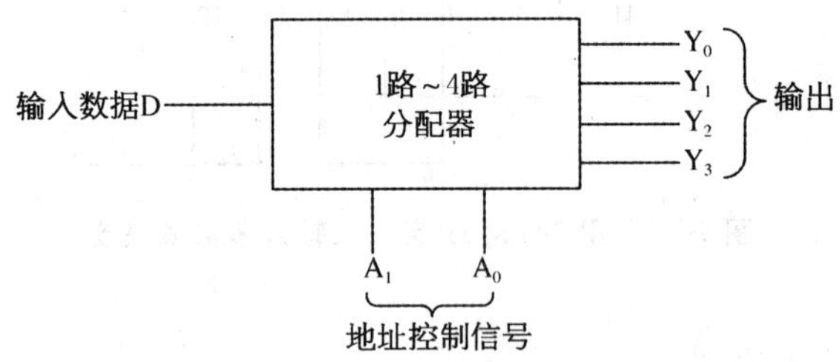

图 9-16　1 路～4 路数据分配器的框图

活动分析

用 8 选 1 数据选择器 74LS151 实现函数 $F=A\overline{B}+\overline{A}C+B\overline{C}$。

项目十　时序逻辑电路的应用

一、知识要求

（1）掌握时序逻辑电路的特点和功能。

（2）掌握时序逻辑电路的分析方法。

（3）掌握计数器的逻辑功能。

（4）掌握寄存器的逻辑功能。

二、技能要求

（1）会对时序逻辑电路进行测试。

（2）会正确使用计数器。

（3）会正确使用寄存器。

三、材料、工具及设备

（1）数字电子通用实验设备。

（2）数字集成电路 CC4011 和 74LS161、74LS194、CC4069。

活动一　四位同步二进制加法计数器 74LS161 的应用

活动内容

一、准备工作

（1）认识四位同步二进制加法计数器 74LS161，外引脚如图 10-1 所示。

左侧引脚	编号	编号	右侧引脚
$\overline{CR}$	1	16	V_{CC}
CP	2	15	CO
D_0	3	14	Q_0
D_1	4	13	Q_1
D_2	5	12	Q_2
D_3	6	11	Q_3
CT_P	7	10	CT_T
GND	8	9	$\overline{LD}$

图 10-1　74LS161 外引脚排列图

引出端符号：

CP：时钟脉冲输入端（上升沿有效）；

$\overline{LD}$：同步置数控制端（低电平有效）；

$\overline{CR}$：异步清零控制端（低电平有效）；

CT_P 和 CT_T：两个计数控制端（使能输入端）；

$D_3 \sim D_0$：置数数据输入端；

$Q_3 \sim Q_0$：计数器状态输出端；

CO：进位信号输出端，当计数状态 $Q_3Q_2Q_1Q_0=1111$ 时 CO=1，再来一个 CP 作用后 CO 又为 0，利用 CO 由 1→0 跳变，完成向高位计数器进位。

计数器 74LS161 逻辑功能表见表 10-1。表中符号“×”表示任意电平。

表 10-1　74LS161 逻辑功能表

输入									输出				
$\overline{CR}$	$\overline{LD}$	CT_P	CT_T	CP	D_3	D_2	D_1	D_0	Q_3	Q_2	Q_1	Q_0	CO
0	×	×	×	×	×	×	×	×	0	0	0	0	0
1	0	×	×	↑	d_3	d_2	d_1	d_0	d_3	d_2	d_1	d_0	
1	1	1	1	↑	×	×	×	×	计数				
1	1	0	×	×	×	×	×	×	保持				
1	1	×	0	×	×	×	×	×	保持				0

由功能表可知，74LS161 计数器具有如下逻辑功能：

异步清零功能：只要 $\overline{CR}=0$，不论有无时钟脉冲 CP 和其他信号输入，计数器立即清零，$Q_3Q_2Q_1Q_0=0000$。

同步并行置数功能：在 $\overline{CR}=1$（不执行清零），$\overline{LD}=0$（有置数请求）条件下，当 CP 上升沿作用时完成置数，把数据端数据 $d_3d_2d_1d_0$ 送到计数器，使 $Q_3Q_2Q_1Q_0=d_3d_2d_1d_0$。

计数功能：在 $\overline{CR}=1$、$\overline{LD}=1$（不需要置数）、$CT_P=CT_T=1$（允许计数）时，在 CP 上升沿作用下，执行 4 位二进制加法计数，这时进位输出 $CO=Q_3Q_2Q_1Q_0$。

保持功能：在 $\overline{CR}=1$、$\overline{LD}=1$ 且 $CT_P\cdot CT_T=0$ 时，计数器处于封闭状态，计数状态保持不变。这时，如 $CT_P=0$、$CT_T=1$，则 $CO=CT_TQ_3Q_2Q_1Q_0=Q_3Q_2Q_1Q_0$，电路各级触发器和进位输出信号 CO 的状态不变；如 $CT_P=1$、$CT_T=0$，则电路各级触发器状态不变，CO=0，即进位输出为低电平 0。

（2）将数字集成电路 74LS161 插入实验设备匹配的插座中。

二、测试计数器 74LS161 的逻辑功能

先将集成电路 74LS161 的第 16 引脚插孔用导线连接到电源端“+5 V”，第 8 引脚插孔连接到电源接地端。CP 接单次脉冲信号源，$\overline{CR}$、$\overline{LD}$、CT_P 和 CT_T、D_3、D_2、D_1、D_0 分别接逻辑电平开关，Q_3、Q_2、Q_1、Q_0、CO 依次连接到逻辑电平显示器。按表 10-1 逐项测试 74LS161 的逻辑功能。

三、利用 74LS161 的异步清零功能构成十进制计数器

1. 设计

按图 10-2 所示电路，采取直接清零功能构成的十进制计数器。

电路中各功能端的状态是 $\overline{LD}=1$（不需要置数），$CT_P=CT_T=1$（允许计数），G_1 门输入端连接 Q_3、Q_1，G_1 门输出连接 $\overline{CR}$。

若$\overline{CR}=1$，计数器为计数工作状态，$\overline{CR}=0$，计数器清零。如计数器从0000开始计数，当输入十个计数脉冲时，计数器状态$Q_3Q_2Q_1Q_0=1010$，此时$Q_3=Q_1$，G_1门输入全1，输出为0，计数器清零，$\overline{CR}$随即变为1，计数器又从0000重新开始计数。

用此方法，计数状态与置数输入端（$D_3\sim D_0$）的输入状态无关，$D_3\sim D_0$可以是任意状态。

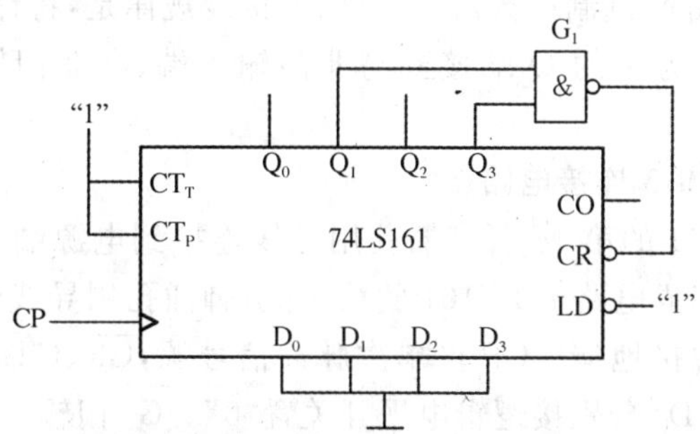

图 10-2　利用 74LS161 异步清零功能构成十进制计数器

2. 挑选导线，按图 10-2 连接电路

先将集成电路CC4011的第14引脚插孔用导线连接到电源端"+5 V"，第7引脚插孔连接到电源接地端。将集成电路74LS161的第16引脚插孔用导线连接到电源端"+5 V"，第8引脚插孔连接到电源接地端。CP接单次脉冲信号源，$\overline{LD}$、CT_P和CT_T分别接逻辑电平开关置"1"，D_3、D_2、D_1、D_0分别接逻辑电平开关置"0"。G_1门输入端连接Q_3、Q_1，G_1门输出连接$\overline{CR}$。Q_3、Q_2、Q_1、Q_0依次连接到逻辑电平显示器。

3. 接通电源，测试功能

通过计脉冲CP的个数，观察输出端Q_3、Q_2、Q_1、Q_0的逻辑电平显示部分LED亮暗情况，从而测试十进制计数器的功能。

四、利用 74LS161 的同步预置功能构成十进制计数器

1. 设计

按图10-3所示电路，采取同步预置功能构成的十进制计数器。

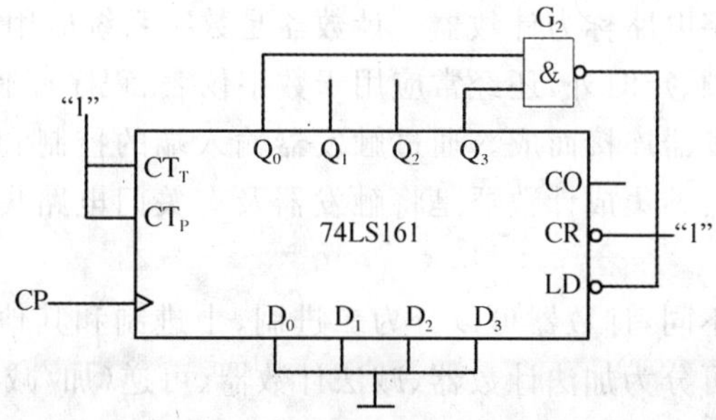

图 10-3　利用 74LS161 的同步预置功能构成十进制计数器

电路中各功能端的状态是$\overline{CR}=1$（不需要清零），$CT_P=CT_T=1$（允许计数），G_2门输入端连接Q_3、Q_0，G_2门输出连接$\overline{LD}$，数据输入端$D_3D_2D_1D_0$均为0。

在时钟脉冲的作用下，计数器工作，在未计到“9”时，Q_3、Q_0 中总有一个为 0，则 G_2 门输出为 1，即$\overline{LD}=1$，计数器处于计数状态。当计到“9”即 $Q_3Q_2Q_1Q_0=1001$ 时，Q_3、Q_0 均为 1，G_2 门输出为 0，即$\overline{LD}=0$，计数器处于待置数状态，在下一个时钟脉冲上升沿（即第十个计数脉冲）作用时，将数据输入端数据 0000 置入计数器，使计数器状态为 $Q_3Q_2Q_1Q_0=0000$，计数器又重新开始计数。

用同步预置功能构成 N 进制计数器，与非门的接线规律是，将计数器在输入 $N-1$ 个计数脉冲后，计数器状态中为 1 的 Q 端接到与非门输入端，与非门输出端接$\overline{LD}$端，数据端 $D_3D_2D_1D_0$ 为 0000。

2. 挑选导线，按图 10-3 连接电路

先将集成电路 CC4011 的第 14 引脚插孔用导线连接到电源端“+5 V”，第 7 引脚插孔连接到电源接地端。将集成电路 74LS161 的第 16 引脚插孔用导线连接到电源端“+5 V”，第 8 引脚插孔连接到电源接地端。CP 接单次脉冲信号源，$\overline{CR}$、CT_P 和 CT_T 分别接逻辑电平开关置“1”，D_3、D_2、D_1、D_0 分别接逻辑电平开关置“0”。G_2 门输入端连接 Q_3、Q_0，G_2 门输出连接$\overline{LD}$。Q_3、Q_2、Q_1、Q_0 依次连接到逻辑电平显示器。

3. 接通电源，测试功能

通过计脉冲 CP 的个数，观察输出端 Q_3、Q_2、Q_1、Q_0 的逻辑电平显示部分 LED 亮暗情况，从而测试十进制计数器的功能。

相关知识

一、时序逻辑电路的特点

时序逻辑电路与组合逻辑电路不同，它是任何时刻电路的稳态输出，不仅取决于该时刻的输入，而且还与电路原来状态有关的逻辑电路，常简称时序电路。时序电路通常由触发器和门电路组成。常用的时序电路有计数器、寄存器等。

二、计数器概述

具有技术功能的数字电路称为计数器。计数器是数字系统应用十分广泛的单元逻辑电路，除直接用作技术、分频、定时外，还经常应用于数字仪表、程序控制、计算机等领域。

计数器由不同的触发器连接而成。通过触发器输入端的控制和触发器的相互连接，可以构成各种不同的计数器。集成计数器是将触发器及有关门电路集成在一块芯片上，使用方便且便于扩展。

按计数的进位体制不同，计数器可以分为二进制、十进制和其他进制的计数器；按计数器中数值的增、减情况，可分为加法计数器、减法计数器、可逆（加/减）计数器；按计数器中各触发器状态转换时刻的不同，可分为同步计数器和异步计数器。

三、二进制计数器

在时钟脉冲作用下，各触发器状态的转换按二进制数的编码规律进行计数的数字电路称为二进制计数器。

前述 74LS161 是中规模集成四位同步二进制加法计数器，计数范围是 0～15。它具有同步置数、异步清零、保持和二进制加法计数等逻辑功能。

四、十进制计数器

在时钟脉冲作用下各触发器状态的转换按十进制数的编码规律进行计数的数字电路称为十进制计数器。

74LS160 是中规模集成同步十进制加法计数器，其逻辑功能示意图如图 10-4 所示。其外引脚排列及符号与 74LS161 外引脚相同，如图 10-1 所示。

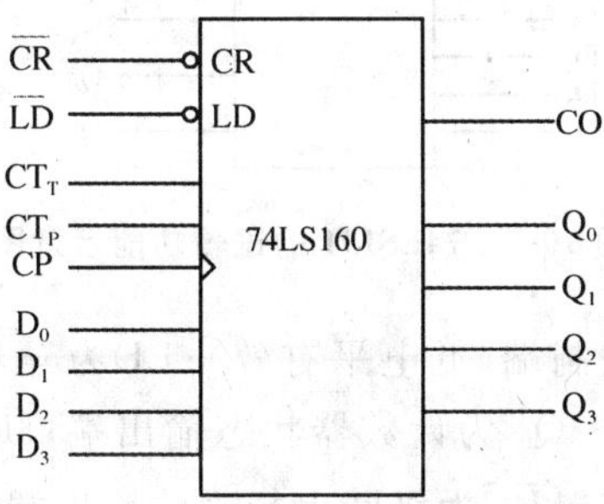

图 10-4　74LS160 的逻辑功能示意图

计数器 74LS160 逻辑功能表见表 10-2。

表 10-2　74LS160 逻辑功能表

输入									输出				
$\overline{CR}$	$\overline{LD}$	CT_P	CT_T	CP	D_3	D_2	D_1	D_0	Q_3	Q_2	Q_1	Q_0	CO
0	×	×	×	×	×	×	×	×	0	0	0	0	0
1	0	×	×	↑	d_3	d_2	d_1	d_0	d_3	d_2	d_1	d_0	
1	1	1	1	↑	×	×	×	×	计数				
1	1	0	×	×	×	×	×	×	保持				
1	1	×	0	×	×	×	×	×	保持				0

由功能表可知，74LS160 计数器具有如下逻辑功能：

异步清零功能：只要$\overline{CR}=0$，不论有无时钟脉冲 CP 和其他信号输入，计数器立即清零，$Q_3Q_2Q_1Q_0=0000$。

同步预置数功能：在$\overline{CR}=1$、$\overline{LD}=0$ 条件下，当 CP 上升沿作用时完成置数，把数据端数据 $d_3d_2d_1d_0$ 送到计数器，使 $Q_3Q_2Q_1Q_0=d_3d_2d_1d_0$。

计数功能：在$\overline{CR}=1$、$\overline{LD}=1$、$CT_P=CT_T=1$（允许计数）时，在 CP 上升沿作用下，计数器按照 8421BCD 码的规律进行十进制加法计数，这时进位输出 $CO=Q_3Q_0$。

保持功能：在$\overline{CR}=1$、$\overline{LD}=1$ 且 $CT_P \cdot CT_T=0$ 时，计数器保持原来的状态不变，在计数器执行保持功能时，如 $CT_P=0$、$CT_T=1$，则 $CO=CT_TQ_3Q_0=Q_3Q_0$；如 $CT_P=1$、$CT_T=0$，则

$CO = CT_T Q_3 Q_0 = 0$。

五、二进制加/减计数器

74LS191 是中规模集成四位单时钟同步二进制加/减计数器，计数范围是 0～15。它具有异步置数、保持、二进制加法计数和减法计数等逻辑功能。

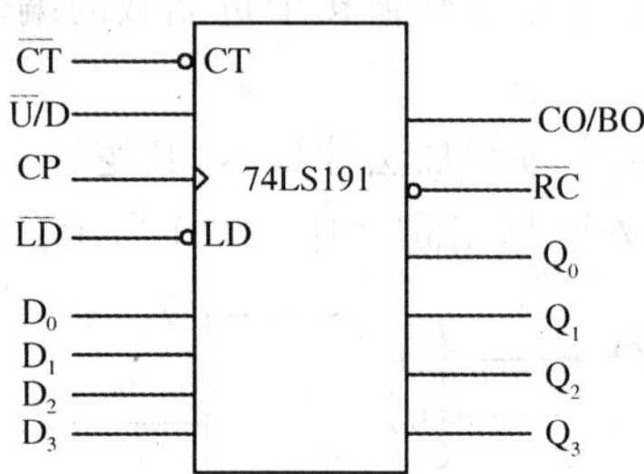

图 10-5　74LS191 的逻辑功能示意图

引出端符号：$\overline{CT}$为计数控制端（低电平有效）；$\overline{LD}$为异步置数控制端（低电平有效）；$D_3 \sim D_0$为并行数据输入端；$Q_3 \sim Q_0$ 为计数器状态输出端；$\overline{U}/D$ 为加/减计数方式控制端；*CO/BO* 为进位输出/借位输出端；$\overline{RC}$为级间串行进位输出端（串行时钟输出端），用于多个芯片的级联扩展。74LS191 没有专用清零输入端，但可借助于 $D_3D_2D_1D_0 = 0000$ 实现计数器清零。

计数器 74LS191 逻辑功能表见表 10-3。

表 10-3　74LS191 逻辑功能表

输入								输出				说明
$\overline{LD}$	$\overline{CT}$	$\overline{U}/D$	*CP*	D_3	D_2	D_1	D_0	Q_3	Q_2	Q_1	Q_0	
0	×	×	×	d_3	d_2	d_1	d_0	d_3	d_2	d_1	d_0	并行异步置数
1	0	0	↑	×	×	×	×	加计数				$CO/BO = Q_3Q_2Q_1Q_0$
1	0	1	↑	×	×	×	×	减计数				$CO/BO = \overline{Q_3Q_2Q_1Q_0}$
1	1	×	×	×	×	×	×	保持				

由功能表可知，74LS191 计数器具有如下逻辑功能：

第一，异步置数功能：在$\overline{LD}=0$ 时，无论有无时钟脉冲 CP 和其他信号输入，$D_3 \sim D_0$ 并行输入的数据 $d_3 \sim d_0$ 被送到计数器，使 $Q_3Q_2Q_1Q_0 = d_3d_2d_1d_0$。

第二，计数功能：取$\overline{CT}=0$、$\overline{LD}=1$，当 $\overline{U}/D=0$ 时，在 CP 上升沿作用下，计数器进行二进制加法计数，当 $Q_3Q_2Q_1Q_0 = 1111$ 时，$CO/BO=1$，表示有进位信号输出；当 $\overline{U}/D=1$ 时，在 *CP* 上升沿作用下，计数器进行二进制减法计数，当 $Q_3Q_2Q_1Q_0 = 0000$ 时，$CO/BO=1$，表示有借位信号输出。

第三，保持功能：在$\overline{CT}=\overline{LD}=1$ 时，计数器保持原来的状态不变。

第四，$\overline{RC}$端输出串行计数负脉冲，在多位加/减计数器级联时，其与相邻高位计数器时钟输入端 CP 相连。

活动分析

1. 利用 74LS161 的异步清零功能构成十二进制计数器。
2. 利用 74LS161 的同步预置功能构成十二进制计数器。

活动二　四位双向通用移位寄存器 74LS194 的应用

活动内容

一、准备工作

(1) 认识四位双向通用移位寄存器 74LS194，外引脚如图 10-6 所示。

引出端符号：

CP：移位脉冲输入端(上升沿有效)；

$\overline{CR}$：异步清零输入端(低电平有效)；

D_{SR}：右移串行数据输入端；

D_{SL}：左移串行数据输入端；

$D_0 \sim D_3$：并行数据输入端；

M_0 和 M_1：工作模式选择端；

$Q_0 \sim Q_3$：数据并行输出端。

$\overline{CR}$	1	16	V_{CC}
D_{SR}	2	15	Q_0
D_0	3	14	Q_1
D_1	4	13	Q_2
D_2	5	12	Q_3
D_3	6	11	CP
D_{SL}	7	10	M_1
GND	8	9	M_0

图 10-6　74LS194 外引脚排列图

寄存器 74LS194 逻辑功能表见表 10-4。表中符号"×"表示任意电平。

表 10-4　74LS194 逻辑功能表

输入										输出			
$\overline{CR}$	M_1	M_0	CP	D_{SR}	D_0	D_1	D_2	D_3	D_{SL}	Q_0	Q_1	Q_2	Q_3
0	×	×	×	×	×	×	×	×	×	0	0	0	0
1	×	×	0	×	×	×	×	×	×	Q_{00}	Q_{10}	Q_{20}	Q_{30}
1	1	1	↑	×	d_0	d_1	d_2	d_3	×	d_0	d_1	d_2	d_3
1	0	1	↑	d	×	×	×	×	×	d	Q_{0n}	Q_{1n}	Q_{2n}
1	1	0	↑	×	×	×	×	×	d	Q_{1n}	Q_{2n}	Q_{3n}	d
1	0	0	×	×	×	×	×	×	×	Q_{00}	Q_{10}	Q_{20}	Q_{30}

其中：

$d_0 d_1 d_2 d_3$ 为 $D_0 D_1 D_2 D_3$ 端的稳态输入电平；

$Q_{00} Q_{10} Q_{20} Q_{30}$ 为规定的稳态输入条件建立前 $Q_0 Q_1 Q_2 Q_3$ 的电平；

$Q_{0n} Q_{1n} Q_{2n} Q_{3n}$ 为时钟最近的↑前 $Q_0 Q_1 Q_2 Q_3$ 的电平。

由功能表可知，74LS194 寄存器具有如下逻辑功能：

异步清零功能：当$\overline{CR}=0$，移位寄存器清零，$Q_0 \sim Q_3$ 都为 0 状态。

保持功能：在$\overline{CR}=1$、$CP=0$ 或$\overline{CR}=1$、$M_1M_0=00$ 时，移位寄存器保持原状态不变。

并行送数功能：在$\overline{CR}=1$、$M_1M_0=11$ 时，在 CP 上升沿作用下，使 $D_0 \sim D_3$ 端输入的数据 $d_0 \sim d_3$ 并行送入寄存器，$Q_3Q_2Q_1Q_0=d_3d_2d_1d_0$，显然是同步并行送数。

右移串行送数功能：在$\overline{CR}=1$、$M_1M_0=01$ 时，在 CP 上升沿作用下，执行右移功能，D_{SR} 端输入的数据依次送入寄存器。

左移串行送数功能：在$\overline{CR}=1$、$M_1M_0=10$ 时，在 CP 上升沿作用下，执行左移功能，D_{SL} 端输入的数据依次送入寄存器。

（2）将数字集成电路 74LS194 插入实验设备匹配的插座中。

二、测试寄存器 74LS194 的逻辑功能

先将集成电路 74LS194 的第 16 引脚插孔用导线连接到电源端“+5 V”，第 8 引脚插孔连接到电源接地端。CP 接单次脉冲信号源，$\overline{CR}$、M_1、M_0、D_{SR}和 D_{SL}、D_3、D_2、D_1、D_0 分别接逻辑电平开关，Q_3、Q_2、Q_1、Q_0 依次连接到逻辑电平显示器。按表 10-4 逐项测试 74LS194 的逻辑功能。

三、由 74LS194 构成扭环形计数器

1. 设计

所谓环形计数器，就是把移位寄存器的串行输出反馈到串行输入端，组成自循环移位寄存器。扭环形计数器的不同之处是将移位寄存器的输出端 $\overline{Q}_3$ 反馈到串行输入端。

图 10-7 是由 74LS194 构成的右循环计数器。由图可知，$M_1M_0=01$（右移方式），$D_{SR}=\overline{Q}_3$。设寄存器的初态为 $Q_0Q_1Q_2Q_3=0000$，则在时钟作用下进行自循环右移，状态转换如图 10-8 所示。

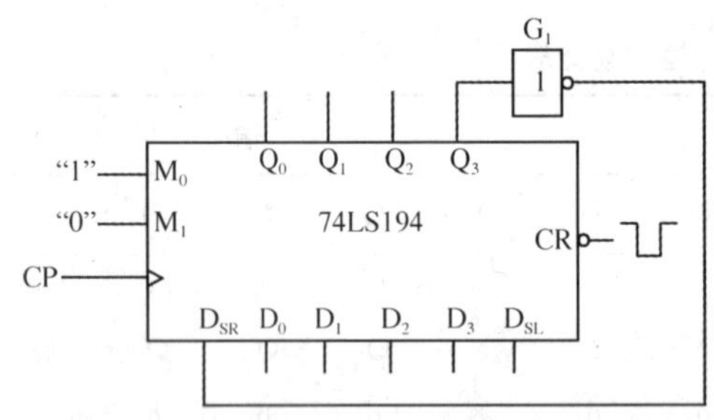

图 10-7　由 74LS194 构成扭环形计数器

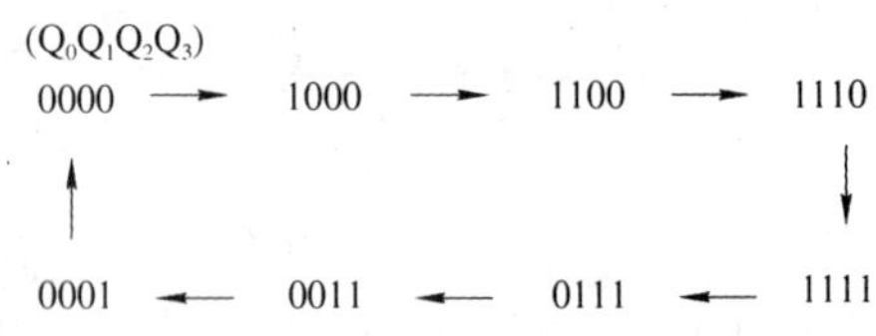

图 10-8　扭环形计数器状态图

2. 挑选导线，按图 10-7 连接电路

先将集成电路 CC4069 的第 14 引脚插孔用导线连接到电源端“+5 V”，第 7 引脚插孔连接到电源接地端。将集成电路 74LS194 的第 16 引脚插孔用导线连接到电源端“+5 V”，第 8 引脚插孔连接到电源接地端。CP 接单次脉冲信号源，M_0 接逻辑电平开关置“1”，M_1 接逻辑电平开关置“0”。G_1 门输入端连接 Q_3，G_1 门输出连接 D_{SR}。Q_3、Q_2、Q_1、Q_0 依次连接到逻辑电平显示器。

3. 接通电源，测试功能

首先将$\overline{CR}$接逻辑电平开关置“0”，移位寄存器清零，即 $Q_3 \sim Q_0$ 都为“0”状态。然后$\overline{CR}$接逻辑电平开关置“1”，通过计脉冲 *CP* 的个数，观察输出端 Q_3、Q_2、Q_1、Q_0 的逻辑电平显示部分 LED 亮暗情况，对照图 10-8 测试扭环形计数器的功能。

相关知识

一、寄存器概述

寄存器是在数字系统中用来存放二进制数据或运算结果的一种常用逻辑部件，所以它经常被称作中间存储器。它除了具有接收数据、保存数据和传送数据等基本功能外，还具有左、右移位，串、并输入，串、并输出以及预置、清零等功能，从而构成多功能寄存器。

寄存器按功能不同，可分为数码寄存器和移位寄存器。

二、数码寄存器

如图 10-9 所示，由 4 个 D 触发器组成的四位并入并出数码寄存器。图中 D_3、D_2、D_1、D_0 是数据并行输入端，$\overline{CR}$ 是直接清零端，*CP* 是送数控制时钟脉冲，寄存器的输出 $Q_3^{n+1}Q_2^{n+1}Q_1^{n+1}Q_0^{n+1} = D_3D_2D_1D_0$。可见，数码寄存器只具有存放二进制数码的功能。

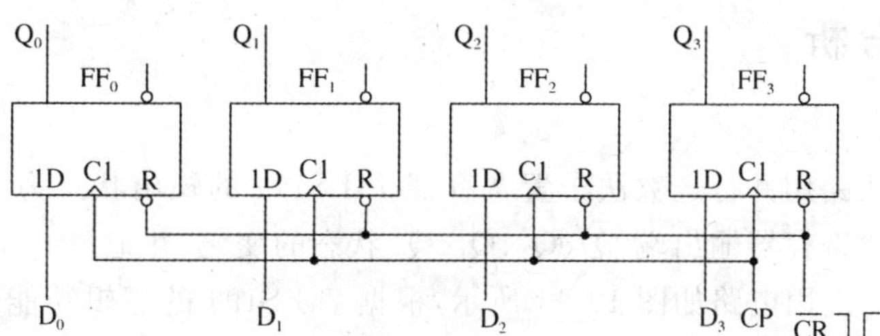

图 10-9　四位数码寄存器

三、移位寄存器

移位寄存器不仅能寄存数码，还具有移位功能，即使其寄存的数码在每一个移位脉冲作用下依次左移或右移一位。移位寄存器分为单向移位寄存器和双向移位寄存器两大类。

前述 74LS194 是四位双向移位寄存器。

74LS164 是八位串行输入/并行输出单向移位寄存器，其逻辑功能示意图如图 10-10 所示。

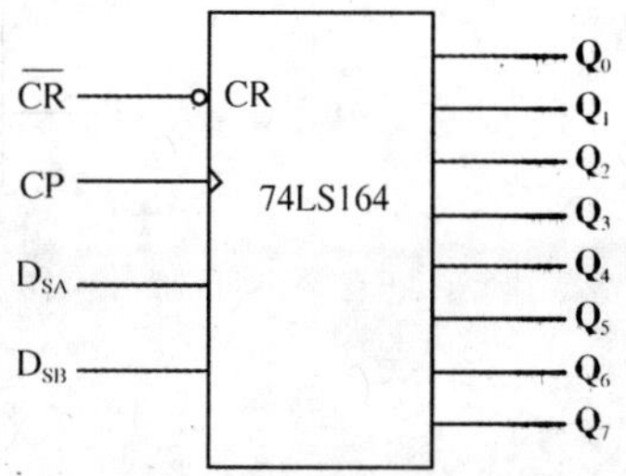

图 10-10　74LS164 的逻辑功能示意图

$\overline{CR}$为异步清零端（低电平有效），当该端加入低电平时，寄存器输出 $Q_7 \sim Q_0$ 全为低电平；D_{SA} 和 D_{SB} 是串

行数据输入端，当$\overline{CR}=1$、$D_{SA}=D_{SB}=1$时，在CP上升沿作用下，使$Q_0=1$，$Q_7\sim Q_0$依次左移一位。当D_{SA}或D_{SB}任一为低电平时，在CP上升沿作用下Q_0为低电平，其他数据左移一位。当D_{SA}或D_{SB}中一个为高电平时，则另一个允许输入数据，在CP上升沿作用下，则Q_0的状态等于输入的数据，同时$Q_1\sim Q_7$依次左移一位。当$\overline{CR}=1$、CP=L时，保持原状态不变。$Q_0\sim Q_7$是数据并行输出端，同时Q_7端也是串行数据输出端。对于串行输入的数据，在CP上升沿作用下，从Q_7串行输出，其功能见表10-5。

表10-5　74LS164逻辑功能表

输入				输出								工作模式
$\overline{CR}$	CP	D_{SA}	D_{SB}	Q_7	Q_6	Q_5	Q_4	Q_3	Q_2	Q_1	Q_0	
0	×	×	×	0	0	0	0	0	0	0	0	异步清零
1	L	×	×	保持								
1	↑	×	L	d_6	d_5	d_4	d_3	d_2	d_1	d_0	0	移入0
1	↑	L	×	d_6	d_5	d_4	d_3	d_2	d_1	d_0	0	移入0
1	↑	1	1	d_6	d_5	d_4	d_3	d_2	d_1	d_0	1	移入1

活动分析

1. 自拟实验线路用并行送数法予置寄存器74LS194的输出状态为0000，然后构成左移循环计数器，观察寄存器输出端Q_3、Q_2、Q_1、Q_0状态的变化、并记录。

2. 74LS194的应用电路如图10-11所示，根据74LS194的逻辑功能表，试填写出应用电路的输出状态表，记录于表10-6中。

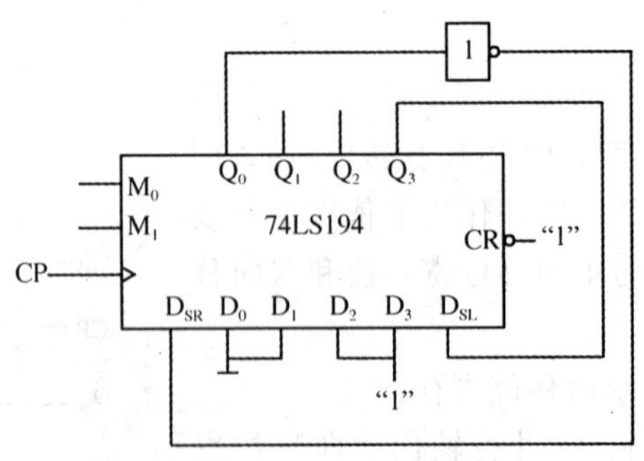

图10-11　74LS194应用电路

表 10-6　输出状态表

CP	M_1	M_0	Q_0	Q_1	Q_2	Q_3
1	1	1				
2	0	1				
3	0	1				
4	0	1				
5	1	0				
6	1	0				

项目十一　智力竞赛抢答装置的装接与测试

一、知识要求

(1) 掌握 D 触发器的原理。
(2) 掌握多谐振荡器的构成。
(3) 熟悉智力竞赛抢答器的工作原理。

二、技能要求

(1) 会测试各触发器及逻辑门的逻辑功能。
(2) 了解简单数字系统实验调试及故障排除方法。

三、材料、工具及设备

(1) 双踪示波器。
(2) 数字电子通用实验设备。
(3) 直流数字电压表。
(4) 数字集成电路 74LS175、74LS20、74LS74、74LS00,电阻、电位器、电容若干。

活动一　与非门构成多谐振荡器

活动内容

一、准备工作

(1) 按图 11-1 所示,备齐元件与连接导线,并将元件分别安置在试验设备适当的插孔及位置中。

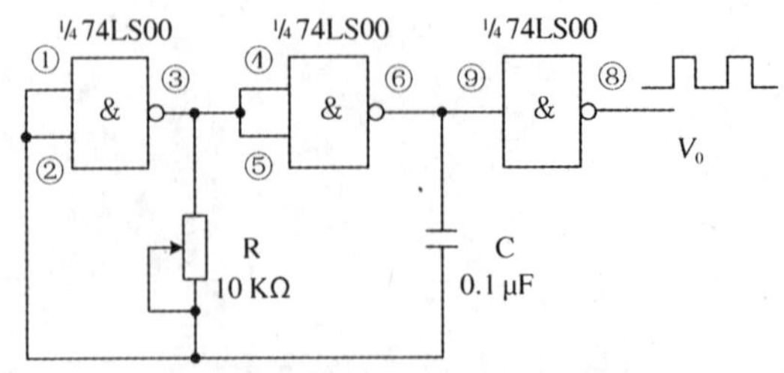

图 11-1　多谐振荡器电路

(2) 认识数字集成电路 74LS00(四 2 输入与非门),图 11-2 为 74LS00 引脚排列,测试各逻辑门的逻辑功能。

(3) 将示波器接通电源,垂直方式开关置于“CHOP”位置,Y 通道输入耦合方式开关置于“AC、DC”位置均可,并通过调节使两条时基线的亮度、聚焦及位置合适后待用。

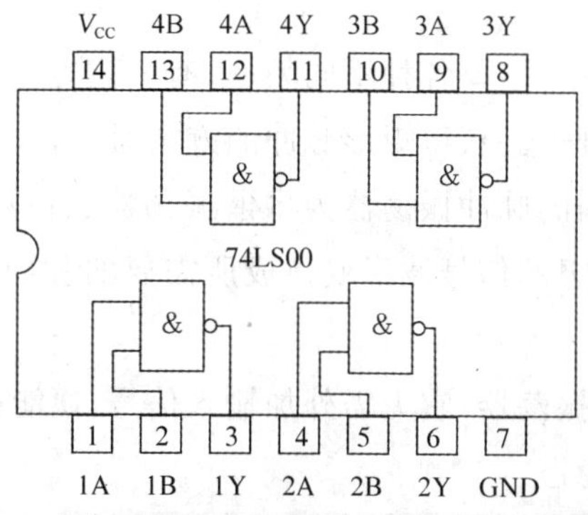

图 11-2　74LS00 引脚排列

二、断电按图 11-1 连接电路,并检查连线是否有误

三、接通电源,进行测试

1. 用示波器观察输出波形及电容 C 两端的电压波形,记录于图 11-3 中。

2. 调节电位器 R,观察输出波形的变化,测出上、下限频率,f_H = ________ Hz,f_L = ________ Hz。

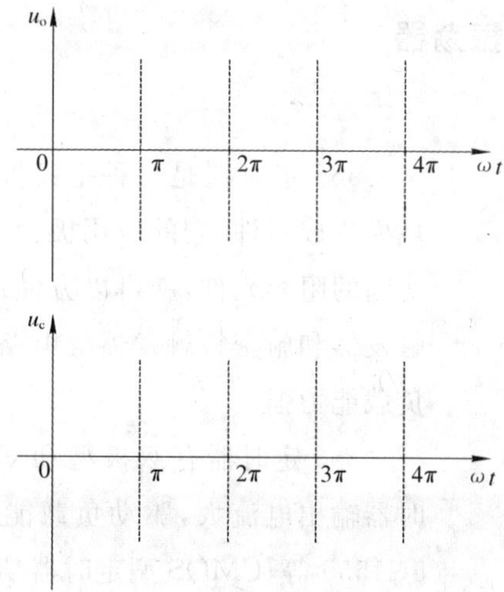

图 11-3　电压波形

相关知识

一、脉冲信号

在数字电路或数字系统中，需要各种不同频率、有一定宽度和幅度的脉冲信号，如时钟脉冲、控制过程中的定时信号等。获得矩形脉冲的方法通常有两种：一种是用脉冲振荡器直接产生，在数字系统中最常用的脉冲振荡器为多谐振荡器、石英晶体振荡器等；另一种是用整形电路把一种已有的不理想的信号波形变换成所需要的脉冲波形，常用的整形电路有单稳态触发、施密特触发器等。

多谐振荡器是一种自激振荡器，它无需外加输入信号，便能产生矩形脉冲。多谐振荡器没有稳定状态，只有两个暂稳态。

二、图 11-1 工作原理

如图 11-1 所示，为非对称型多谐振荡器，其输出波形是不对称的。电路的工作原理是利用电容器的充放电，当输入电压达到与非门的阈值电压时，门的输出状态即发生变化。因此，电路输出的脉冲波形参数直接取决于电路中阻容元件的数值。当用 TTL 与非门组成时，输出脉冲宽度

$$t_{w1}=RC \qquad t_{w2}=1.2RC \qquad T=t_{w1}+t_{w2}=2.2RC$$

调节 R 和 C 值，可改变输出信号的振荡频率，通常用改变 C 实现输出频率的粗调，改变电位器 R 实现输出频率的细调。

三、555 定时器构成多谐振荡器

1. 555 定时器

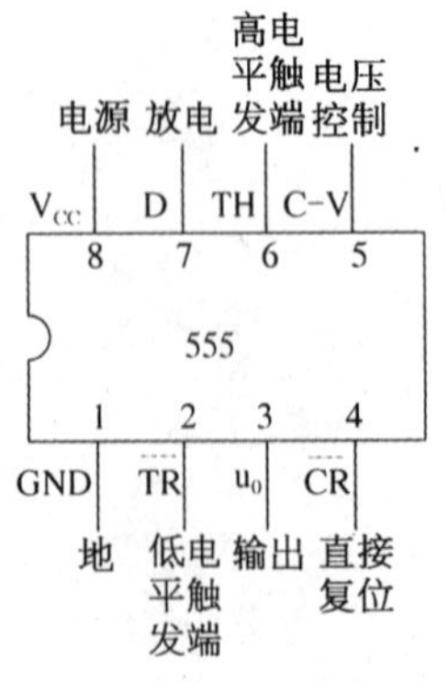

图 11-4 555 定时器引脚排列图

555 定时器是一种把模拟和数字电路结合起来的中规模集成器件，它的应用极为广泛，通常只要在外部配上适当的阻容元件，就可以方便地构成多谐振荡器、单稳态触发器和施密特触发器等电路，而且电源电压范围宽、带负载能力强。

555 定时器有双极型和 CMOS 型两大类，双极性定时器输出电流大，驱动负载能力强，典型产品有 NE555、5G1555 等；CMOS 型定时器功耗低，输出电流较小，典型产品有 CC7555、CC7556 等。图 11-4 所示是 NE555 定时器的外引脚排列图。表 11-1 所示为 NE555 定时器的功能表。

表 11-1　555 集成定时器功能表

$\overline{CR}$	u_{TH}	$u_{\overline{TR}}$	u_0	功能
0	×	×	0	直接复位
1	$>\frac{2}{3}V_{CC}$	$>\frac{1}{3}V_{CC}$	0	复位
1	$<\frac{2}{3}V_{CC}$	$>\frac{1}{3}V_{CC}$	保持	保持
1	×	$<\frac{1}{3}V_{CC}$	1	置位

2. 构成多谐振荡器

如图 11-5(a)所示，由 555 定时器和外接元件 R_1、R_2、C 构成多谐振荡器，脚 2 与脚 6 直接相连。电路没有稳态，仅存在两个暂稳态，电路亦不需要外加触发信号，利用电源通过 R_1、R_2 向 C 充电，以及 C 通过 R_2 向放电端 D 放电，使电路产生振荡。电容 C 在$\frac{1}{3}V_{CC}$和$\frac{2}{3}V_{CC}$之间充电和放电，其波形如图 11-5(b)所示。输出信号的时间参数是

$$t_{w1}=0.7(R_1+R_2)C \qquad t_{w2}=0.7R_2C \qquad T=t_{w1}+t_{w2}=0.7(R_1+2R_2)C$$

555 电路要求 R_1 与 R_2 均应大于或等于 1 kΩ，但 R_1+R_2 应小于或等于 3.3 MΩ。

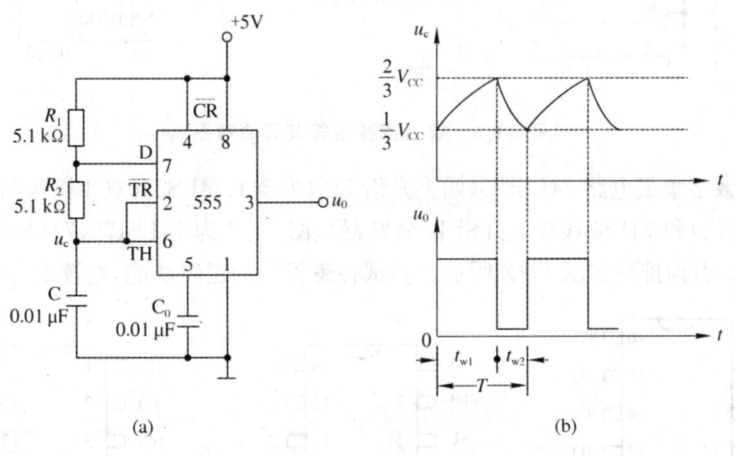

图 11-5　555 定时器构成的多谐振荡器

(a) 电路图；(b) 波形图

活动分析

用双踪示波器观察图 11-5 中 u_C 与 u_0 的波形，测定频率。

活动二　四人智力竞赛抢答器的实现

活动内容

一、准备工作

(1) 如图 11-6 所示，备齐元件与连接导线，并将元件分别安置在试验设备适当的插孔及位置中。图中 F_1 为 74LS175，F_2 为 74LS20，F_3 为 74LS00，F_4 为 74LS74。

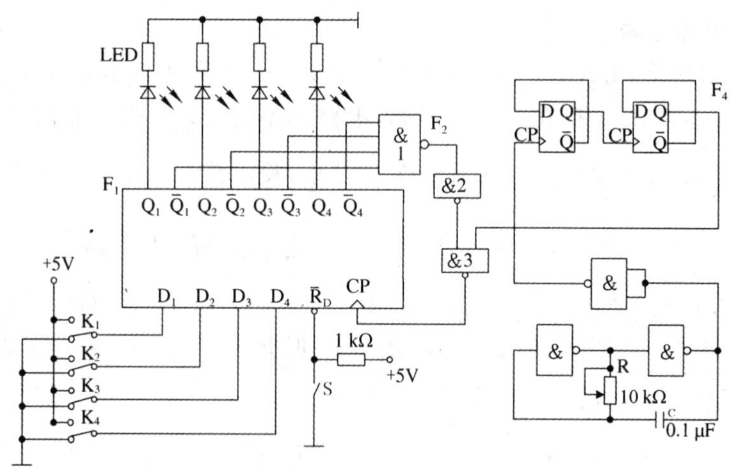

图 11-6　智力竞赛抢答装置原理图

(2) 认识数字集成电路 74LS175(四上升沿 D 触发器)、74LS20(双 4 输入与非门)、74LS00(四 2 输入与非门)和 74LS74(双上升沿 D 触发器)，图 11-7 为 74LS175、74LS20 和 74LS74 引脚排列，74LS00 引脚排列如图 11-2 所示。测试各逻辑门的逻辑功能，判读器件的好坏。

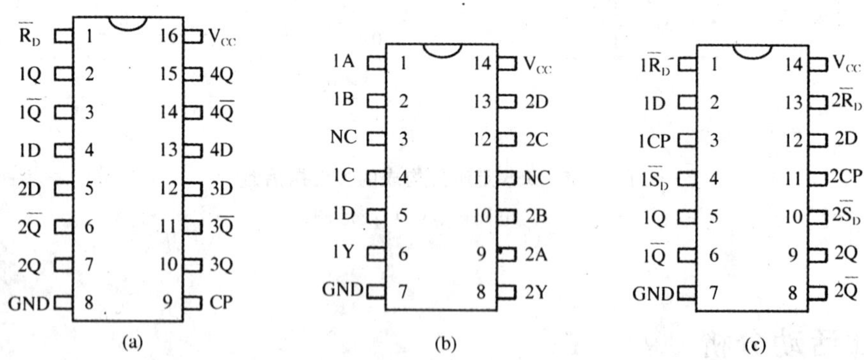

图 11-7　74LS175、74LS20 和 74LS74 引脚排列

(a) 74LS175 外引脚排列图；(b) 74LS20 外引脚排列图；(c) 74LS74 外引脚排列图

(3) 将示波器接通电源，垂直方式开关置于“CHOP”位置，Y 通道输入耦合方式开关置于“AC、DC”位置均可，并通过调节使两条时基线的亮度、聚焦及位置合适后待用。

二、连线

断电按图 11-6 连接电路，抢答器五个开关接实验装置上的逻辑开关、发光二极管接逻辑电平显示器。并检查连线是否有误。

三、调试多谐振荡器 F_3 及分频器 F_4

断开抢答器电路中 CP 脉冲源电路，单独对多谐振荡器 F_3 及分频器 F_4 进行调试，调整多谐振荡器 10 kΩ 电位器，使其输出脉冲频率约为 4 kHz，应用示波器观察 F_3 及 F_4 输出波形测试其频率。

四、测试抢答器电路功能

(1) 接通＋5 V 电源，CP 端接实验装置上连续脉冲源，取重复频率约为 1 kHz。

(2) 抢答开始前，开关 K_1、K_2、K_3、K_4 均置“0”，准备抢答，将开关 S 置“0”，发光二极管全熄灭，再将 S 置“1”。抢答开始，K_1、K_2、K_3、K_4 某一开关置“1”，观察发光二极管的亮、灭情况，然后再将其他三个开关中的一个置“1”，观察发光二极管的亮、灭有否改变。

(3) 重复上述 2 的内容，改变 K_1、K_2、K_3、K_4 任一个开关状态，观察抢答器的工作情况。

(4) 断开实验装置上的连续脉冲源，接入 F_3 及 F_4，再进行实验。

相关知识

图 11-6 工作原理

图中 F_1 为四 D 触发器 74LS175，它具有公共置 0 端和公共 CP 端。F_2 为双 4 输入与非门 74LS20。F_3 是由 74LS00 组成的多谐振荡器。F_4 是由 74LS74 组成的四分频电路，F_3 和 F_4 组成抢答电路中的 CP 时钟脉冲源，抢答开始时，由主持人清除信号，按下复位开关 S，74LS175 的输出 Q_1～Q_4 全为 0，所有发光二极管 LED 均熄灭，当主持人宣布“抢答开始”后，首先作出判断的参赛者立即按下开关，对应的发光二极管点亮，同时，通过与非门 F_2 送出信号锁住其余三个抢答者的电路，不再接受其它信号，直到主持人再次清除信号为止。

活动分析

设计一个 8 路智力竞赛抢答器。

项目十二　单片机基本结构的认识

一、知识要求

（1）认识单片机 40 引脚的名称及作用。
（2）了解单片机的内部结构。
（3）熟悉单片机复位方式。
（4）了解单片机省电方式的设置。

二、技能要求

（1）会认识单片机的型号。
（2）会进行单片机引脚的使用。
（3）会进行单片机复位方式的设置。
（4）会进行单片机省电方式的设置。

三、材料、工具及设备

（1）51 单片机两块。
（2）实验开发系统 1 套。
（3）电脑 1 台。
（4）电源线，连接线若干。

活动一　认识单片机内部结构和引脚

MCS－51 单片机是由美国 INTEL 公司生产的一系列单片机的总称，这一系列单片机型号有 8031、8051、8751、8032、8052、8752 等，其中 8051 是最早最典型的产品，该系列其他单片机都是在 8051 的基础上进行功能的增、减、改变而来的，所以人们习惯于用 8051 来称呼 MCS－51 系列单片机，而 8031 是前些年在我国最流行的单片机，所以很多场合会看到 8031 的名称。INTEL 公司将 MCS－51 的核心技术授权给了很多其他公司，所以有很多公司在做以 8051 为核心的单片机，当然，功能或多或少有些改变，以满足不同的需求。以 51 系列单片机为主，来认识单片机内部结构和引脚。

活动内容

一、观察单片机

如图 12-1 所示，单片机的外形看上去就是一个集成块，是个带有“触角”的长方形集成块。这个“触角”就是单片机的“引脚”。

观察图 12-1 所示单片机的型号，单片机的型号一般表示在集成块的中央，用白色醒目的字体打印，所以图 12-1 所示单片机的型号是 8052。

观察图 12-1 单片机的引脚数，可知这块单片机是一片 40 脚的 8052 的单片机。

图 12-1　单片机

二、通过单片机实验开发系统认识单片机内部结构和引脚

(1) 对于单片机的初学者来说，大部分的动手学习一定是通过实验系统来完成的，所以看过实物后，通过实验系统来认识单片机的内部结构和引脚。以爱迪克单片机实验开发系统为例。

(2) 仔细观察爱迪克单片机实验开发系统，如图 12-2 所示，找到表 12-1 中实验开发系统中各模块及引脚的位置。

表 12-1　爱迪克单片机实验开发系统各部分记录表

序　号	引脚名称	模块名称
1	P0 引脚	8255 模块
2	P1 引脚	AD 模块
3	P2 引脚	DA 模块
4	P3 引脚	LED 灯模块
5	复位引脚	键盘显示模块
6	电源	输入输出模块

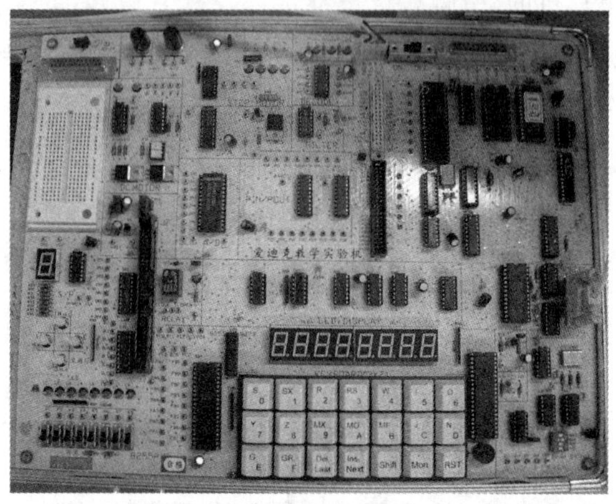

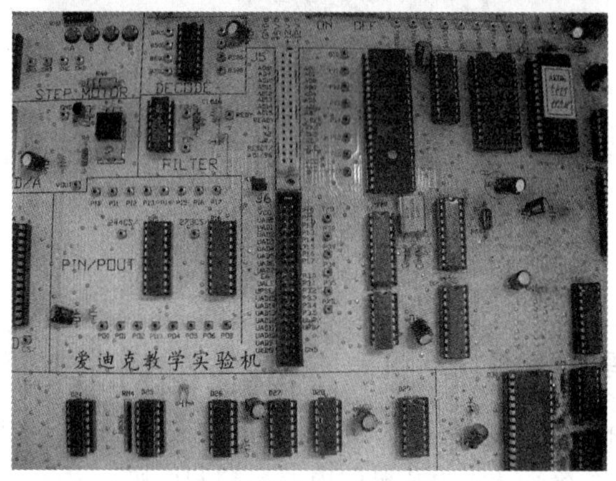

图 12-2　爱迪克单片机实验开发系统结构

相关知识

通过对单片机和单片机实验开发系统的观察，对单片机有了直观认识。下面就对单片机的内部结构和引脚进行系统认识。

一、单片机的定义

单片机就是把中央处理器(Central Processing Unit，CPU)，存储器(memory)，定时器，I/O(Input/Output)接口电路等一些计算机的主要功能部件集成在一块集成电路芯片上的微型计算机。单片机又称为“微控制器 MCU”。中文“单片机”的称呼是由英文名称“Single Chip Microcomputer”直接翻译而来的。

二、51 单片机内部结构

图 12-3 为 8051 单片机的内部系统组成的基本框图：

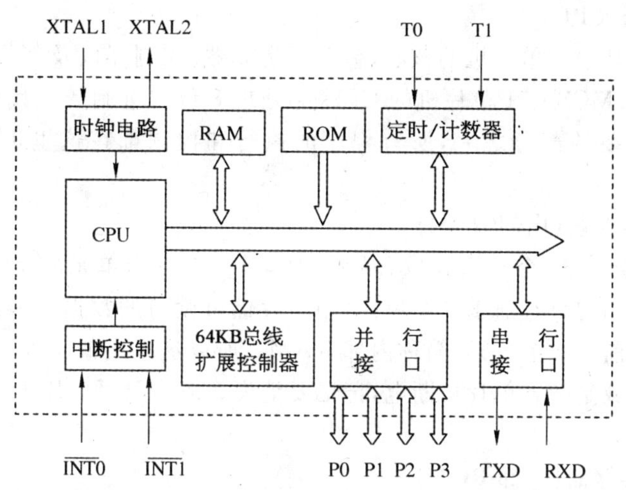

图 12-3 MCS-51 单片机系统组成基本框图

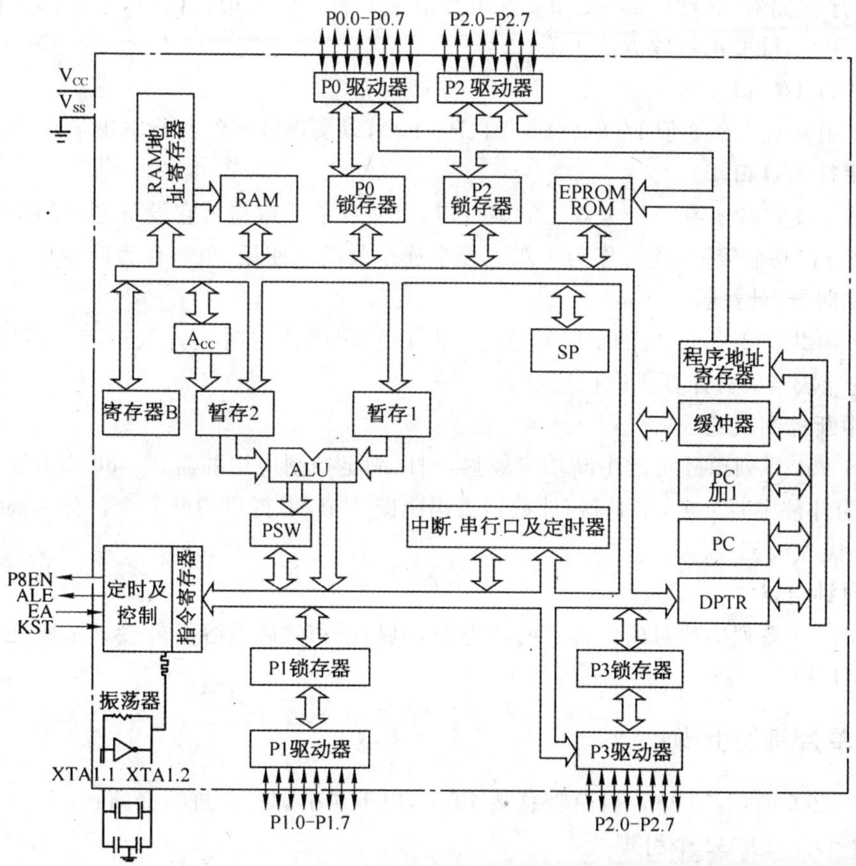

图 12-4 MCS-51 单片机内部方框图

由图 12-4 可以看出,MCS-51 系列单片机 8051 是由中央处理器(CPU)、随机存储器(RAM)、只读存储器(ROM)、输入/输出(I/O)口电路、定时器/计数器等若干部件组成,再配置一定的外围电路,如时钟电路、复位电路等,即可构成一个基本的微型计算机系统。

1. 中央处理器(CPU)

中央处理器(CPU)是单片机的核心,包含了运算器、控制器以及若干寄存器等部件,完成运算和控制功能,MCS－51单片机的CPU能处理8位二进制数或代码,故称为8位机。这里是单片机最重要的部分之一,所有程序的执行和控制都在这里进行,类似于人类的大脑。

2. 内部数据存储器(内部RAM)

8051芯片中共有256个内部RAM单元,但其中后128个单元被专用寄存器占用,能作为存储器供用户使用的只有前128个单元,用于存储可读写的数据。因此通常所说的内部数据存储器就是指前128个单元,简称内部RAM。所以这里类似于人类大脑的记忆区域,但是这部分记忆区域是随着单片机断电,记忆要消失。但是只要单片机一直不断电,就一直有记忆。

3. 内部程序存储器(内部ROM)

8051内共有4KB掩膜ROM。由于ROM通常用于存放程序,原始数据,表格等。所以称之为程序存储器,简称内部ROM。这也类似于人类大脑的记忆区域,但这部分记忆区域却是永久记忆,除非用特殊方法去除。

4. 并行I/O口

8051中共有4个8位I/O口(P0、P1、P2、P3),以实现数据的并行输出输入等。

5. 串行I/O口

MCS－51单片机有一个全双工的串行口,以实现单片机与其它设备之间的串行数据通信。该串行口功能较强,既可作为全双工异步通信收发器使用,也可作为同步移位器使用。

6. 定时器/计数器

8051内共有2个16位的定时器/计数器,以实现硬件定时或计数功能,并可根据需要用定时或计数结果对计算机进行控制。

7. 中断控制系统

MCS－51系列单片机的中断功能较强,用以满足控制应用的需要。8051共有5个中断源,分别为外部中断2个,定时器/计数器溢出中断2个,串行口中断1个。分为高级和低级两个中断优先级。

8. 时钟电路

MCS－51系列单片机的内部有时钟电路,但晶振和微调电容需外接。系统允许最高频率为12MHz。

三、51单片机的引脚

如图12-5所示,51单片机引脚总共40个,以下对引脚功能进行介绍:

1. 8个并口共32个引脚

P0.0～P0.7P0口8位双向口线(在引脚的39～32号端子)。

P1.0～P1.7P1口8位双向口线(在引脚的1～8号端子)。

P2.0～P2.7P2口8位双向口线(在引脚的21～28号端子)。

P3.0～P3.7P3口8位双向口线(在引脚的10～17号端子)。

这4个I/O口具有不完全相同的功能。

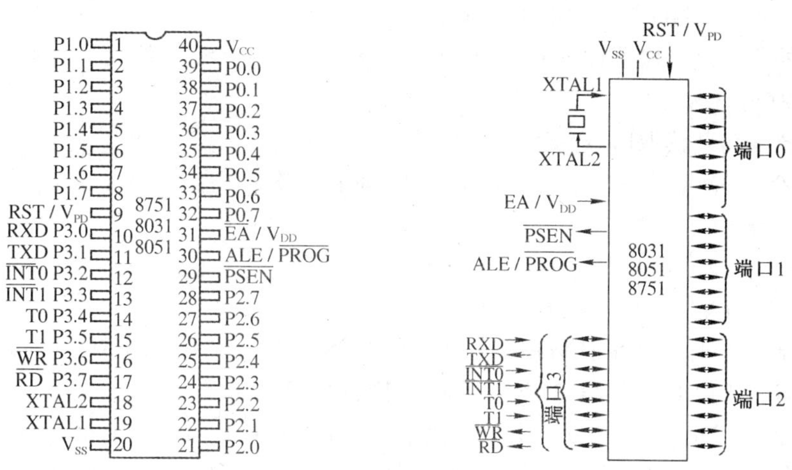

图 12-5　MCS－51 系列单片机芯片的引脚图及逻辑图

P0 口有三个功能：

(1) 外部扩展存储器时，当做数据总线。

(2) 外部扩展存储器时，当作地址总线。

(3) 不扩展时，可做一般的 I/O 使用，但内部无上拉电阻，作为输入或输出时应在外部接上拉电阻。

P1 口只做 I/O 口使用：其内部有上拉电阻。

P2 口有两个功能：

(1) 扩展外部存储器时，当作地址总线使用。

(2) 做一般 I/O 口使用，其内部有上拉电阻。

P3 口有两个功能：

除了作为 I/O 使用外(其内部有上拉电阻)，还有一些特殊功能。

在介绍这四个 I/O 口时提到了一个“上拉电阻”，那么上拉电阻是什么呢？又起什么作用呢？顾名思义，它就是一个电阻，当作为输入时，上拉电阻将其电位拉高，若输入为低电平则可提供电流源；所以如果 P0 口作为输入时，处在高阻抗状态，只有外接一个上拉电阻才能有效。

2. 余下 8 个引脚功能

ALE/PROG 地址锁存控制信号：在系统扩展时，ALE 用于控制把 P0 口的输出低 8 位地址锁存器锁存起来，以实现低位地址和数据的隔离。ALE 有可能是高电平也有可能是低电平，当 ALE 是高电平时，允许地址锁存信号，当访问外部存储器时，ALE 信号负跳变(即由正变负)将 P0 口上低 8 位地址信号送入锁存器。当 ALE 是低电平时，P0 口上的内容和锁存器输出一致。

在没有访问外部存储器期间，ALE 以 1/6 振荡周期频率输出(即 6 分频)，当访问外部存储器以 1/12 振荡周期输出(12 分频)。当系统没有进行扩展时 ALE 会以 1/6 振荡周期的固定频率输出，因此可以做为外部时钟，或者外部定时脉冲使用。

PORG 为编程脉冲的输入端：在 8051 单片机内部有一个 4KB 或 8KB 的程序存储器(ROM)，ROM 的作用就是用来存放用户需要执行的程序的，通过编程脉冲输入才能写进去

的，这个脉冲的输入端口就是 PROG。

PSEN 外部程序存储器读选通信号：在读外部 ROM 时 PSEN 低电平有效，以实现外部 ROM 单元的读操作。

(1) 内部 ROM 读取时，PSEN 不动作。

(2) 外部 ROM 读取时，在每个机器周期会动作两次。

(3) 外部 RAM 读取时，两个 PSEN 脉冲被跳过不会输出。

(4) 外接 ROM 时，与 ROM 的 OE 脚相接。

EA/V_{DD}访问程序存储器控制信号

(1) 接高电平时：CPU 读取内部程序存储器(ROM)。扩展外部 ROM 时，当读取内部程序存储器超过 0FFFH(8051)1FFFH(8052)则自动读取外部 ROM。

(2) 接低电平时：CPU 读取外部程序存储器(ROM)。而 8031 单片机内部是没有 ROM 的，所以在应用 8031 单片机时，这个脚是一直接低电平的。

(3) 8751 烧写内部 EPROM 时，利用此脚输入 21 V 的烧写电压。

RST 复位信号：当输入的信号连续 2 个机器周期以上高电平时即为有效，用以完成单片机的复位初始化操作，当复位后程序计数器 PC＝0000H，即复位后将从程序存储器的 0000H 单元读取第一条指令码。

XTAL1 和 XTAL2 外接晶振引脚。当使用芯片内部时钟时，此二引脚用于外接石英晶体和微调电容；当使用外部时钟时，用于接外部时钟脉冲信号。

V_{CC}：电源＋5 V 输入。

V_{SS}：GND 接地。

活动分析

1. 51 单片机内部结构的组成是什么？
2. MCS－51 单片机各引脚的功能是什么？

活动二　进行单片机复位和节电工作方式的设置

活动内容

一、单片机的复位

MCS－51 系列单片机的复位(RST)引脚上只有出现 10 ms 以上的高电平，单片机就实现复位。

MCS－51 系列单片机的复位有两种方法：上电复位和操作复位。

(1) 开机时，单片机的 RST 引脚上出现宽度大于 10 ms 的正脉冲，单片机进入复位状态。这也是上电复位。

(2) 单片机开机状态下，直接按下“复位”按钮，使单片机进入复位状态。这便是操作复位。

二、单片机的节电方式设置

在野外、空中、井下等环境或便携式智能仪器中，常用电池对单片机供电。一般选用CHMOS工艺制成的单片机。正常工作时功耗较小，另有两种节电方式：等待方式和掉电方式。

等待方式设置：对电源控制寄存器PCON的D0位设置为1，即进入等待方式。退出等待方式可以通过中断退出和按钮复位退出两种方式进行。

掉电方式设置：对电源控制寄存器PCON的D1位设置为1，即进入掉电方式。退出掉电方式通过按钮复位进行。

相关知识

一、51单片机的复位

复位是单片机的初始化操作。单片机启动运行时，都需要先复位，其作用是使CPU和系统中其他部件处于一个确定的初始状态，并从这个状态开始工作。因而，复位是一个很重要的操作方式。但单片机本身是不能自动进行复位的，必须配合相应的外部电路才能实现。

1. 复位电路

复位有两种方法：上电复位和操作复位。

常用的上电复位电路如图12-6(a)中左图所示。图中电容 C_1 和电阻 R_1 对电源+5 V来说构成微分电路。上电后，保持RST一段高电平时间，由于单片机内的等效电阻的作用，不用图中电阻 R_1，也能达到上电复位的操作功能，如图12-6(a)中右图所示。

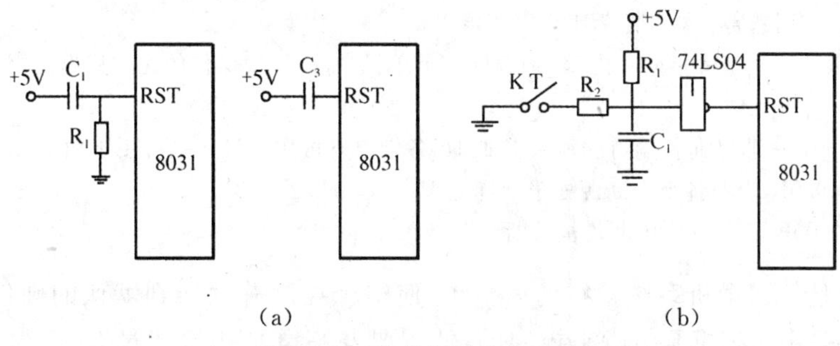

图12-6　单片机的复位电路

(a) 上电复位；(b) 上电或开关复位电路

常用的操作复位电路如12-6(b)所示。上电后，由于电容 C_3 的充电和反相门的作用，使RST持续一段时间的高电平。当单片机已在运行当中时，按下复位键K后松开，也能使RST为一段时间的高电平，从而实现操作复位。

根据实际操作的经验，下面给出这两种复位电路的电容、电阻参考值。

图 12-6(a)中：$C_1=10-30\ \mu F$，$R_1=1\ k\Omega$

图 12-6(b)中：$C_3=1\ \mu F$，$R_1=1\ k\Omega$，$R_2=10\ k\Omega$

2. 单片机复位后的状态

单片机的复位操作使单片机进入初始化状态，其中包括使程序计数器 PC=0000H，这表明程序从 0000H 地址单元开始执行。单片机冷启动后，片内 RAM 为随机值，运行中的复位操作不改变片内 RAM 区中的内容，21 个特殊功能寄存器复位后的状态为确定值，见表 12-2。

值得指出的是，记住一些特殊功能寄存器复位后的主要状态，对于了解单片机的初态，减少应用程序中的初始化部分是十分必要的。

表 12-2 单片机复位后特殊功能寄存器中的值

特殊功能寄存器	初始状态	特殊功能寄存器	初始状态
A	00H	TMOD	00H
B	00H	TCON	00H
PSW	00H	TH0	00H
SP	07H	TL0	00H
DPL	00H	TH1	00H
DPH	00H	TL1	00H
P0～P3	FFH	SBUF	不定
IP	*** 00000B	SCON	00H
IE	0 ** 00000B	PCON	0 ******* B

注：表 12-2 中符号 * 为随机状态；

A=00H，表明累加器已被清零；

PSW=00H，表明选寄存器 0 组为工作寄存器组；

SP=07H，表明堆栈指针指向片内 RAM07H 字节单元，根据堆栈操作的先进后出法则，第一个被压入的内容写入到 08H 单元中；

P0～P3=FFH，表明已向各端口线写入 1，此时，各端口既可用于输入又可用于输出；

IP= *** 00000B，表明各个中断源处于低优先级；

IE=0 ** 00000B，表明各个中断均被关断。

系统复位是任何微机系统执行的第一步，使整个控制芯片回到默认的硬件状态下。51 单片机的复位是由 RESET 引脚来控制的，此引脚与高电平相接超过 24 个振荡周期后，51 单片机即进入芯片内部复位状态，而且一直在此状态下等待，直到 RESET 引脚转为低电平后，才检查 EA 引脚是高电平或低电平，若为高电平则执行芯片内部的程序代码，若为低电平便会执行外部程序。

51 单片机在系统复位时，将其内部的一些重要寄存器设置为特定的值，至于 RAM 内部的数据则不变。

二、节电工作方式

MCS-51系列的单片机一般采用HMOS和CHMOS这两种工艺制造，这两种单片机完全兼容，CHMOS工艺比较先进，它具有HMOS的高速度和CMOS的低功耗的特点。CHMOS型单片机运行时耗电省（正常工作时电流为11～20 mA），并且还提供两种节电工作方式——等待方式（电流为1.7～5 mA）和掉电方式（电流为5～50 μA），以进一步降低功耗，因此特别适用于功耗要求很低的场合。等待方式和掉电方式其内部控制电路如图12-7所示。

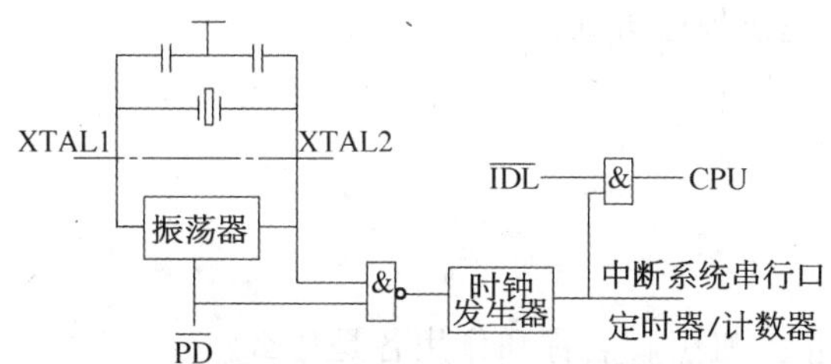

图12-7　等待与掉电方式控制电路

CHMOS型单片机的节电工作方式是由特殊功能寄存器PCON控制的，PCON的格式如下：

PCON (87H)	D7	D6	D5	D4	D3	D2	D1	D0
	SMOD	—	—	—	GF1	GF0	PD	IDL

SMOD：串行口波特率倍率控制位；

GF1：通用标志位；

GF0：通用标志位；

PD：掉电方式控制位，置"1"使器件进入掉电方式；

IDL：空闲方式控制位，置"1"使器件进入空闲方式；

PCON.4～PCON.6为保留位。当IDL和PD同时置"1"时，使器件进入掉电方式。

1. 等待方式

CPU执行一条置"1"PCON.0（IDL）的指令，就使它进入等待方式状态，该指令是CPU执行的最后一条指令，这条指令执行完以后CPU停止工作。进入等待方式以后，中断、串行口和定时器继续工作。CPU现场（栈指针SP、程序计数器PC、程序状态字PSW、累加器ACC）、内部RAM和其它特殊功能寄存器内容维持不变，引脚保持进入空闲时的状态，ALE和PSEN保持逻辑高电平。

进入等待方式以后，有两种方法可以使单片机退出等待方式：一是被允许的中断源请求中断时，由内部的硬件电路清"0"PCON.0（IDL），于是中止等待方式，CPU响应中断，执行中断服务程序，中断处理完以后，从激活等待方式指令的下一条指令开始继续执行程序。

退出等待状态的另一种方法是硬件复位。RST引脚上的复位信号直接清"0"IDL，使单片机退出等待方式，CPU便从激活等待方式的下一条指令开始继续执行程序。

2. 掉电方式

CPU 执行一条置位 PCON.1(PD)的指令，就使单片机进入掉电方式，该指令是 CPU 执行的最后一条指令，执行完该指令后，便进入掉电方式，内部所有的功能部件都停止工作。在掉电方式期间，内部 RAM 和寄存器的内容维持不变，I/O 引脚状态和相关的特殊功能寄存器的内容相对应。ALE 和 PSEN 为逻辑低电平。

退出掉电方式的唯一方法是硬件复位。复位以后特殊功能寄存器的内容被初始化，但 RAM 单元的内容仍保持不变。

在掉电方式期间，V_{cc}电源可降至 2 V，但应注意只有当 V_{cc}恢复正常值(5 V)并经过一段时间后才可以使单片机退出掉电方式。

活动分析

1. MCS－51 系列单片机引脚名称和作用各是什么?
2. 如何进行 MCS－51 单片机复位和省电方式的设置?

项目十三　单片机并行口的控制

一、知识要求

（1）了解 4 个并行口的基本结构和功能。

（2）掌握 P1 口的内部结构和工作原理。

（3）熟悉简单指令的意义和使用。

（4）了解简单并行 I/O 口的扩展。

（5）了解双色 LED 灯的使用。

二、技能要求

（1）会使用 P1 口进行 LED 的控制。

（2）会阅读分析简单程序。

（3）会对程序进行简单修改，得到预期效果。

三、材料、工具及设备

（1）实验开发系统 1 套。

（2）装有实验系统需要的软件的计算机 1 台。

（3）电源线，连接线若干。

活动一　利用单片机并行接口进行 LED 灯的点亮

活动内容

一、硬件线路的连接

（1）这个活动中，我们是利用单片机并行接口进行 LED 灯的点亮，所以需要连线的也就是将单片机的并行接口和 LED 灯的接口连接上。这里我们用 P1 并行口的 8 个引脚和 8 个 LED 灯连接，也就是实验系统中的 P1 口的 P1.0～P1.7 分别和 LED 灯的 8 个引脚 DL1～DL8连接。如图 13-1 所示。

（2）将计算机的串口连接线连接到单片机的 RS232 串口。如图 13-2 所示。

（3）打开单片机电源，观察当前 LED 灯的状态。

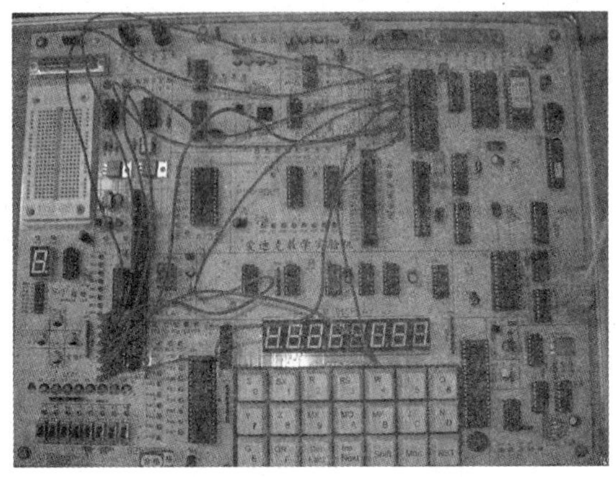

图 13-1　实验连接图

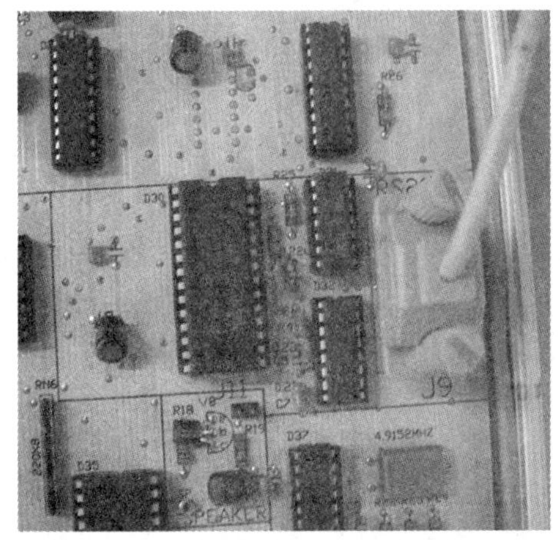

图 13-2　串口 RS232 连接实验系统

二、程序输入

（1）打开计算机桌面开始菜单\所有程序\DOS 命令提示符。如图 13-3 所示。

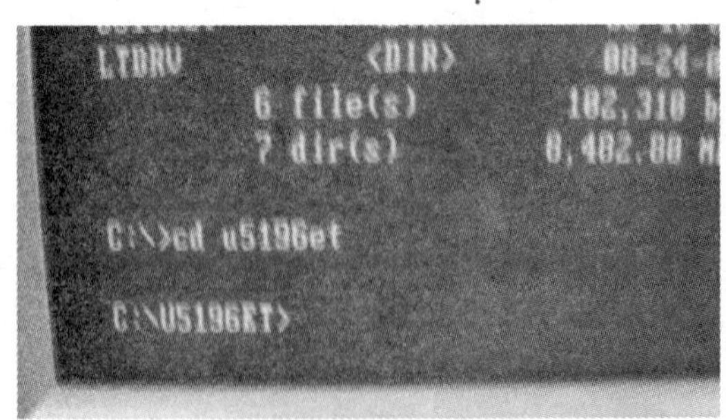

图 13-3　DOS 命令提示符

(2) 在 DOS 命令提示符状态下运行 LCAET 软件,进入调试环境。如图 13-4 所示。

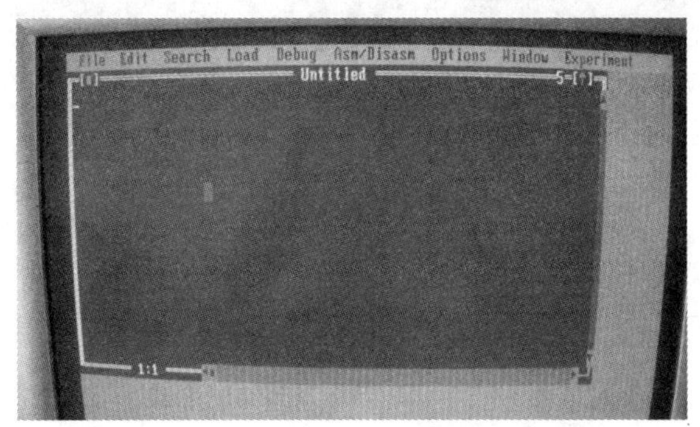

图 13-4　汇编调试环境

(3) 在 LCAET 软件的程序输入窗口,输入以下程序:

```
          ORG 0000H
          LJMP START
          ORG 0040H
START:
          MOV SP,#60H
          MOV A,#01H
ROTATE:   MOV P1,A
          RL A
          LCALL DELAY
          SJMP ROTATE
DELAY:
          MOV R0,#0AH
DELAY1:   MOV R1,#00H
DELAY2:   MOV R2,#0B2H
          DJNZ R2,$
          DJNZ R1,DELAY2
          DJNZ R0,DELAY1
          RET
          END
```

三、执行程序,观察结果

(1) 程序输入之后,用软件的汇编程序对程序进行汇编调试。调试无误后,将生成的目标码加载到实验系统,执行程序。如图 13-5 所示。

图 13-5　加载目标码到实验系统

（2）观察结果：如果程序执行正确，结果会发现 LED 灯被循环点亮。如图 13-6 所示。

图 13-6　LED 灯被循环点亮实验结果

相关知识

一、硬件分析

单片机芯片内有一项重要的资源是并行 I/O 口，MCS－51 共有四个 8 位的并行 I/O 口。分别是：P0、P1、P2、P3。所谓口是集数据输入缓冲、数据输出驱动及锁存等多项内容为一体的 I/O 电路。P0、P1、P2、P3 的内部结构分别由如图 13-7～图 13-10 所示。

1. P0 口

P0 口是功能最强的口，可作为一般的 I/O 口使用，也可作为数据线、地址线使用。当 P0 口作为一般的 I/O 口输出时，由于端口各端线输出电路是漏极开路电路，必须外接上拉电阻才能有高电平输出。当 P0 口作为一般的 I/O 口输入时，必须使电路中的锁存器写入高电平“1”，使场效应管 FET 截止，以避免锁存器为“0”状态时对引脚输入的干扰，使 P0. X 状态始终为“0”。

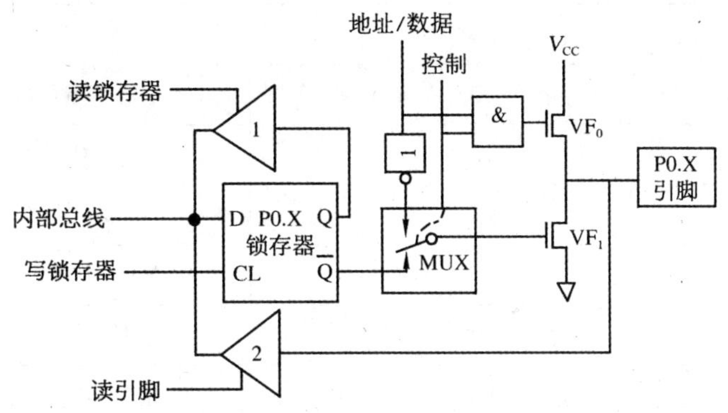

图 13-7　P0 的内部结构

2. P1 口

P1 口通常作为通用 I/O 口使用。作为输出口时，由于电路内部已经带上拉电阻，因此无需外接上拉电阻；作为输入口时，也需先向锁存器写入“1”。是一个标准的 I/O 口。

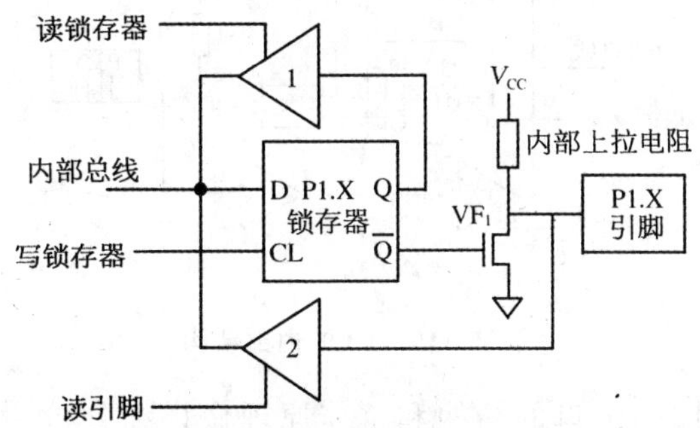

图 13-8　P1 的内部结构

3. P2 口

P2 口可作为通用 I/O 口使用，也可作为高位地址线使用的。

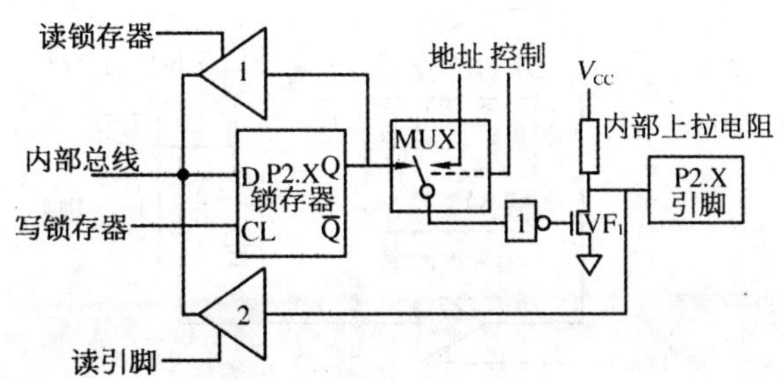

图 13-9　P2 的内部结构

4. P3 口

P3 口可作为通用 I/O 口使用，也可作为第二功能需要来用的。见表 13-1。

表 13-1 P3 口引脚的第二功能

口线	第 二 功 能	信 号 名 称
P3.0	RXD	串行数据接收
P3.1	TXD	串行数据发送
P3.2	INT0	外部中断 0 请求信号输入
P3.3	INT1	外部中断 1 请求信号输入
P3.4	T0	定时器/计数器 0 计数输入
P3.5	T1	定时器/计数器 1 计数输入
P3.6	WR	外部 RAM 写选通
P3.7	RD	外部 RAM 读选通

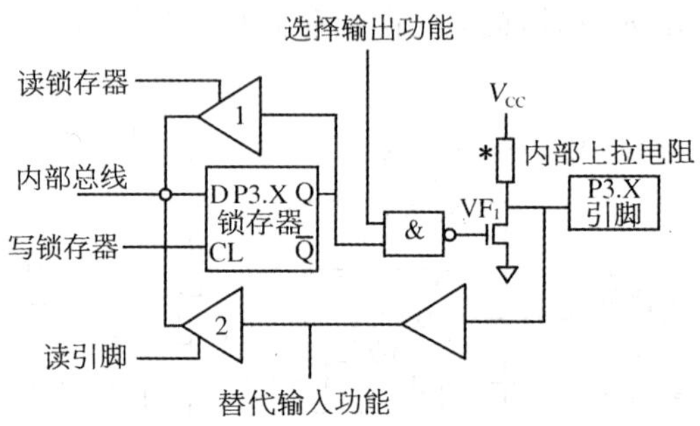

图 13-10 P3 的内部结构

以下对活动中用到的 P1 口的结构和工作原理做详细分析，其他口参照 P1 口试着分析。

如图 13-11 为 P1 口工作原理图。

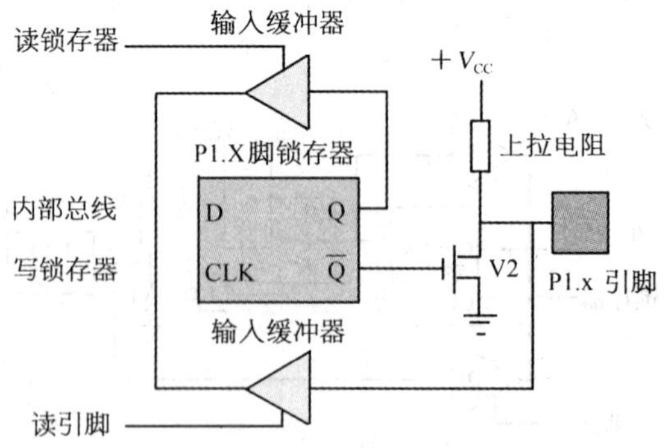

图 13-11 P1 口工作原理图

由图 13-11 可见，P1 端口由锁存器、输入缓冲器、上拉电阻及场效应管驱动电路构成。再看图的右边，标号为 P1. X 引脚的图标，也就是说 P1. X 引脚可以是 P1. 0 到 P1. 7 的任何一位，即在 P1 口有 8 个与图 13-11 相同的电路组成。

首先，就组成 P1 口的每个单元部分做简单介绍：

先看输入缓冲器：在 P1 口中，有两个三态的缓冲器，三态门有三个状态，即在其的输出端可以是高电平、低电平，同时还有一种就是高阻状态(或称为禁止状态)，如图 13-11 所示，上面一个是读锁存器的缓冲器，也就是说，要读取 D 锁存器输出端 Q 的数据，那就得使读锁存器的这个缓冲器的三态控制端(图 13-11 中标号为“读锁存器”端)有效。下面一个是读引脚的缓冲器，要读取 P1. X 引脚上的数据，也要使标号为“读引脚”的这个三态缓冲器的控制端有效，引脚上的数据才会传输到我们单片机的内部数据总线上。

D 锁存器：构成一个锁存器，通常要用一个时序电路，一个触发器可以保存一位的二进制数(即具有保持功能)，在 51 单片机的 32 根 I/O 口线中都是用一个 D 触发器来构成锁存器的。如图 13-11 中的 D 锁存器，D 端是数据输入端，CP 是控制端(也就是时序控制信号输入端)，Q 是输出端，$\overline{Q}$ 是反向输出端。

对于 D 触发器来讲，当 D 输入端有一个输入信号，如果这时控制端 CP 没有信号(也就是时序脉冲没有到来)，这时输入端 D 的数据是无法传输到输出端 Q 及反向输出端 $\overline{Q}$ 的。如果时序控制端 CP 的时序脉冲一旦到了，这时 D 端输入的数据就会传输到 Q 及 $\overline{Q}$ 端。数据传送过来后，当 CP 时序控制端的时序信号消失了，这时，输出端还会保持着上次输入端 D 的数据(即把上次的数据锁存起来了)。如果下一个时序控制脉冲信号来了，这时 D 端的数据才再次传送到 Q 端，从而改变 Q 端的状态。

输出驱动部分：如图 13-11，P1 口的输出是由场效应管与上拉电阻组成的输出驱动器，以增大负载能力。

P1 口的结构最简单，用途也单一，仅作为数据输入/输出端口使用。输出的信息有锁存，输入有读引脚和读锁存器之分。

接着，就来研究一下 P1 口的具体工作过程。

如图 13-11 所示，P1 端口是由内部上拉电阻 R 和场效应管 T2 组成输出驱动器，并且输出的信息仅来自内部总线。由内部总线输出的数据经锁存器反相和场效应管反相后，锁存在端口线上，所以，P1 端口是具有输出锁存的静态口。

如图 13-11 所示，要正确地从引脚上读入外部信息，必须先使场效应管关断，以便由外部输入的信息确定引脚的状态。为此，在作引脚读入前，必须先对该端口写入 1。具有这种操作特点的输入/输出端口，称为准双向 I/O 口。8051 单片机的 P1、P2、P3 都是准双向口。P0 端口由于输出有三态功能，输入前，端口线已处于高阻态，无需先写入 1 后再作读操作。

P1 口由数据总线向引脚输出(即输出状态 Output)的工作过程：当写锁存器信号 CP 有效，数据总线的信号→锁存器的输入端 D→锁存器的反向输出 $\overline{Q}$ 端→V2 管的栅极→V2 的漏极到输出端 P1. X。

P1 口由引脚向内部数据总线输入(即输入状态 Input)的工作过程：

数据输入时(读 P1 口)有两种情况

(1) 读引脚。读芯片引脚上的数据，读引脚数时，读引脚缓冲器打开(即三态缓冲器的控制端要有效)，通过内部数据总线输入。

(2) 读锁存器。通过打开读锁存器三态缓冲器读取锁存器输出端 Q 的状态。

在输入状态下，从锁存器和从引脚上读来的信号一般是一致的，但也有例外。例如，当

从内部总线输出低电平后，锁存器 Q=0，$\overline{Q}$=1，场效应管 T2 开通，端口线呈低电平状态。此时无论端口线上外接的信号是低电平还是高电平，从引脚读入单片机的信号都是低电平，因而不能正确地读入端口引脚上的信号。又如，当从内部总线输出高电平后，锁存器 Q=1，$\overline{Q}$=0，场效应管 T2 截止。如外接引脚信号为低电平，从引脚上读入的信号就与从锁存器读入的信号不同。为此，8051 单片机在对端口 P0～P3 的输入操作上，有如下约定：凡属于读-修改-写方式的指令，从锁存器读入信号，其他指令则从端口引脚线上读入信号。

读-修改-写指令的特点是，从端口输入（读）信号，在单片机内加以运算（修改）后，再输出（写）到该端口上。下面是几条读-修改-写指令的例子。

ANL P0，#立即数	;P0→立即数 P0
ORL P0，A	;P0→AP0
INC P1	;P1+1→P1
DEC P3	;P3－1→P3
CPL P2	;P2→P2

这样安排的原因在于读-修改-写指令需要得到端口原输出的状态，修改后再输出，读锁存器而不是读引脚，可以避免因外部电路的原因而使原端口的状态被读错。

单片机复位后，各个端口已自动地被写入了 1，此时，可直接作输入操作。如果在应用端口的过程中，已向 P1～P3 端口线输出过 0，则再要输入时，必须先写 1 后再读引脚，才能得到正确的信息。

二、软件分析

要让单片机动起来，就要用汇编语言和它沟通，所以，必须要了解一点相关指令。下面对活动中出现的程序进行仔细分析。

```
          ORG 0000H          ;(1)
          LJMP START         ;(2)
          ORG 0040H          ;(3)
START:
          MOV SP,#60H        ;(4)
          MOV A,#01H         ;(5)
ROTATE:   MOV P1,A           ;(6)
          RL A               ;(7)
          LCALL DELAY        ;(8)
          SJMP ROTATE        ;(9)
DELAY:
          MOV R0,#0AH        ;(10)
DELAY1:   MOV R1,#00H        ;(11)
DELAY2:   MOV R2,#0B2H       ;(12)
```

```
DJNZ R2,$             ;(13)
DJNZ R1,DELAY2        ;(14)
DJNZ R0,DELAY1        ;(15)
RET                   ;(16)
END                   ;(17)
```

指令都是一行一行出现的，第一行和第三行指令都是ORG，然后后面的数字不一样，有0000H和0040H，这个就是ORG伪指令，作用是指示接在后面的指令在单片机存储器中存放的位置。程序要执行前，先要放到存储器中，然后由单片机的CPU执行。显然，0000H和0040H就是存放位置的号码。

第四、五、六行指令都是MOV，MOV指令就是移动，看第四行指令后面是SP和＃60H，中间用逗号隔开，这个指令就是SP和＃60H之间移动，称SP是第一操作数，＃60H是第二操作数，MOV指令规定，移动方向是第二操作数向第一操作数移动，所以是把＃60H这个数放进SP寄存器中，这个指令的目的是设置堆栈区，因为本指令在一般程序中都会出现，一般不需要改动，了解到这步即可。第五行指令的意思就是把＃01H这个数放进A寄存器中，第六行指令的意思就是把A寄存器中的数放进P1寄存器。因为MOV指令用的最多，所以对MOV指令做个详细介绍。

1. 以累加器为目的操作数的指令

MOV A，Rn

MOV A，direct

MOV A，@Ri

MOV A，＃data

第一条指令中，Rn代表的是R0～R7。第二条指令中，direct就是指的直接地址，第三条指令中，Ri代表的是R0～R1，前面加上@，意思就是R0或R1寄存器中的数为地址，这个地址单元中的数传送给A寄存器。第四条指令是将立即数data送到A中。

下面通过一些例子加以说明：

MOV A，　R1：将工作寄存器R1中的值送入A，R1中的值保持不变。

MOV A,30H：　将内存30H单元中的值送入A，30H单元中的值保持不变。

MOV A,@R1：先看R1中是什么值，把这个值作为地址，并将这个地址单元中的值送入A中。如执行命令前R1中的值为20H，则是将20H单元中的值送入A中。

MOV A,＃34H：将立即数34H送入A中，执行完本条指令后，A中的值是34H。

2. 以寄存器Rn为目的操作的指令

MOV Rn,A

MOV Rn,direct

MOV Rn,＃data

这组指令功能是把源地址单元中的内容送入工作寄存器，源操作数不变。

3. 以直接地址为目的操作数的指令

MOV direct,A　　　　例：MOV 20H,A

MOV direct,Rn　　　　　MOV 20H,R1

MOV direct1,direct2　　　　MOV 20H,30H

MOV direct,@Ri　　　　　　MOV 20H,@R1

MOV direct,＃data　　　　　MOV 20H,＃34H

4. 以间接地址为目的操作数的指令

MOV @Ri,A　　　　　例：MOV @R0,A

MOV @Ri,direct　　　　　MOV @R1,20H

MOV @Ri,＃data　　　　　MOV @R0,＃34H

5. 十六位数的传递指令

MOV DPTR,＃data16

8051 是一种 8 位机,这是唯一的一条 16 位立即数传递指令,其功能是将一个 16 位的立即数送入 DPTR 中去。其中高 8 位送入 DPH,低 8 位送入 DPL。例:MOVDPTR,＃1234H,则执行完了之后 DPH 中的值为 12H,DPL 中的值为 34H。反之,如果分别向 DPH,DPL 送数,则结果也一样。如有下面两条指令:MOVDPH,＃35H,MOVDPL,＃12H。则就相当于执行了 MOVDPTR,＃3512H。

由以上指令详细介绍,立即数 01H 是不能直接传送给 P1 的,所以用 A 寄存器中间传送一下。P1 口的 8 个引脚如果都是"1",那么 8 个灯就都亮了,那么现在 P1＝01H,也就是说 P1.0＝1,其余引脚都是 0,所以此时应该是第一个 LED 亮,其余都是灭的。要让 LED 灯被循环点亮,应该让 P1.1＝1,然后其余为 0。所以接下来看第七条指令,RL 指令。

RL A 是将(A)中的值的第 7 位送到第 0 位,第 0 位送 1 位,依次类推。

例:A 中的值为 68H,执行 RL A。68H 化为二进制为 01101000,按上进行移动。01101000 化为 11010000,即 D0H。

第九行指令 SJMP ROTATE,这里 SJMP 是跳转指令,跳转到 ROTATE 这个地方,第六行指令,ROTATE 后面是个冒号,这个表示 ROTATE 是一个标号。程序转向这条指令执行。这条指令是将 A 中的内容传送到 P1 中,所以这样,P1 中的值也变成了 02H,这样第二个 LED 灯被点亮。以此类推,LED 灯被循环点亮了。

第 8 行指令 LCALL,是子程序调用指令,调用的子程序是 DELAY 程序,这个程序的作用是延时,也就是让 CPU 工作,目的是拖延时间。DELAY 子程序就在第 10 行以下,直到 RET 指令结束。程序执行到第 8 行指令的时候就调用延时子程序,延时一段时间后再执行第 9 行跳转指令,将循环移位好的 A 寄存器中的数传送给 P1,这样循环点亮 LED 灯,现在知道延时程序的作用就是当一个 LED 灯点亮时,让它亮一段时间,再点亮下一个 LED 灯,否则由于 CPU 执行指令太快,眼睛跟不上点亮的速度就看不出变化了。

活动分析

1. RR A 指令的意思是将 A 寄存器中的数向右循环移位,活动中的 LED 灯是向左循环点亮的,试着修改程序,让 LED 灯反向循环点亮。

2. 如果 LED 灯是两个被循环点亮呢?

活动二　利用单片机扩展I/O接口进行交通灯控制的模拟

活动内容

一、硬件线路的连接

(1) 这个活动中,我们是利用单片机扩展I/O接口进行交通灯控制的模拟,这里我们利用4个双色LED灯模拟交通灯,用74LS273作为输出口,如图13-12所示。

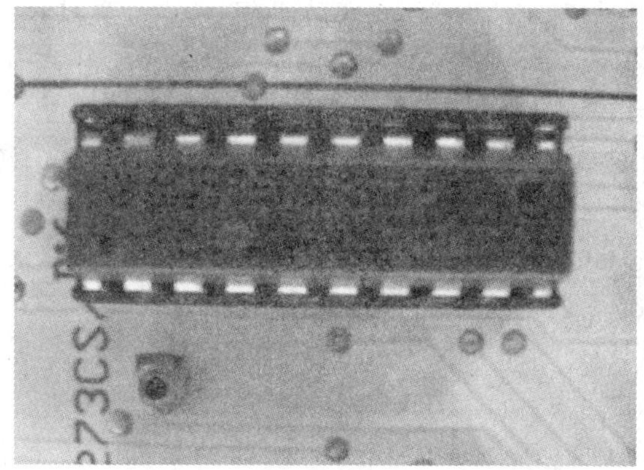

图13-12　74LS273芯片

(2) 将74LS273的8个输出端分别和4个双色LED的8个输入端连线。如图13-13所示。

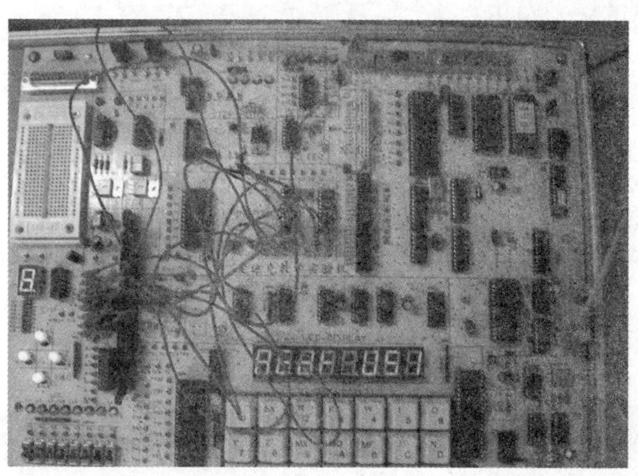

图13-13　实验连接图

(3) 将计算机的串口连接线连接到单片机的RS232串口。

(4) 打开单片机电源,观察当前双色LED灯的状态。

二、程序输入

（1）打开计算机桌面开始菜单\所有程序\DOS命令提示符。

（2）在DOS命令提示符状态下运行LCAET软件，进入调试环境。

（3）在LCAET软件的程序输入窗口，输入以下程序：

```
            ORG 0000H
            LJMP START
            ORG 0040H
START:
            MOV SP,#60H
            LCALL STATUS0        ;初始状态(都是红灯)
CIRCLE:     LCALL STATUS1        ;南北绿灯,东西红灯
            LCALL STATUS2        ;南北绿灯闪转黄灯,东西红灯
            LCALL STATUS3        ;南北红灯,东西绿灯
            LCALL STATUS4        ;南北红灯,东西绿灯闪转黄灯
            LJMP CIRCLE
STATUS0:    MOV DPTR,#8300H      ;南北红灯,东西红灯
            MOV A,#0FH
            MOVX @DPTR,A
            MOV R2,#10           ;延时 1 s
            LCALL DELAY
            RET
STATUS1:    MOV DPTR,#8300H      ;南北绿灯,东西红灯
            MOV A,#96H           ;南北绿灯,东西红灯
            MOV X@DPTR,A
            MOV R2,#200          ;延时 20 s
            LCALL DELAY
            RET
STATUS2:    MOV DPTR,#8300H      ;南北绿灯闪转黄灯,东西红灯
            MOV R3,#03H          ;绿灯闪 3 次
FLASH:      MOV A,#9FH
            MOVX @DPTR,A
            MOV R2,#03H
            LCALL DELAY
            MOV A,#96H
            MOVX @DPTR,A
            MOV R2,#03H
            LCALL DEALY
            DJNZ R3,FLASH
```

```
         MOV A,#06H             ;南北黄灯,东西红灯
         MOVX @DPTR,A
         MOV R2,#10             ;延时 1 s
         LCALL DELAY
         RET
STATUS3: MOV DPTR,#8300H        ;南北红灯,东西绿灯
         MOV A,#69H
         MOVX @DPTR,A
         MOV R2,#200            ;延时 20 s
         LCALL DELAY
         RET
STATUS4: MOV DPTR,#8300H        ;南北红灯,东西绿灯闪转黄灯
         MOV R3,#03H            ;绿灯闪 3 次
FLASH:   MOV A,#6FH
         MOVX @DPTR,A
         MOV R2,#03H
         LCALL DELAY
         MOV A,#69H
         MOVX @DPTR,A
         MOV R2,#03H
         LCALL DEALY
         DJNZ R3,FLASH
         MOV A,#09H             ;南北红灯,东西黄灯
         MOVX @DPTR,A
         MOV R2,#10             ;延时 1 s
         LCALL DELAY
         RET
DELAY:                          ;延时子程序
         PUSH R2
         PUSH R1
         PUSH R0
DELAY1:  MOV R1,#00H
DELAY2:  MOV R0,#0B2H
         DJNZ R0,$
         DJNZ R1,DELAY2         ;延时 100 ms
         DJNZ R2,DELAY1
         POP R0
         POP R1
         POP R2
```

```
RET
END
```

三、执行程序,观察结果

(1) 程序输入之后,用软件的汇编程序对程序进行汇编调试。调试无误后,将生成的目标码加载到实验系统,执行程序。

(2) 观察结果:如果程序执行正确,结果会发现双色 LED 模拟交通灯成功。

图 13-14 实验结果

相关知识

(1) 本活动是交通灯控制的模拟,所以先了解实际交通灯的变化规律。假设一个十字路口为东西南北走向。初始状态 0 为东西红灯,南北红灯。然后转向状态 1 南北绿灯通车,东西红灯。过一段时间转状态 2,南北绿灯闪几次转亮黄灯,延时几秒,东西仍然红灯。再转状态 3,东西绿灯通车,南北红灯。过一段时间转状态 4,东西绿灯闪几次转亮黄灯,延时几秒,南北仍然红灯。最后循环至状态 1。

(2) 再来了解一下双色 LED 灯。双色 LED 是由一个红色 LED 管芯和一个绿色 LED 管芯封装在一起,公用负端。当红色正端加高电平,绿色正端加低电平时,红灯亮;红色正端加低电平,绿色正端加高电平时,绿灯亮;两端都加高电平时,黄灯亮。

(3) 对于程序,按照上个活动方法,自己一条条分析,可以按照子程序 STATUS0～STATUS4 一个一个分析,这样把大程序化小的方法也是读程序的一种方法。下面对程序中涉及到的 DJNZ 和 PUSH、POP 指令再做个介绍。

① DJNZ 为循环转移指令。

DJNZ Rn,rel

DJNZ direct,rel

第一条指令,后面的 Rn 代表 R0～R7,rel 代表指令的地址。指令的执行将 Rn 中的值减 1,如果等于 0,就往下执行,如果不等于 0,就转移到第二个参数所指定的地方去。第二条指令，只是将 Rn 改成直接地址，其他一样，例如：

DJNZ 10H，LOOP

② 堆栈操作。

PUSH direct

POP ＃9；direct

第一条指令称之为推入，就是将 direct 中的内容送入堆栈中，第二条指令称之为弹出，就是将堆栈中的内容送回到 direct 中。推入指令的执行过程是，首先将 SP 中的值加 1，然后把 SP 中的值当作地址，将 direct 中的值送进以 SP 中的值为地址的 RAM 单元中。例：

MOV SP，＃5FH

MOV A，＃100

MOV B，＃20

PUSH ACC

PUSH B

则执行第一条 PUSH ACC 指令是这样的：将 SP 中的值加 1，即变为 60H，然后将 A 中的值送到 60H 单元中，因此执行完本条指令后，内存 60H 单元的值就是 100，同样，执行 PUSH B 时，是将 SP＋1，即变为 61H，然后将 B 中的值送入到 61H 单元中，即执行完本条指令后，61H 单元中的值变为 20。

POP 指令的执行是这样的，首先将 SP 中的值作为地址，并将此地址中的数送到 POP 指令后面的那个 direct 中，然后 SP 减 1。

接上例：

POP B

POP ACC

则执行过程是：将 SP 中的值（现在是 61H）作为地址，取 61H 单元中的数值（现在是 20），送到 B 中，所以执行完本条指令后 B 中的值是 20，然后将 SP 减 1，因此本条指令执行完后，SP 的值变为 60H，然后执行 POP ACC，将 SP 中的值（60H）作为地址，从该地址中取数（现在是 100），并送到 ACC 中，所以执行完本条指令后，ACC 中的值是 100。这两条指令主要起保护寄存器中值的作用。用 PUSH 指令将寄存器中的值存放起来，寄存器使用完后再将值用 POP 取出。

活动分析

1. 请分析活动程序中哪些指令可以改变双色 LED 灯的颜色，如何改变的？
2. 如果没有黄灯闪转的情况，如何修改程序，并做出结果？

项目十四　单片机串行口的通信

一、知识要求

（1）熟悉单片机串行口的工作方式。

（2）了解单片机串行口引脚意义。

（3）熟悉串行口控制寄存器各位的意义。

二、技能要求

（1）会进行两台单片机串行口的连接。

（2）会用程序设置串行口控制寄存器。

（3）能理解串行口发送接收程序。

三、材料、工具及设备

（1）实验开发系统两套。

（2）装有实验系统需要的软件的计算机两台。

（3）电源线，连接线若干。

活动一　利用单片机串行口扩展成一个八位并行输出口

活动内容

一、硬件线路的连接

（1）这个活动是利用单片机串行接口扩展成一个 8 位并行输出口，然后与一个 LED 数码显示管连接，需要用到一片 74LS164。所以需要将串行口先连接到 74LS164，再从 74LS164 连线到一个数码显示管。连线图如图 14-1 所示，实验接线图如图 14-2 所示。

（2）将计算机的串口连接线连接到单片机的 RS232 串口。

（3）打开单片机电源，观察当前数码显示管的状态，如图 14-3 所示。

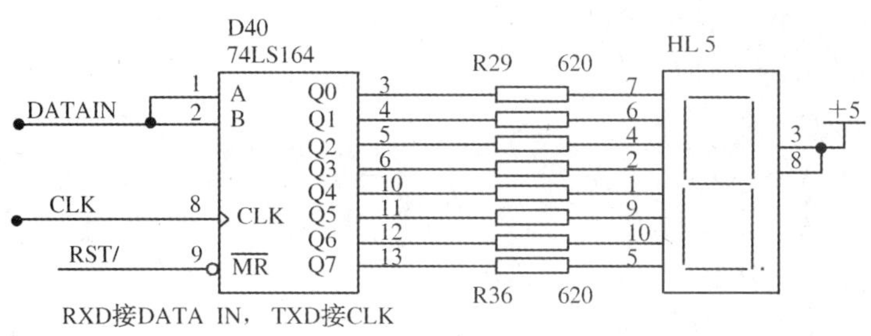

图 14-1　数码管连接线路图

图 14-2　实验接线图

图 14-3　数码显示管初始显示图

二、程序输入

(1) 打开计算机桌面开始菜单\所有程序\DOS 命令提示符。

(2) 在 DOS 命令提示符状态下运行 LCAET 软件，进入调试环境。

(3) 在 LCAET 软件的程序输入窗口，输入以下程序：

```
          ORG 0000H
          LJMP START
          ORG 0040H
START:    MOV SCON,#00H
          MOV A,#0DH
          MOV SBUF,A
LOOP:     JNB TI,LOOP
          CLR TI
          LCALL DELAY
          CPL A
          MOV SBUF,A
          SJMP LOOP
DELAY:
          MOV R0,#0AH
DELAY1:   MOV R1,#00H
DELAY2:   MOV R2,#0B2H
          DJNZ R2,$
          DJNZ R1,DELAY2
          DJNZ R0,DELAY1
          RET
          END
```

三、执行程序,观察结果

(1) 程序输入之后,用软件的汇编程序对程序进行汇编调试。调试无误后,将生成的目标码加载到实验系统,执行程序。

(2) 观察结果:如果程序执行正确,结果会发现“1”和“3”在数码显示管上交替显示,如图 14-4 和图 14-5 所示。

图 14-4 数码管显示“3”

图 14-5 数码管显示“1”

相关知识

一、硬件分析

MCS－51 系列单片机片内有一个串行 I/O 端口，通过引脚 RXD(P3.0)和 TXD(P3.1)可与外设电路进行全双工的串行异步通信。

1. 串行端口的基本特点

8031 单片机的串行端口有 4 种基本工作方式，通过编程设置，可以使其工作在任一方式，以满足不同应用场合的需要。其中，方式 0 主要用于外接移位寄存器，以扩展单片机的 I/O 电路；方式 1 多用于双机之间或与外设电路的通信；方式 2，3 除有方式 1 的功能外，还可用作多机通信，以构成分布式多微机系统。本次活动是串行口工作于方式 0。

串行端口用控制寄存器 SCON 设置工作方式、发送或接收的状态、特征位、数据传送的波特率(每秒传送的位数)以及作为中断标志等。

串行端口有一个数据寄存器 SBUF(在特殊功能寄存器中的字节地址为 99H)，该寄存器为发送和接收所共同。发送时，只写不读；接收时，只读不写。在一定条件下，向 SBUF 写入数据就启动了发送过程；读 SBUF 就启动了接收过程。

串行通信的波特率可以程控设定。在不同工作方式中，由时钟振荡频率的分频值或由定时器 Tl 的定时溢出时间确定，使用十分方便灵活。

2. 串行端口的工作方式

串行口的四种工作方式，本活动用到方式 0，所以以下仅介绍方式 0。

方式 0 是 8 位移位寄存器输入/输出方式。多用于外接移位寄存器以扩展 I/O 端口。波特率固定为 fosc/12。其中，fosc 为时钟频率。

在方式 0 中，串行端口作为输出时，只要向串行缓冲器 SBUF 写入一字节数据后，串行端口就把此 8 位数据以相等波特率，从 RXD 引脚逐位输出(从低位到高位)；此时，TXD 输出频率为 fosc/12 的同步移位脉冲。数据发送前，尽管不使用中断，中断标志 TI 还必须清零，8 位数据发送完后，TI 自动置 1。如要再发送，必须用软件将 TI 清零。

串行端口作为输入时，RXD 为数据输入端，TXD 仍为同步信号输出端，输出频率为 fosc/12 的同步移位脉冲，使外部数据逐位移入 RXD。当接收到 8 位数据(一帧)后，中断标志 RI 自动置 1。如果再接收，必须用软件先将 RI 清零。

3. 串行端口的控制寄存器

本活动用到串行端口的控制寄存器 SCON，用以设置串行端口的工作方式、接收/发送的运行状态、接收/发送数据的特征、波特率的大小，以及作为运行的中断标志等。

SCON 控制串口的工作方式，格式如下：

SM0	SM1	SM2	REN	TB8	RB8	TI	RI

· SM0、SM1：串行口工作方式选择位，由软件设定。本活动为方式 0，所以 SM0 和

SM1 均为 0。

• SM2：多机通信控制位，由软件设定。本活动仅为单机工作，所以以下各标志位均为 0。

• REN：允许接收控制位，由软件设定。REN＝1 时允许接收，REN＝0 时禁止接收。

• TB8：方式 2 和方式 3 中要发送的第 9 位数据，由软件设定，用作奇偶校验位或地址/数据标志位，后者多用于多机通信。

• RB8：方式 2 和方式 3 中接收到的第 9 位数据，在方式 1 中，如果 SM2＝0，则 RB8 为收到的停止位。方式 0 不使用 RB8。

SM0	SM1	方　式	功 能 说 明
0	0	0	移位寄存器输入/输出，波特率为 $f_{esc}/12$
0	1	1	8 位 UART，波特率可变(T1 溢出率/n，n＝32 或 16)
1	0	2	9 位 UART，波特率为 f_{esc}/n，n＝64 或 32)
1	1	3	9 位 UART，波特率可变(T1 溢出率/n，n＝32 或 16)

4. 数码显示管

数码管是怎样来显示 1，2，3，4 呢？数码管实际上是由 7 个发光管组成 8 字形构成的，加上小数点就是 8 个。我们分别把他命名为 a，b，c，d，e，f，g，dp。如图 14-6 所示。

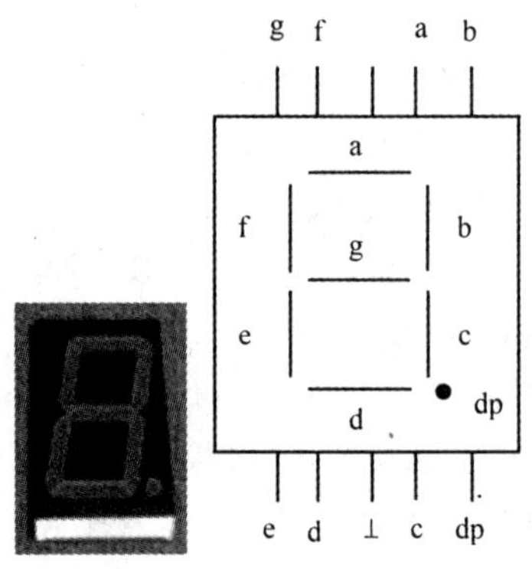

图 14-6　数码管结构图

搞懂了这个原理，如果要显示一个数字 3，a、b、c、d、g 这 5 个段的发光管亮就可以了。

如果 8 个发光管的阳极连在一起，称为共阳极，那么为 0(低电平)是亮，而为 1(高电平)是灭。从高往低排列，(abcdefgdp)写成二进制为 00001101，转化为 16 进制则为 0DH。可以根据硬件的接线把数码管显示数字编制成一个表格，以后直接调用就行了。

如果 8 个发光管的阴极连在一起，称为共阴极，自己试着分析如何表示数字。本活动是共阳极连接。

二、软件分析

现在分析程序，首先把本活动程序中涉及的不熟悉的指令选择出来：

位清 0 指令

CLR C;使 CY=0

CLR bit;使指令的位地址等于 0。例:CLR P1.0;即使 P1.0 变为 0

对于本程序中 CLR TI,则是将 TI 变为 0

判位变量转移指令

JB bit,rel

JNB bit,rel

第一条指令是如果指定的 bit 位中的值是 1,则转移,否则顺序执行。同样,我们可以这样理解这条指令:JB bit,标号。

第二条指令是如果指定的 bit 位中的值不是 1,则转移,否则顺序执行。同样,我们可以这样理解这条指令:JNB bit,标号。

对于本程序中 JNB TI,LOOP,则是如果 TI 不为 1,即为 0,则跳转到 LOOP 执行指令。

根据前面硬件分析和指令学习,可以对本程序做个注释:

```
        ORG 0000H
        LJMP START
        ORG 0040H
START:  MOV SCON,#00H      ;将 SCON 清零,设置串行口工作在方式 0
        MOV A,#0DH
        MOV SBUF,A         ;将 SBUF 中送 0DH 值,启动 RXD 端输出
                           ;此时数码显示管显示数字“3”
LOOP:   JNB TI,LOOP        ;TI=1,则 RXD 端输出完毕,否则等待
        CLR TI             ;将 TI 清零,为下一个数据串行输出准备
        LCALL DELAY        ;延时一段时间
        CPL A              ;取反 A 寄存器内容
        MOV SBUF,A         ;再送 SBUF,启动输出,数码管显示“1.”
        SJMP LOOP          ;程序反复执行
DELAY:                     ;延时子程序
        MOV R0,#0AH
DELAY1: MOV R1,#00H
DELAY2: MOV R2,#0B2H
        DJNZ R2,$
        DJNZ R1,DELAY2
        DJNZ R0,DELAY1
        RET
        END
```

至此,用单片机串口扩展并口可以控制 LED 的显示。

活动分析

1. 如果显示“1.”和“2.”又如何完成呢？
2. 思考如果 0～9 数字轮流显示，如何实现？

活动二　利用单片机串行接口进行双机通讯

活动内容

一、硬件线路的连接

(1) 这个活动中，是利用单片机串行接口进行双机通信，主机数据在从机上用 LED 灯显示，单片机的串行接口工作于方式 3。需要两个实验开发系统配合完成。接线如图 14-7～图 14-9 所示。

8031 主机 A				8031 从机 B
RXD	27	28	TXD	
TXD	28	27	RXD	
GND	13	13	GND	

图 14-7　主从机连接图

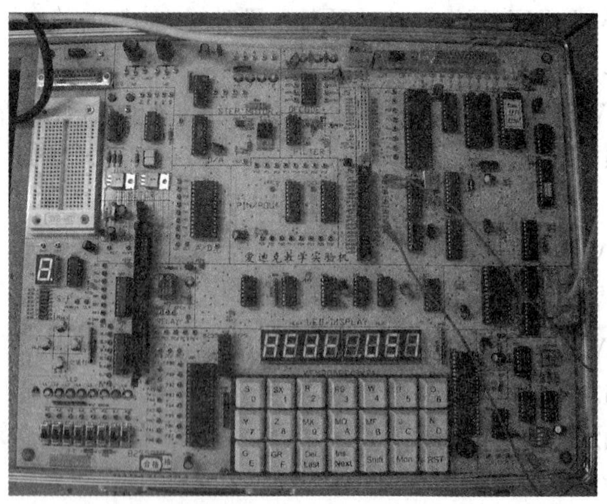

图 14-8　主机实验连线图

图 14-9　从机实验连线图

(2) 将计算机的串口连接线连接到单片机的 RS232 串口。

(3) 打开单片机电源，观察当前两个单片机的状态。

二、程序输入

(1) 打开计算机桌面开始菜单\所有程序\DOS 命令提示符。

(2) 在 DOS 命令提示符状态下运行 LCAET 软件，进入调试环境。

(3) 在 LCAET 软件的程序输入窗口，输入以下程序：

主机 A 主程序：

```
        ORG 0000H
        LJMP MAIN
        ORG 0023H
        LJMP SERVE1
        ORG 1000H
MAIN:   MOV TMOD,#20H
        MOV TH1,#0F3H
        MOV TL1,#0F3H
        SETB TR1
        MOV PCON,#80H
        MOV SCON,#0D0H
        MOV DPTR,#2000H
        MOV R0,#0CH
        SETB ES
        SETB EA
        MOVX A,@DPTR
        MOV C,P
        MOV TB8,C
```

```
          MOV SBUF,A
          SJMP $
```

中断服务程序：

```
SERVE1：  JBC RI,LOOP
          CLR TI
          SJMP ENDT
LOOP：    MOV A,SBUF
          CLR C
          SUBB A,#01H
          JC LOOP1
          MOVX A,@DPTR
          MOV C,P
          MOV TB8,C
          MOV SBUF,A
          SJMP ENDT
LOOP1：   LCALL DELAY
          INC DPTR
          MOVX A,@DPTR
          MOV C,P
          MOV TB8,C
          MOV SBUF,A
          DJNZ R0,ENDT
          CLR ES
ENDT：    RETI
DELAY：                              ;延时子程序
          MOV R0,#0AH
DELAY1：  MOV R1,#00H
DELAY2：  MOV R2,#0B2H
          DJNZ R2,$
          DJNZ R1,DELAY2
          DJNZ R0,DELAY1
          RET
          ORG 2000H
          DB 01H,02H,03H,0FFH,0FEH,3BH,3CH,45H,34H,67H,89H,29H
          END
```

从机 B 主程序：

```
          ORG 0000H
          LJMP MAIN
          ORG 0023H
```

```
        LJMP SERVE2
        ORG 0040H
MAIN:   MOV TMOD,#20H
        MOV TH1,#0F3H
        MOV TL1,#0F3H
        SETB TR1
        MOV PCON,#80H
        MOV SCON,#0D0H
        MOV R0,#0CH
        SETB ES
        SETB EA
        SJMP $
```

中断服务程序：

```
SERVE2: JBC RI,LOOP
        CLR TI
        SJMP ENDT
LOOP:   MOV A,SBUF
        MOV C,P
        JC LOOP1
        ORL C,RB8
        JC LOOP2
        SJMP LOOP3
LOOP1:  ANL C,RB8
        JC LOOP3
LOOP2:  MOV A,#0FFH
        MOV SBUF,A
        SJMP ENDT
LOOP3:  MOV P1,A
        MOV A,#00H
        MOV SBUF,A
        DJNZ R0,ENDT
        CLR ES
ENDT:   RETI
        END
```

三、执行程序,观察结果

(1) 程序输入之后,用软件的汇编程序对程序进行汇编调试。调试无误后,将生成的目标码加载到实验系统,执行程序。

(2) 先执行 B 机程序等待接收 A 机发送的数据,然后执行 A 机程序。

（3）观察结果：如果程序执行正确，结果会发现 B 机的 LED 灯显示接收到的数据值。如图 14-10 所示。

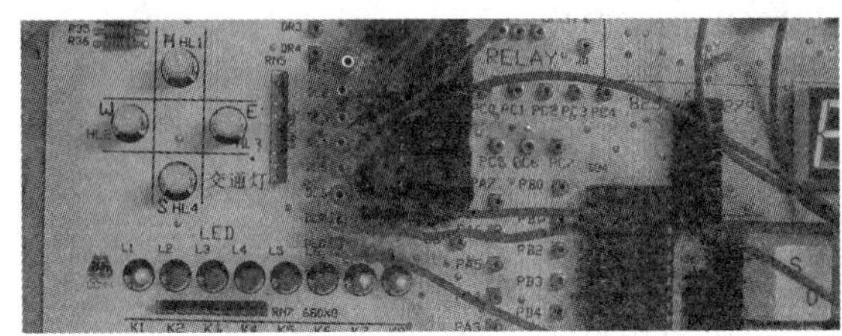

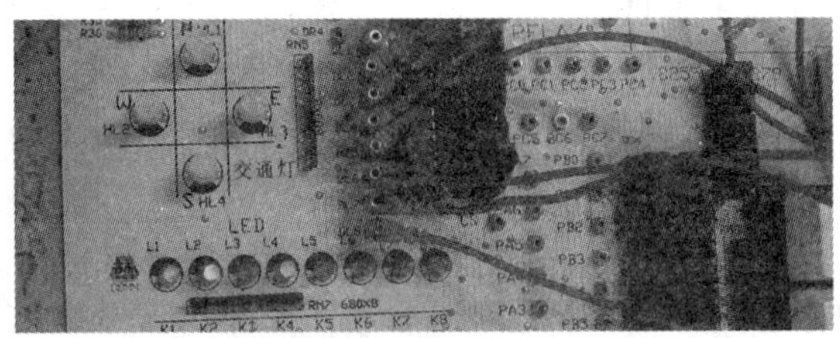

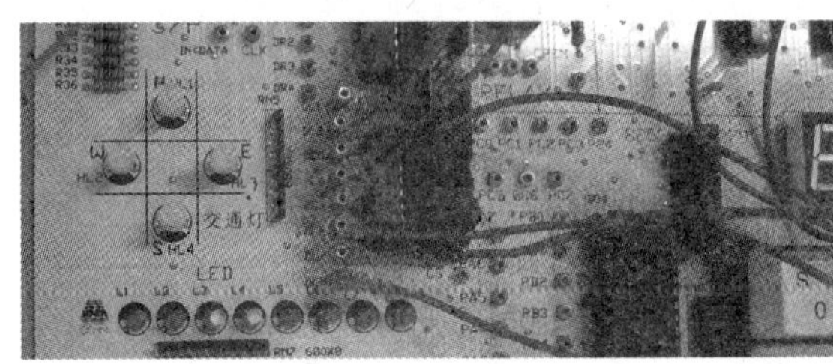

图 14-10　实验结果显示图

相关知识

一、硬件分析

串口结构和基本特点及数码显示管原理在上个活动中已分析，现分析本活动中用到的串口工作方式 3。

1. 工作方式

方式 2，3 是 11 位异步通信方式。其中，1 个起始位（0），8 个数据位（由低位到高位），1 个附加的第 9 位和 1 个停止位（1）。方式 2 和方式 3 除波特率不同外，其他性能完全相同。而方式 2 和方式 3 与方式 1 的操作过程基本相同，主要差别在于方式 2，3 有第 9 位数据。

发送时，发送机的这第 9 位数据来自该机 SCON 中的 TB8，而接收机将接收到的这第 9 位数据送入本机 SCON 中的 RB8。这个第 9 位数据通常用作数据的奇偶检验位，或在多机通信中作为地址/数据的特征位。

方式 2 和方式 3 的波特率计算式如下：

方式 2 的波特率 $=2^{SMOD}/64\times fosc$；

方式 3 的波特率＝$2^{SMOD}/32\times$定时器 T1 的溢出率。

由此可见，在晶振时钟频率一定的条件下，方式 2 只有两种波特率，而方式 3 可通过编程设置成多种波特率，这正是这两种方式的差别所在。

2. 串行端口的控制寄存器

串行端口的控制寄存器 PCON，用以设置波特率的大小。

电源控制寄存器 PCON 格式如下：

SMOD	—	—	—	GF1	GF0	PD	IDL

二、软件分析

把这个活动程序中不熟悉的指令挑出来看看：

位清 0 指令

CLR C；使 CY＝0

CLR bit；使指令的位地址等于 0。例：CLR P1.0；即使 P1.0 变为 0

对于本程序中 CLR TI，则是将 TI 变为 0

判位变量转移指令

JB bit，rel

JNB bit，rel

第一条指令是如果指定的 bit 位中的值是 1，则转移，否则顺序执行。同样，可以这样理解这条指令：JB bit，标号。

第二条指令是如果指定的 bit 位中的值不是 1，则转移，否则顺序执行。同样，可以这样理解这条指令：JNB bit，标号。

对于本程序中 JNB TI，LOOP，则是如果 TI 不为 1，即为 0，则跳转到 LOOP 执行指令。

根据对硬件分析以及程序指令的学习，可以对本程序做个注释：

主机 A 主程序：

```
        ORG 0000H
        LJMP MAIN             ;上电，转向主程序
        ORG 0023H             ;串行口中断入口地址
        LJMP SERVE1
        ORG 1000H             ;主程序
MAIN:   MOV TMOD,#20H         ;设定时器 T1 工作方式 2
        MOV TH1,#0F3H         ;赋循环计数初值
        MOV TL1,#0F3H         ;赋计数值
        SETB TR1              ;启动定时器 T1
        MOV PCON,#80H         ;设 SMOD=1
        MOV SCON,#0D0H        ;置串行口工作方式 3 允许接收
        MOV DPTR,#2000H       ;置发送数据块首址
        MOV R0,#0CH           ;置发送字节数初值
```

```
        SETB ES                ;允许串行口中断
        SETB EA                ;CPU 开中断
        MOVX A,@DPTR           ;取发送数据并建立发送数据的标志
        MOV C,P
        MOV TB8,C              ;奇偶标志送 TB8
        MOV SBUF,A             ;发送数据
        SJMP $                 ;等待中断
中断服务程序:
SERVE1: JBC RI,LOOP            ;是接收中断清 RI、输入接收乙机应答信号
        CLR TI                 ;是发送中断,清除此中断标志
        SJMP ENDT
LOOP:   MOV A,SBUF             ;取乙机的应答信号
        CLR C
        SUBB A,#01H
        JC LOOP1               ;发送正确,转 LOOP1
        MOVX A,@DPTR           ;否则重发
        MOV C,P
        MOV TB8,C
        MOV SBUF,A
        SJMP ENDT
LOOP1:  LCALL DELAY
        INC DPTR               ;修改地址指针、准备发送下一数据
        MOVX A,@DPTR
        MOV C,P
        MOV TB8,C
        MOV SBUF,A
        DJNZ R0,ENDT           ;数据未发送完毕、返回继续发送
        CLR ES                 ;全部发完,关中断
ENDT:   RETI
DELAY:                         ;延时子程序
        MOV R0,#0AH
DELAY1: MOV R1,#00H
DELAY2: MOV R2,#0B2H
        DJNZ R2,$
        DJNZ R1,DELAY2
        DJNZ R0,DELAY1
        RET
        ORG 2000H
        DB 01H,02H,03H,0FFH,0FEH,3BH,3CH,45H,34H,67H,89H,29H
```

```
        END
从机 B 主程序：
        ORG 0000H
        LJMP MAIN           ;上电，转向主程序
        ORG 0023H           ;串行口中断入口地址
        LJMP SERVE2         ;转中断服务程序
        ORG 0040H           ;主程序
MAIN：  MOV TMOD，#20H      ;设定时器 T1 工作方式 2
        MOV TH1，#0F3H      ;赋循环计数初值
        MOV TL1，#0F3H      ;赋计数值
        SETB TR1            ;启动定时器 T1
        MOV PCON，#80H      ;设 SMOD=1
        MOV SCON，#0D0H     ;置串行口工作方式 3 允许接收
        MOV R0，#0CH        ;置接收字节数初值
        SETB ES             ;允许串行口中断
        SETB EA             ;CPU 开中断
        SJMP $              ;等待中断
中断服务程序：
SERVE2：JBC RI，LOOP        ;是接收中断，清标志
        CLR TI              ;是发送中断，清除此中断标志
        SJMP ENDT
LOOP：  MOV A，SBUF         ;接收数据并建标志
        MOV C，P            ;奇偶标志送 C
        JC LOOP1            ;为奇，转 LOOP1
        ORL C，RB8          ;检测 RB8
        JC LOOP2            ;奇偶校验错，转 LOOP2
        SJMP LOOP3
LOOP1： ANL C，RB8          ;检测 RB8
        JC LOOP3            ;奇偶校验正确，转 LOOP3
LOOP2： MOV A，#0FFH
        MOV SBUF，A         ;发送“不正确”回答信号
        SJMP ENDT
LOOP3： MOV P1，A           ;存放接收数据
        MOV A，#00H
        MOV SBUF，A         ;发送“正确”回答信号
        DJNZ R0，ENDT       ;数据未接收完毕、返回继续
        CLR ES              ;接收完毕，关中断
ENDT：  RETI                ;中断返回
        END
```

活动分析

1. 8051 单片机串行口有几种工作方式，如何设置？
2. 如何用主机控制从机的 8 个 LED 灯轮流点亮？

项目十五　A/D 和 D/A 转换器与单片机的连接

一、知识要求

(1) 熟悉 A/D 和 D/A 的转换原理。

(2) 熟悉 A/D 和 D/A 接口电路及接线方法。

(3) 了解 A/D 和 D/A 转换的编程方法。

(4) 了解单片机 ISP 编程器制作和使用方法。

二、技能要求

(1) 会进行单片机与 A/D 和 D/A 转换器的连接。

(2) 会进行 A/D 和 D/A 转换程序的分析和修改。

(3) 会使用 ISP 编程器进行程序烧录。

三、材料、工具及设备

(1) 实验开发系统 1 套。

(2) 装有实验系统需要的软件的计算机 1 台。

(3) 示波器 1 台。

(4) 电源线,连接线若干。

活动一　利用 A/D 转换芯片与单片机连接,对模拟信息进行采样并把转换结果送 LED 显示

有时需要用单片机进行数据采集,然后通过单片机进行数据处理,这就需要一种将模拟数据转换成数字数据的设备——A/D 转换器。

活动内容

一、硬件线路的连接

(1) 这个活动是利用单片机和 A/D 转换器连接,通过 A/D 转换器采集模拟信号数字化,然后传送到单片机进行处理。连线如图 15-1 所示。

(2) 将计算机的串口连接线连接到单片机的 RS232 串口。

(3) 打开单片机电源,观察当前 LED 灯的状态。

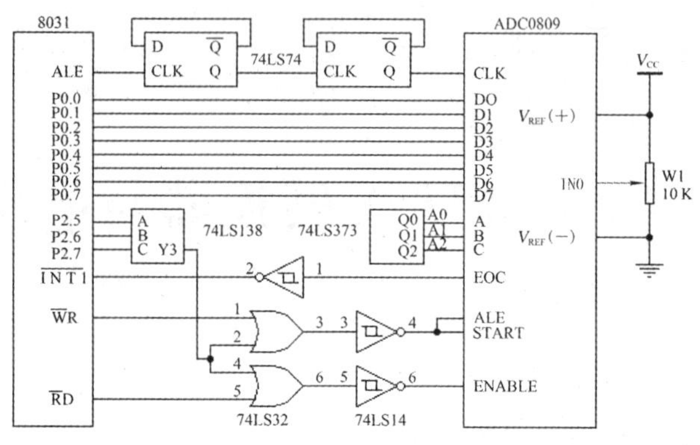

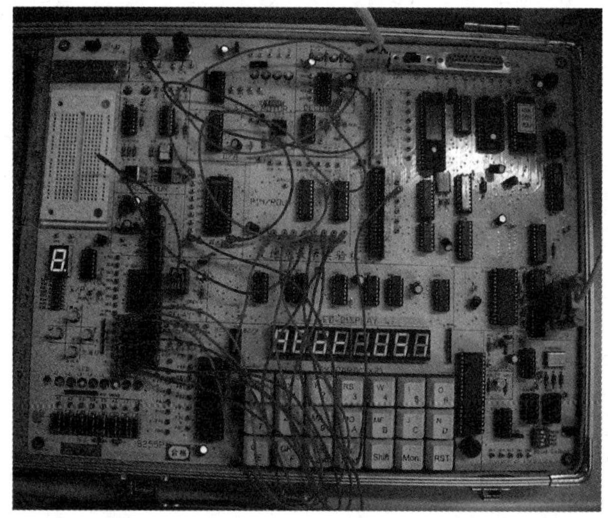

图 15-1 连接图

二、程序输入

(1) 打开计算机桌面开始菜单\所有程序\DOS 命令提示符

(2) 在 DOS 命令提示符状态下运行 LCAET 软件,进入调试环境。

(3) 在 LCAET 软件的程序输入窗口,输入以下程序:

```
A _ DPORT EQU 8100H
        ORG 0000H
        LJMP START
        ORG 0003H
        LJMP INT _ 0
        ORG 0040H
START:
        MOV SP,#60H
        MOV R7,#00H
        SETB IT0
        SETB EA
```

```
            SETB EX0
A _ D:      MOV R0,#00H
            MOV A,R0
            MOV DPTR,#A _ DPORT
            ORL DPL,A
            MOVX @DPTR,A
            CJNE R7,#00H,$
            MOV DPTR,#8300H
            MOV A,B
            MOVX @DPTR,A
            MOV R7,#0FFH
            SJMP A _ D
INT _ 0:
            MOVX A,@DPTR
            MOV B,A
            MOV R7,#00H
            RETI
            END
```

三、执行程序,观察结果

(1) 程序输入之后,用软件的汇编程序对程序进行汇编调试。调试无误后,将生成的目标码加载到实验系统,执行程序。

(2) 通过实验板上的电位器提供模拟量输入。

(3) 观察结果:如果程序执行正确,结果会发现 LED 灯显示模拟量转换成二进制数字量。

相关知识

一、硬件分析

A/D 转换器用于实现模拟量→数字量的转换,按转换原理可分为 4 种,即:计数式 A/D 转换器、双积分式 A/D 转换器、逐次逼近式 A/D 转换器和并行式 A/D 转换器。

目前最常用的是双积分式 A/D 转换器和逐次逼近式 A/D 转换器。双积分式 A/D 转换器的主要优点是转换精度高,抗干扰性能好,价格便宜。其缺点是转换速度较慢,因此,这种转换器主要用于速度要求不高的场合。

另一种常用的 A/D 转换器是逐次逼近式的,逐次逼近式 A/D 转换器是一种速度较快,精度较高的转换器,其转换时间大约在几微秒到几百微秒之间。本活动中用的即是逐次逼近 A/D 转换器。

通常使用的逐次逼近式典型 A/D 转换器芯片有:

（1）ADC0801～ADC0805 型 8 位 MOS 型 A/D 转换器。

（2）ADC0808/0809 型 8 位 MOS 型 A/D 转换器。

（3）ADC0816/0817。这类产品除输入通道数增加至 16 个以外，其它性能与 ADC0808/0809 型基本相同。

ADC0809 是典型的 8 位 8 通道逐次逼近式 A/D 转换器，CMOS 工艺。本活动中用到 ADC0809，所以下面对其进行介绍。

1. ADC0809 的内部逻辑结构

ADC0809 内部逻辑结构如图 15-2 所示。多路开关可选通 8 个模拟通道，允许 8 路模拟量分时输入，共用一个 A/D 转换器进行转换。地址锁存与译码电路完成对 A、B、C 三个地址位进行锁存和译码，其译码输出用于通道选择。

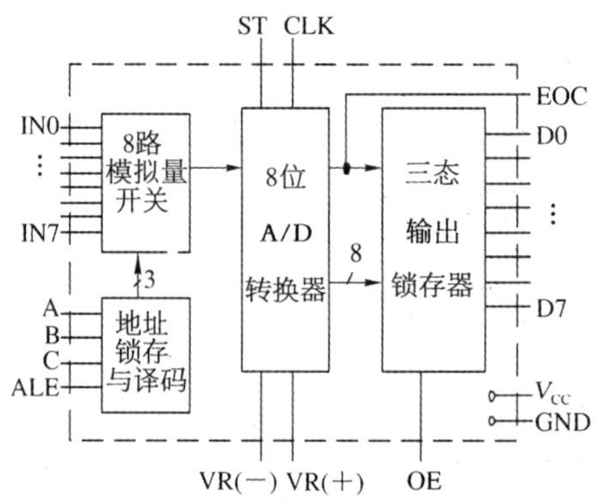

图 15-2　ADC0809 内部逻辑结构图

2. ADC0809 的引脚

引脚	ADC0809	ADC0809	引脚
1	IN3	IN2	28
2	IN4	IN1	27
3	IN5	IN0	26
4	IN6	ADDA	25
5	IN7	ADDB	24
6	START	ADDC	23
7	EOC	ALE	22
8	D3	D7	21
9	OE	D6	20
10	CLOCK	D5	19
11	V_{CC}	D4	18
12	$V_{ref}(+)$	D0	17
13	GND	$V_{ref}(-)$	16
14	D1	D2	15

图 15-3　ADC0809 引脚图

对 ADC0809 主要信号引脚的功能说明如下：

（1）IN7～IN0：模拟量输入通道。ADC0809 对输入模拟量的要求主要有：信号单极性，电压范围 0～5V，若信号过小还需进行放大。另外，在 A/D 转换过程中，模拟量输入的值不应变化太快，因此，对变化速度快的模拟量，在输入前应增加采样保持电路。

（2）A、B、C：地址线。A 为低位地址，C 为高位地址，用于对模拟通道进行选择。图中为 ADDA、ADDB 和 ADDC。

（3）ALE：地址锁存允许信号。在对应 ALE 上跳沿，A、B、C 地址状态送入地址锁存器中。

(4) START:转换启动信号。START 上跳沿时,所有内部寄存器清 0;START 下跳沿时,开始进行 A/D 转换;在 A/D 转换期间,START 应保持低电平。

(5) D7～D0:数据输出线。其为三态缓冲输出形式,可以和单片机的数据线直接相连。

(6) OE:输出允许信号。其用于控制三态输出锁存器向单片机输出转换得到的数据。OE＝0,输出数据线呈高电阻;OE＝1,输出转换得到的数据。

(7) CLK:时钟信号。ADC0809 的内部没有时钟电路,所需时钟信号由外界提供,因此有时钟信号引脚。通常使用频率为 500kHz 的时钟信号。

(8) EOC:转换结束状态信号。EOC＝0,正在进行转换;EOC＝1,转换结束。该状态信号既可作为查询的状态标志,又可以作为中断请求信号使用。

(9) VCC:＋5 V 电源。

(10) Vref:参考电源。参考电压用来与输入的模拟信号进行比较,作为逐次逼近的基准。其典型值为＋5 V(Vref(＋)＝＋5 V,Vref(－)＝0 V)

3. MCS－51 单片机与 ADC0809 接口

ADC0809 与 8031 单片机的一种连接如图 15-4 所示。

电路连接主要涉及两个问题,一是 8 路模拟信号通道选择,二是 A/D 转换完成后转换数据的传送。

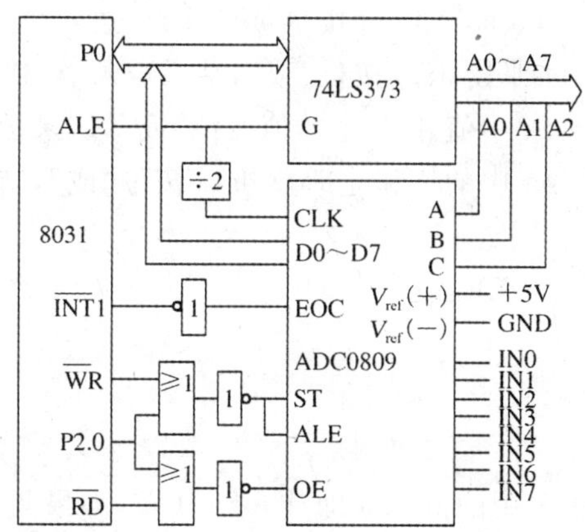

图 15-4　ADC0809 与单片机 8031 连线图

(1) 8 路模拟通道选择。A、B、C 分别接地址锁存器提供的低三位地址,只要把三位地址写入 0809 中的地址锁存器,就实现了模拟通道选择。对系统来说,地址锁存器是一个输出口,为了把三位地址写入,还要提供口地址。图中使用的是线选法,口地址由 P2.0 确定,同时和相或取反后作为开始转换的选通信号。

(2) 转换数据的传送。A/D 转换后得到的是数字量的数据,这些数据应传送给单片机进行处理。数据传送的关键问题是如何确认 A/D 转换完成,因为只有确认数据转换完成后,才能进行传送。为此,可采用下述三种方式。

① 定时传送方式。对于一种 A/D 转换器来说,转换时间作为一项技术指标是已知的和固定的。例如,ADC0809 转换时间为 128 μs,相当于 6 MHz 的 MCS－51 单片机 R 64 个机器周期。可据此设计一个延时子程序,A/D 转换启动后即调用这个延时子程序,延迟时间一到,转换肯定已经完成了,接着就可进行数据传送。

② 查询方式。A/D 转换芯片有表明转换完成的状态信号，例如 ADC0809 的 EOC 端。因此，可以用查询方式，软件测试 EOC 的状态，即可确知转换是否完成，然后进行数据传送。

③ 中断方式。把表明转换完成的状态信号(EOC)作为中断请求信号，以中断方式进行数据传送。

在图 15-4 中，EOC 信号经过反相器后送到单片机的 UMDJ，因此可以采用查询该引脚或中断的方式进行转换后数据的传送。

首先送出口地址，并以作选通信号，当信号有效时，OE 信号即有效，把转换数据送上数据总线，供单片机接收，即：

```
MOV   DPTR,#0000H    ;选中通道 0
MOVX A, @DPTR        ;信号有效，输出转换后的数据到 A 累加器
```

二、软件分析

首先来学习一下有关指令。

(1) 或指令

```
ORL A,Rn            ;A 和 Rn 中的值按位“或”，结果送入 A 中
ORL A,direct        ;A 和间址寻址单元@Ri 中的值按位“或”，结果送入 A 中
ORL A,#data         ;A 和立即数 data 按位“或”，结果送入 A 中
ORL A,@Ri           ;A 和即数 data 按位“或”，结果送入 A 中
ORL direct,A        ;direct 中值和 A 中的值按位“或”，结果送入 direct 中
ORL direct,#data    ;direct 中的值和立即数 data 按位“或”，结果送入 direct 中。
```

(2) 比较转移指令

```
CJNE A,#data,rel
CJNE A,direct,rel
CJNE Rn,#data,rel
CJNE @Ri,#data,rel
```

第一条指令的功能是将 A 中的值和立即数 data 比较，如果两者相等，就顺序执行(执行本指令的下一条指令)，如果不相等，就转移，同样地，我们可以将 rel 理解成标号，即：CJNEA,#data,标号。这样利用这条指令，我们就可以判断两数是否相等，这在很多场合是非常有用的。但有时还想得知两数比较之后哪个大，哪个小，本条指令也具有这样的功能，如果两数不相等，则 CPU 还会反映出哪个数大，哪个数小，这是用 CY(进位位)来实现的。如果前面的数(A 中的)大，则 CY=0，否则 CY=1，因此在程序转移后再次利用 CY 就可判断出 A 中的数比 data 大还是小了。

例：

```
    MOV A,R0
    CJNE A,#10H,L1
    MOV R1,#0FFH
    AJMP L3
L1: JC L2
    MOV R1,#0AAH
```

```
    AJMP L3
L2: MOV R1,#0FFH
L3: SJMP L3
```

上面的程序中有一条指令还没学过，即JC，这条指令的原型是JC rel，作用和上面的JZ类似，但是它是判CY是0，还是1进行转移，如果CY=1，则转移到JC后面的标号处执行，如果CY=0则顺序执行（执行它的下面一条指令）。

分析一下上面的程序，如果(A)=10H，则顺序执行，即R1=0。如果(A)不等于10H，则转到L1处继续执行，在L1处，再次进行判断，如果(A)>10H，则CY=1，将顺序执行，即执行MOV R1，#0AAH指令，而如果(A)<10H，则将转移到L2处执行，即执行MOV R1，#0FFH指令。因此最终结果是：本程序执行前，如果(R0)=10H，则(R1)=00H，如果(R0)>10H，则(R1)=0AAH，如果(R0)<10H，则(R1)=0FFH。

掌握了这条指令，其他的几条就类似了，第二条是把A当中的值和直接地址中的值比较，第三条则是将直接地址中的值和立即数比较，第四条是将间址寻址得到的数和立即数比较，这里就不详谈了，下面给出几个相应的例子。

```
CJNE A,10H      ;把A中的值和10H中的值比较(注意和上题的区别)
CJNE 10H,#35H   ;把10H中的值和35H中的值比较
CJNE @R0,#35H   ;把R0中的值作为地址，从此地址中取数并和35H比较
```

本活动程序注释如下：

```
A_DPORT EQU 8100H             ;ADC端口地址
          ORG 0000H
          LJMP START
          ORG 0003H
          LJMP INT_0
          ORG 0040H
START:
          MOV SP,#60H
          MOV R7,#00H         ;初始化
          SETB IT0
          SETB EA
          SETB EX0            ;INT0允许
A_D:      MOV R0,#00H         ;通道数
          MOV A,R0
          MOV DPTR,#A_DPORT
          ORL DPL,A
          MOVX @DPTR,A        ;启动A_D
          CJNE R7,#00H,$      ;等待A_D转换结束
          MOV DPTR,#8300H
          MOV A,B
          MOVX @DPTR,A        ;数据输出
```

```
        MOV R7,#0FFH        ;清读数标志
        SJMP A_D
INT_0:                      ;中断服务程序
        MOVX A,@DPTR        ;读 A_D 数据
        MOV B,A
        MOV R7,#00H         ;置读数标志
        RETI
        END
```

活动分析

1. 逐次逼近法 A/D 转换器的工作原理?
2. 几类 A/D 转换器的比较?

活动二　利用 D/A 转换芯片与单片机连接,通过 D/A 输出一个三角波,用示波器观察输出波形

活动内容

一、硬件线路的连接

(1) 这个活动中,是利用单片机和 D/A 转换器连接,通过 D/A 转换器将单片机处理好的数据转换成模拟量,然后用示波器观察输出波形。接线如图 15-5 所示。实验接线和示波器接线如图 15-6 所示。

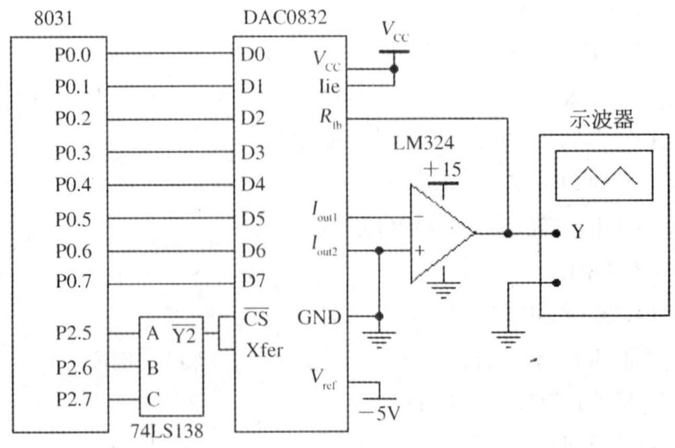

图 15-5　D/A 转换电路示意图

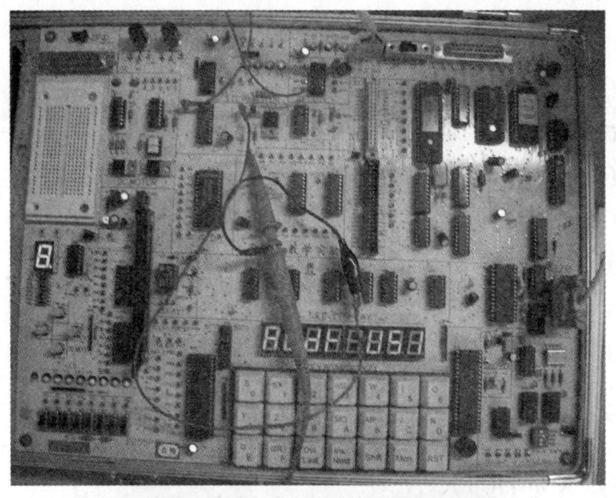

图 15-6　实验连接图及示波器

（2）将计算机的串口连接线连接到单片机的 RS232 串口。

（3）打开单片机电源，用示波器观察现在 D/A 输出波形。

二、程序输入

（1）打开计算机桌面开始菜单\所有程序\DOS 命令提示符。

（2）在 DOS 命令提示符状态下运行 LCAET 软件，进入调试环境。

（3）在 LCAET 软件的程序输入窗口，输入以下程序：

```
D_APORT EQU 8000H
        ORG 0000H
        AJMP START
        ORG 0040H
```

```
START:
          MOV SP,#60H
          MOV A,#00H
          MOV R0,#00H
          MOV DPTR,#4000H
NEXT:     MOVX @DPTR,A
          INC DPTR
          INC R0
          INC A
          CJNE R0,#00H,NEXT
          MOV A,#0FFH
NEXT1:    MOVX @DPTR,A
          INC DPTR
          INC R0
          SUBB A,#01H
          CJNE R0,#00H,NEXT1
波形显示程序
WAVE:     MOV R0,#00H
          MOV DPTR,#4000H
          LCALL D_A
          LCALL D_A
          SJMP WAVE
D_A:      MOVX A,@DPTR
          PUSH DPL
          PUSH DPH
          MOV DPTR,#D_APORT
          MOVX @DPTR,A
          POP DPH
          POP DPL
          INC DPTR
          INC R0
          CJNE R0,#00H,D_A
          RET
          END
```

三、执行程序,观察结果

(1) 程序输入之后,用软件的汇编程序对程序进行汇编调试。调试无误后,将生成的目标码加载到实验系统,执行程序。

(2) 观察结果:用示波器观察 D/A 转换器输出端,观察到三角波输出。如图 15-7 所示。

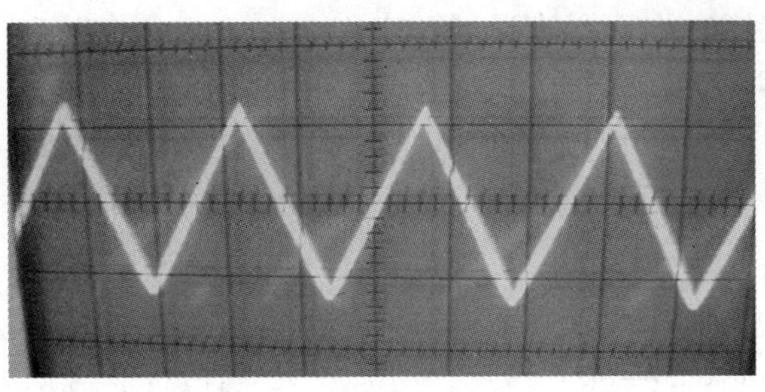

图 15-7　三角波输出

相关知识

一、硬件分析

D/A 转换器输入的是数字量，经转换后输出的是模拟量。有关 D/A 转换器的技术性能指标很多，例如绝对精度、相对精度、线性度、输出电压范围、温度系数、输入数字代码种类(二进制或 BCD 码)等。

1. 分辨率

分辨率是 D/A 转换器对输入量变化敏感程度的描述，与输入数字量的位数有关。如果数字量的位数为 n，则 D/A 转换器的分辨率为 $2-n$。这就意味着数/模转换器能对满刻度的 $2-n$ 输入量作出反应。

2. 建立时间

建立时间是描述 D/A 转换速度快慢的一个参数，指从输入数字量变化到输出达到终值误差±(1/2)LSB(最低有效位)时所需的时间。通常以建立时间来表示转换速度.

转换器的输出形式为电流时，建立时间较短；输出形式为电压时，由于建立时间还要加上运算放大器的延迟时间，因此建立时间要长一点。但总的来说，D/A 转换速度远高于 A/D 转换速度，快速的 D/A 转换器的建立时间可达 1 μs。

3. 接口形式

D/A 转换器与单片机接口方便与否，主要决定于转换器本身是否带数据锁存器。

有两类 D/A 转换器，一类是不带锁存器的，另一类是带锁存器的。

对于不带锁存器的 D/A 转换器，为了保存来自单片机的转换数据，接口时要另加锁存器，因此这类转换器必须在口线上；而带锁存器的 D/A 转换器，可以把它看作是一个输出口，因此可直接在数据总线上，而不需另加锁存器。

典型 D/A 转换器芯片 DAC0832 是一个 8 位 D/A 转换器。单电源供电，从＋5～＋15 V 均可正常工作。基准电压的范围为±10 V；电流建立时间为 1 μs；CMOS 工艺，低功耗 20 mW。

DAC0832 转换器芯片为 20 引脚，双列直插式封装，其引脚排列图如图 15-8 所示。DAC0832 内部结构框图如图 15-9 所示。该转换器由输入寄存器和 DAC 寄存器构成两级数据输入锁存。使用时，数据输入可以采用两级锁存(双锁存)形式，或单级锁存(一级锁存，一级直通)形式,或直接输入(两级直通)形式。

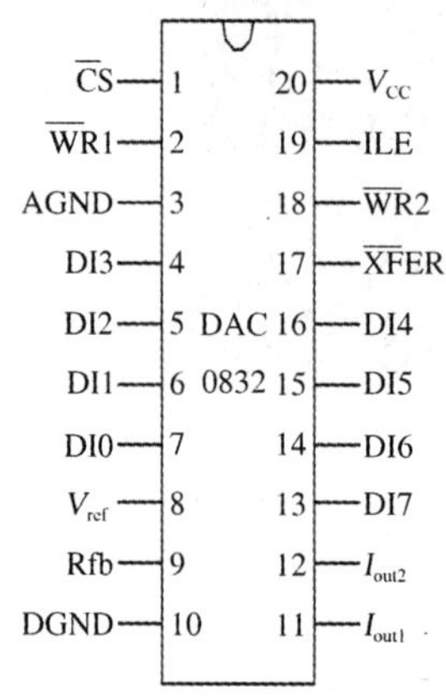

图 15-8 DAC0832 引脚图

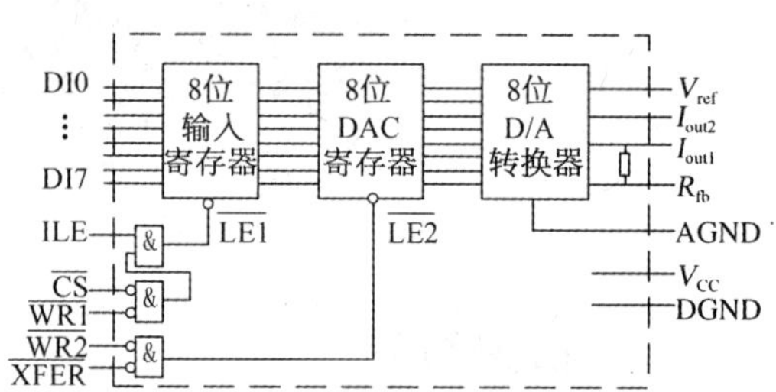

图 15-9 DAC0832 内部结构框图

此外,由三个与门电路组成寄存器输出控制逻辑电路,该逻辑电路的功能是进行数据锁存控制,当=0 时,输入数据被锁存;当=1 时,锁存器的输出跟随输入的数据。

D/A 转换电路是一个 R－2RT 型电阻网络,实现 8 位数据的转换。对各引脚信号说明如下:

(1) DI7～DI0:转换数据输入。

(2) CS:片选信号(输入),低电平有效。

(3) ILE:数据锁存允许信号(输入),高电平有效。

(4) WR:第 1 写信号(输入),低电平有效。

(5) WR2＝1:第 2 写信号(输入),低电平有效。

(6) XFER:数据传送控制信号(输入),低电平有效。

(7) Iout1:电流输出 1。

(8) Iout2:电流输出 2。

(9) Rfb:反馈电阻端。

DAC 0832 是电流输出,为了取得电压输出,需在电压输出端接运算放大器,Rfb 即为运算放大器的反馈电阻端。

(10) Vref:基准电压,其电压可正可负,范围是－10～＋10 V。

(11) DGND:数字地。

(12) AGND:模拟地。

DAC 连接方法:

(1) 单缓冲方式连接。所谓单缓冲方式就是使 DAC 0832 的两个输入寄存器中有一个处于直通方式,而另一个处于受控的锁存方式,或者说两个输入寄存器同时受控的方式如图 15-10 所示。在实际应用中,如果只有一路模拟量输出,或虽有几路模拟量但并不要求同步输出时,就可采用单缓冲方式。

(2) 双缓冲方式连接。所谓双缓冲方式,就是把 DAC0832 的两个锁存器都接成受控锁存方式。双缓冲 DAC0832 的连接如图 15-11 所示。为了实现寄存器的可控,应当给寄存器分配一个地址,以便能按地址进行操作。图中采用地址译码输出分别接 DAC0832 来实现,然后再给DAC0832提供写选通信号,这样就完成了两个锁存器都可控的双缓冲接口方式。

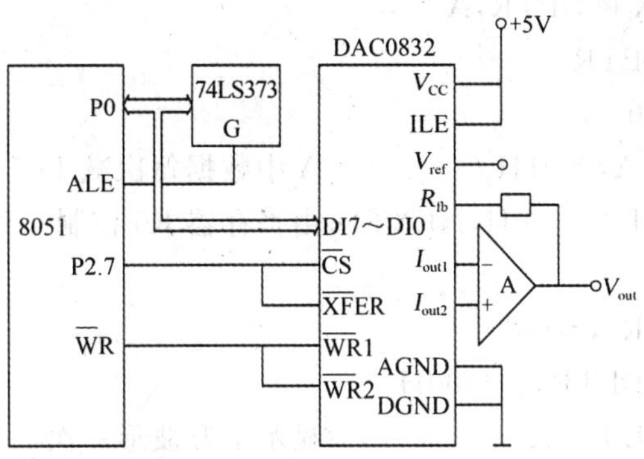

图 15-10　单缓冲方式连接图

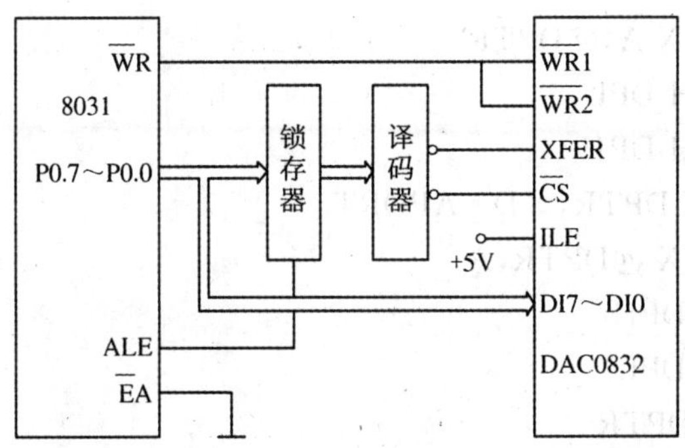

图 15-11　双缓冲方式连接图

二、软件分析

本活动程序中无不熟悉指令,根据前面所学及前面硬件分析,将程序注释如下:

```
D_APORT EQU 8000H              ;DAC端口地址
        ORG 0000H
        AJMP START
        ORG 0040H
START:
        MOV SP,#60H
        MOV A,#00H
        MOV R0,#00H
        MOV DPTR,#4000H        ;存放三角波形数据的首地址
NEXT:   MOVX @DPTR,A           ;数据存放4000H起始地址开始单元
        INC DPTR
        INC R0
        INC A                  ;A中数据每次增加1
        CJNE R0,#00H,NEXT      ;由寄存器R0控制三角波上升波形的数据数
```

```
            MOV A,#0FFH           ;三角波下降波形的起始数据
NEXT1:      MOVX @DPTR,A
            INC DPTR
            INC R0
            SUBB A,#01H           ;A 中数据每次减 1
            CJNE R0,#00H,NEXT1 ;由寄存器 R0 控制三角波下降波形的数据数
波形显示程序
WAVE:       MOV R0,#00H
            MOV DPTR,#4000H
            LCALL D_A             ;显示上升波形一次
            LCALL D_A             ;显示下降波形一次
            SJMP WAVE
D_A:        MOVX A,@DPTR
            PUSH DPL
            PUSH DPH
            MOV DPTR,#D_APORT
            MOVX @DPTR,A
            POP DPH
            POP DPL
            INC DPTR
            INC R0
            CJNE R0,#00H,D_A
            RET
            END
```

活动分析

1. D/A 转换器的基本转换原理?
2. D/A 转换器的主要技术指标是什么?
3. 请思考输出波形为矩形波,如何实现?

活动三　练习进行单片机程序烧录

将编好的程序烧录到单片机中,让单片机运行起来就需要了解单片机程序烧录问题。烧录程序常见的几种方式有:

(1) 专门的烧录器,价格较贵,需要将芯片放入烧录器内,进行烧录,操作不方便。

(2) ISP 下载,ISP 即在线系统编程,无需要专门的烧录器,而且,可以随时下载,使用方便。

下面就 ISP 下载进行介绍。

一、ISP 的定义

ISP(In-System Programming)即在系统可编程,指电路板上的空白器件可以编程写入最终用户代码,而不需要从电路板上取下器件,已经编程的器件也可以用ISP方式擦除或再编程。ISP技术是未来发展方向。

ISP技术的优势是不需要编程器就可以进行单片机的实验和开发,单片机芯片可以直接焊接到电路板上,调试结束即成成品,免去了调试时由于频繁地插入取出芯片对芯片和电路板带来的不便。

二、ISP 编程器的使用

程序编好后,汇编生成.HEX目标文件。单片机ISP编程器就是用来把这个hex文件烧写到单片机里去的工具,这样我们的程序才会被执行。

第一步:单片机ISP编程器和电脑并口连接(如图15-12所示)

(1) 用并口通信电缆将编程器和电脑并口连接好,紧固好螺丝。

(2) 把待编程AT89S51单片机芯片插入编程器上的ZIF40零拔插力编程座并锁紧。

注意:插入单片机芯片时不要将芯片插反了,如图15-12所示,单片机的1脚要靠近ZIF40插座的锁紧手柄方向。

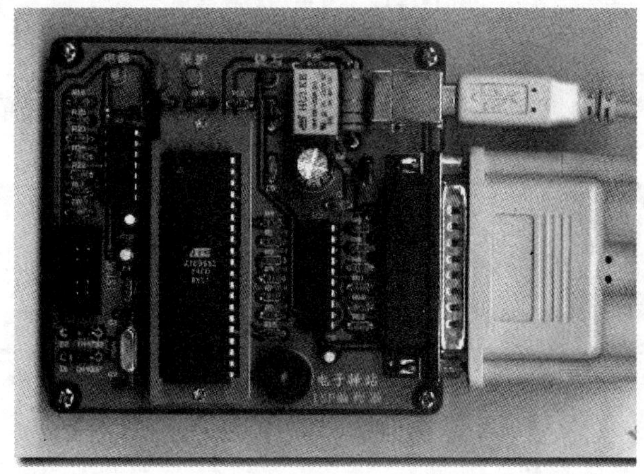

图15-12　单片机ISP编程器和电脑并口连接图

(3) 用USB线将编程器接到电脑的USB接口中,此时编程器上的电源指示灯(绿灯)会点亮,表示已经得到工作电源。

注意:如果此时编程器的保护指示灯(黄色)亮,蜂鸣器发出报警声,则为编程器发生了安全保护,有可能是因为单片机芯片插反了,产生大电流造成保护电路动作,此时保护电路会切断电源,保护被编程芯片和主板的USB接口不被过流烧坏,把插反的芯片拔下来重新插好即可。

第二步:启动编程软件

(1) 将"ISP编程器驱动软件"文件夹复制到电脑硬盘的D盘根目录下,并将其目录下的所有文件的只读属性去掉,具体操作如下:全选文件夹中的文件,鼠标右键单击出现文件

属性对话框，单击“只读”属性前面复选框中的勾，使其只读属性去掉即可。

(2) 双击文件夹中的“ISP 编程器驱动软件. exe”启动编程软件，软件界面如图 15-13 所示。

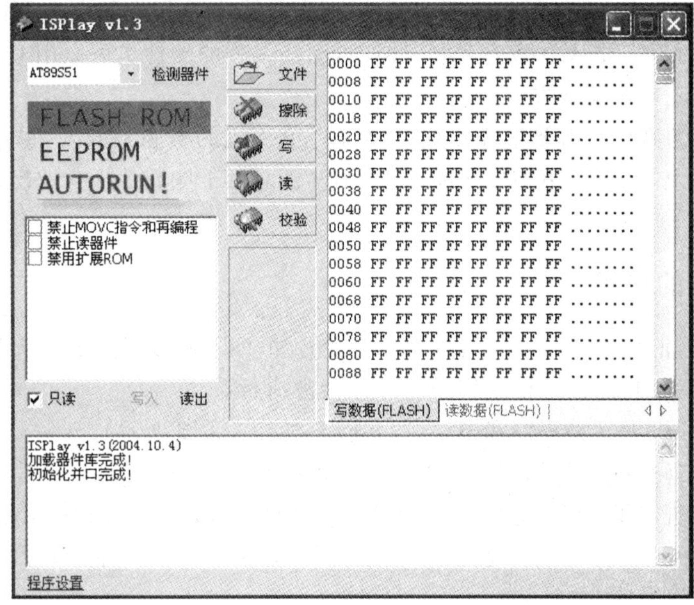

图 15-13 ISP 编程软件界面

第三步：打开目标文件

点击软件的“打开文件”按钮，出现打开文件对话框，打开准备写入单片机内部的目标文件（HEX 格式），如图 15-14 所示。

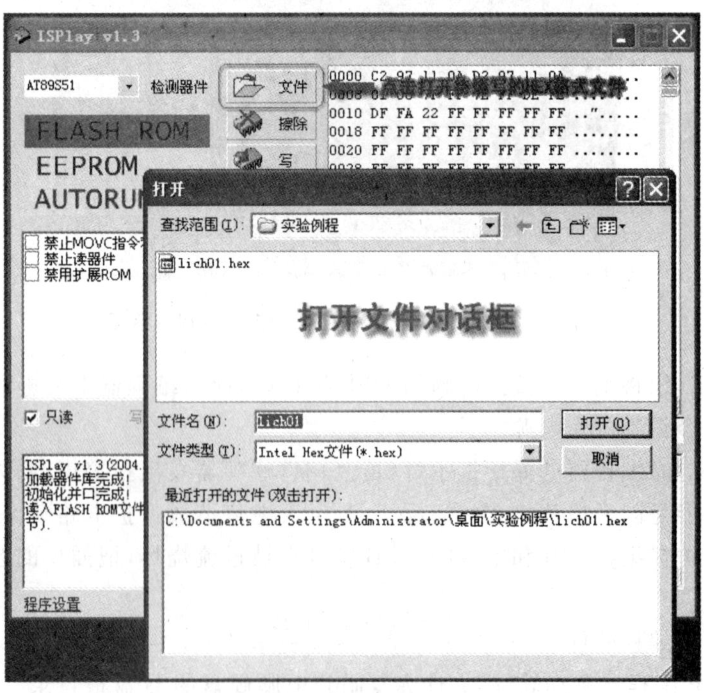

图 15-14 打开文件

如图 15-15 所示：打开目标文件成功，编程软件的状态栏中显示了该目标文件路径、名称及文件大小，同时目标文件的代码出现在“写数据(FLASH)”缓冲区中。

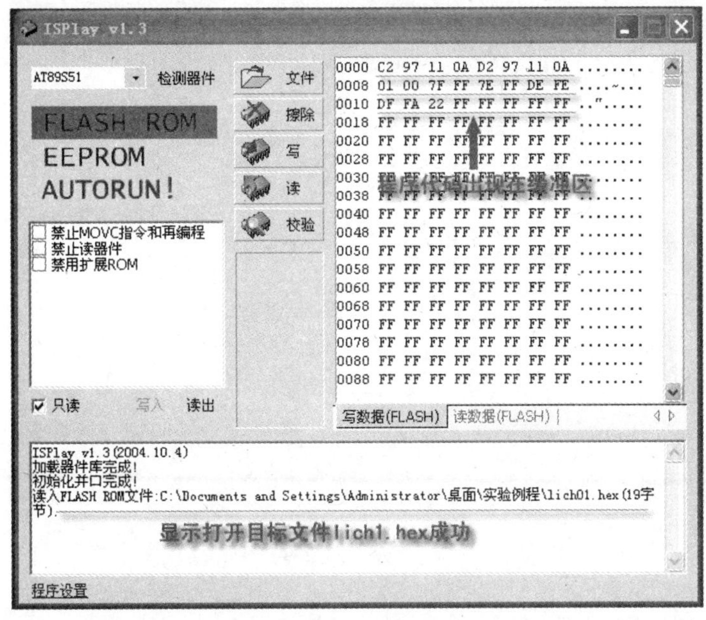

图 15-15　打开目标文件 hex

第四步：编程(写数据)

打开待写入单片机内部的目标文件后，我们执行最后一步操作，如图 15-16 所示，点击“AUTORUN”就可将程序写入单片机内部。这个 AUTORUN 自动完成“打开文件”、“擦除芯片”、“写单片机”、“读”、“程序校验”等组合功能。编程操作的结果会显示在软件的状态栏中。

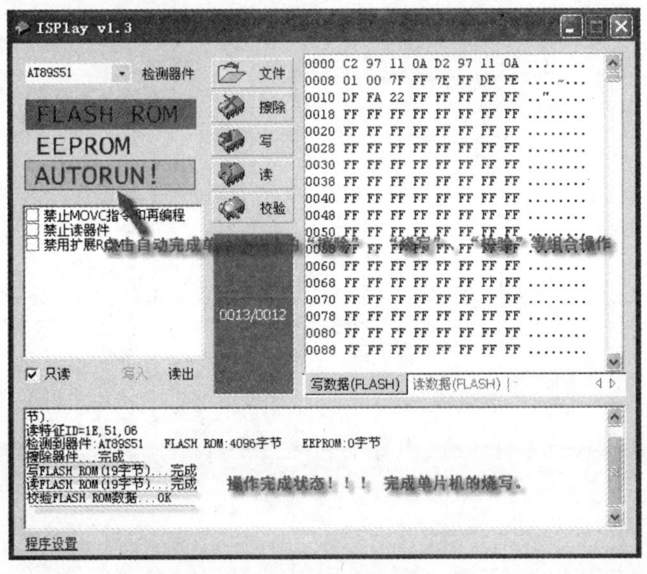

图 15-16　完成单片机烧写